毒魚の自然史

【毒の謎を追う】

松浦啓一・長島裕二 編著

北海道大学出版会

ヒガンフグ／八丈島／内野啓道氏撮影／ 第１章

サザナミフグ／伊豆海洋公園／内野啓道氏撮影／ 第１章

スジモヨウフグ／インドネシア・スラウェシ島／古田土裕子氏撮影／ 第１章

イソカサゴ / 屋久島 / 高久　至氏撮影 / 第 8 章

オニダルマオコゼ / 屋久島 / 高久　至氏撮影 / 第 8・9 章

キリンミノ／屋久島／高久　至氏撮影／ 第8・9章

ヤッコエイ（手前／ 第8・9章）とホシテンス（奥）／屋久島／高久　至氏撮影

はじめに

日本人は昔から魚を好んで食べてきた。生のまま刺身にして食べたり，煮物にしたり，あるいは干物にして食べるなど，日本人の魚の食べ方は変化に富んでいる。魚好きの民族としては当然の食習慣かもしれない。しかし，魚を好んで食べる習慣がときとして思わぬ事態を引き起こす。ほとんどの魚は食材として安全であるが，残念なことに少数ではあるが，毒をもつ魚，「毒魚」がいる。「毒魚」は2つに大別される。1つは体内や皮膚に毒を有し，食べると中毒する魚類である。その代表はフグであろう。また，南日本の浅海にはシガテラ毒やパリトキシン，そしてパリトキシン様毒を体内にもつハタ類やブダイ類などの魚類が生息している。これらの魚類を食べて食中毒にかかった例も少なくない。もう1つの「毒魚」は「刺毒魚」と呼ばれる。「刺毒魚」は毒棘を鰭にもち，脅威を感じると，毒棘から毒を外敵の体に注入して危機を脱する。「刺毒魚」の代表例はアカエイ，ゴンズイ，ミノカサゴなどである。本書では体内や皮膚に毒をもつ「毒魚」と「刺毒魚」の両者を取り扱う。

体内や皮膚に毒をもつ「毒魚」の代表格であるフグについては，「フグは食いたし，命は惜しし」という言葉があるように，フグ毒をもっていることはよく知られている。「フグは食いたし……」という欲求は古い時代からあったようで，フグ中毒で死亡したと思われる人骨が遺跡から出土している。フグ食の習慣は明治時代以後に西日本を中心として広がり，フグを安全に食べるための指針を厚生労働省が定めている。フグ調理師免許をもった調理師のいる店でフグを食べれば安心してフグ料理を楽しむことができる。しかし，残念なことに，自分でフグ類を入手し，調理することによって生じるフグ中毒が平均して年に30数件発生している。そのうち死亡する事例は年に数件となっている。素人判断で危険なフグ類に手を出すことはやめるべきであるのに，なぜ，フグ中毒がなくならないのであろうか。その理由の１つとして，フグ類やフグ毒に関する知識の不足を挙げることができるだろう。フグ類には類似した種類が多い上に，有毒部位や毒の強さが種によって異なる。たとえば，日本近海のシロサバフグの筋肉は食べることができるが，シロサバフグと極めてよく似たドクサバフグの筋肉には猛毒がある。漁師もドクサバフグとシロサバフグを混同することがあるのだから，一般の人たちにとって両者を識別することは極めて難しい。したがって，生半可な知識でフグ類を取り扱うと取り返しのつかないことになる。

また，沖縄や南日本ではシガテラ毒やパリトキシン，そしてパリトキシン様毒による中毒事件も発生している。フグ中毒と比べると発生件数は少ないとはいえ，深刻な問題を引き起こした例もある。フグ中毒を起こすフグ類はほかの魚とまったく外見が異なるので，魚類について詳しい知識をもっていなくてもフグを区別することはできる。ところが，シガテラ毒やパリトキシンをもつ魚類はさまざまであり，フグのように特定の分類群に限られるわけではない。そのため，有毒な種類を見分けることは簡単ではない。しかも，有毒な種類と無毒の種類が似ている場合が多い。さらに，シガテラ毒の場合には，同じ魚種であっても狭い地域の東側では有毒で，西側では無毒という場合がある。したがって，シガテラ毒やパリトキシン，そしてパリトキシン様毒をもつ魚類の取り扱いは，ある意味ではフグよりもやっかいである。

一方，「刺毒魚」に刺されても通常，命にかかわるようなことはないが，激痛が数時間から数日にわたって続くことになる。「刺毒魚」には沿岸の砂底に生息するエイ類や岩礁の潮だまりに見られるハオコゼなどが含まれる。このため読者が遭遇する確率は，フグ類などの体内に毒をもつ魚類より「刺毒魚」の方が高いかもしれない。海水浴や磯遊び，そして海釣りを楽しむためには，「刺毒魚」に関する適切な知識をもっている必要があるだろう。

本書では「毒魚の自然史」というタイトルが示すように，フグ毒やシガテラ毒，パリトキシン，そしてパリトキシン様毒をもつ魚類の分類学的特徴，生態，そして分布などを解説した。特にフグ類については，最近南日本で猛毒のドクサバフグによる中毒事件が生じているため，サバフグ属の種について同定方法を詳しく述べた。また，「刺毒魚」についても分類学的特徴，生態，そして分布などを説明した。「毒魚」を扱った従来の出版物は「毒」そのものに重点が置かれていたが，本書では「毒魚」そのものにも焦点を当てている。本書のもう1つの特徴は，フグ毒(TTX)，シガテラ毒，パリトキシン，さらにパリトキシン様毒，そして刺毒魚の毒をめぐる研究の歴史を概観し，研究の最前線を紹介したことである。たとえば，フグ毒については，コモンフグの卵巣や*Planoceridae*科のヒラムシの咽頭部中にTTX類縁体(特に5,6,11-trideoxyTTX)がかなりの濃度で含まれており，TTX類縁体がフグなどにおけるTTXの蓄積に深く関与している可能性を紹介している。また，トラフグの消化管内に投与されたTTXの大半は投与5時間後に肝臓から検出されたことから，TTXは消化管で速やかに吸収され，血液で運搬されて，短時間のうちに肝臓に移行することが確認されている。つまり，TTXの肝臓への取り込みがフグの毒化の主要な支配要因である。さらに，フグはTTXを認識して，誘引されるのに対し，TTXをもたない魚ではTTXを忌避する行動をとることが最近の研究で明らかになっている。また，フグは外敵に遭遇すると，膨張嚢に海水を吸い込んで膨らみ，相手を威嚇するが，皮膚の毒腺もしくは毒分泌細胞からTTXを放出して身を守っていることも紹介している。一般の無毒の魚は味覚器官によって，極めて低いレベルのTTXを感知できるため，「不味い」ものとしてフグを認識し，餌メニューから除外しているのである。さらに，無毒の養殖フグにTTX添加飼料を与えて飼育すると免疫機能が活性化されることも示唆されている。このようにTTXについては最近の研究によって次々と興味深い知見がもたらされている。

本書の第I部は「フグ毒をもつ魚類」であり，「フグ類の分類と生態」と「フグ毒」の2つの章から構成されている。「フグ類の分類と生態」の章では，狭義のフグ類，つまり，フグ科魚類の分類学的特徴，分布や生態などを解説するとともに，広い意味のフグの仲間たち(カワハギやマンボウなども含む)の分類や系統についても説明した。「フグ毒」の章では，TTXの単離と構造，性状と作用，分布，蓄積，役割などを述べ，前述したように最近の興味深い知見を紹介している。

第II部は「シガテラ毒をもつ魚類」であり，「シガテラ毒をもつ魚類の分類と生態」と「シガテラ毒」の2章から構成されている。「シガテラ毒をもつ魚類の分類と生態」の章では，シガテラ毒をもつ魚たちの大半はサンゴ礁性魚類であることを述べ，かれらの生息域の特徴やどのような餌を食べているかを紹介している。「シガテラ毒」の章では，シガテラ中毒の事例やシガテラの原因物質であるシガトキシン特定の研究史を簡潔に紹介し，機器分析の進歩によってシガトキシンの成分分析が可能となってきた様子を述べている。

第Ⅲ部は「パリトキシンもしくはパリトキシン様毒をもつ魚類」であり，「パリトキシンもしくはパリトキシン様毒をもつ魚類の分類と生態」の章と毒に焦点を当てた「パリトキシン」と「パリトキシン様毒」の3章から構成されている。最初の章では，パリトキシンをもつ魚たちがニシン目，スズキ目そしてフグ目という系統的に離れた3つのグループに分類され，これらの全魚種は熱帯に分布している(温帯に分布する種もいる)こと，そして，毒化と魚類の系統や生態には関連が見られないことを示した。「パリトキシン」の章では，パリトキシンが魚類ばかりではなく，甲殻類(オウギガニ科)やイソギンチャク類などさまざまな海洋生物に分布していることを述べ，パリトキシンの化学構造や性状についても紹介している。パリトキシンは猛毒であるにもかかわらず，パリトキシン中毒が正確に断定できたケースは非常に少ない。このため残念なことに臨床徴候や中毒症状とパリトキシン量の関係性は未だに明確になっていない。「パリトキシン様毒」の章では，アオブダイを中心として，ハコフグ，ウミスズメ，さらにはマハタ属やバングラデシュの淡水フグによって引き起こされたいろいろな中毒事例を紹介し，アオブダイの毒化の研究を通じて，*Ostreopsis* 属渦鞭毛藻がパリトキシン中毒の「犯人」として特定されたことを述べている。したがって，*Ostreopsis* 属渦鞭毛藻が分布する海域では，ハコフグ，ウミスズメ，そしてマハタ属なども毒化する可能性が高いといえよう。

第Ⅳ部は「棘に毒をもつ魚類」であり，「刺毒魚の分類と生態」と「魚類刺毒の性状と化学構造」の2章から構成されている。刺毒魚はエイ類，ゴンズイ類，カサゴ類そしてアイゴ類などさまざまな分類群に見られる。「刺毒魚の分類と生態」の章の筆者は自らが「刺毒魚」に刺された体験をもっており，さまざまな刺毒魚の分類や生態について興味深いエピソードを交えて紹介している。「魚類刺毒の性状と化学構造」の章では，さまざまな刺毒魚の「刺毒」の化学的性状や構造を説明している。さらに，ゴンズイやハマギギ類は体表に粘液毒ももっており，棘によって外敵に傷が生じると，刺毒のみではなく，粘液毒も外敵に作用することなど，刺毒魚にまつわる興味深い事例を紹介している。

上述したように，本書は「毒魚」に関するさまざまな研究成果を取りまとめている。それぞれの部や章に関連はあるが，第1部から読み進めなくても理解できるようになっている。読者が興味をもった部や章から読んでもよいであろう。本書の執筆に当たって，執筆者の皆さんになるべく平易に書くようにお願いしたが，専門用語を使わざるを得ない部分は少なくなかった。しかし，たとえ専門用語の詳しい意味はわからなくても，文章全体を読んで下されば内容は理解できるであろう。本書によって「毒魚」という興味深く，そして，いささかやっかいな魚たちについて読者の理解が進むことを願っている。

本書の出版に当たって，厚生労働省科学研究費補助金「H25-食品-一般-013」の支援を受けた。記して謝意を表する。また，写真を提供して下さった内野啓道氏，内野美穂氏，大方洋二氏，古田土裕子氏，高久　至氏，清原貞夫氏，吉田朋弘氏，田代郷国氏，Alastair Graham 氏，鹿児島大学総合研究博物館，高知大学理学部海洋生物学研究室，佐野博喜氏，浅川学氏，長崎大学水産食品衛生学研究室，東京水産大学(現在，東京海洋大学)潜水部，文献と情報を提供して下さった桜井　雄氏，木村清志氏，栗岩　薫氏，片山英里氏に感謝する。北海道大学出版会の成田和男氏には本書の企画段階から完成に至るまで，本当にお世話になった。成田氏は「毒魚」という少々やっかいなテーマに取り組むことを熱心に勧めて下さった。成田氏の情熱と忍耐がなければ本書が世に出ることはなかったであろう。心からお礼を申し上げる。

2014年10月24日

執筆者を代表して　松浦啓一・長島裕二

目　次

口　絵　i
はじめに　iii

第I部　フグ毒をもつ魚類

第1章　フグ類の分類と生態(松浦　啓一)　3

1. フグ類とはどんな魚か　3
Box 1　フグ目魚類の種数　4
2. フグのなかのフグ　7
フグ科の特徴 / フグ類の分類の難しさ / フグ類の分類形質
Box 2　東南アジアにおけるフグの分類とフグ中毒　21
3. 日本のフグ類　25
4. フグ類の生態　27
フグ類はどこにすんでいるか / フグ類の行動と産卵 / フグ類の身の守り方

第2章　フグ毒(長島　裕二・荒川　修・佐藤　繁)　33

1. フグ毒の単離と構造　33
2. テトロドトキシンの単離法　34
津田・河村によるフグ毒の単離法 / 後藤・平田による TTX の精製法 / 麻痺性貝毒精製法の応用 / テトロドトキシンの構造決定
Box 1　核磁気共鳴(NMR)法　37
Box 2　X 線結晶解析　39
3. フグ毒の性状と作用　39
テトロドトキシンの化学的性状 / テトロドトキシン関連成分の多様性 / テトロドトキシンの薬理作用
Box 3　フグの毒力表示であるマウスユニットとは　40
4. フグ毒の分布　46

フグ／フグ以外の魚類／イモリ／カエル／タコ／カニ／カブトガニ／巻貝／ヒトデおよび底生動物／フグ毒産生細菌

5. フグ毒の蓄積　65

フグの毒化経路／トラフグにおけるフグ毒の体内動態／消化管におけるフグ毒の吸収／血液によるフグ毒の運搬／肝臓へのフグ毒の取り込み／フグの毒化メカニズム

6. フグ毒の役割　75

Box 4　免疫組織化学　76

捕食動物に対する防御／餌生物に対する攻撃／TTX 保有動物の TTX に対する抵抗性／TTX 保有動物に対する TTX の誘引効果／そのほかの機能

Box 5　脾臓細胞の幼若化反応　85

7. フグ毒による食中毒　86

フグによる TTX 中毒／巻貝による TTX 中毒／そのほかの動物による TTX 中毒／無毒養殖フグ肝臓の食用化

8. フグ毒としての麻痺性貝毒　96

麻痺性貝毒の化学的性状／麻痺性貝毒成分の多様性／麻痺性貝毒の成分変換／麻痺性貝毒の分布／フグ科魚類の麻痺性貝毒

第Ⅱ部　シガテラ毒をもつ魚類

第3章　シガテラ毒をもつ魚類の分類と生態（松浦　啓一）　107

1. シガテラ毒魚と分類　107
2. シガテラ毒魚の分布　108
3. シガテラ毒魚の行動と食性　110

第4章　シガテラ毒（大城　直雅）　113

1. 食中毒　113

発生状況／事例紹介

2. シガテラ毒の化学と産生生物　117

シガテラ毒の化学 / シガテラ毒の産生生物 / シガテラ毒(CTXs)の分析法
3. シガテラ毒の性状，作用　125
4. シガテラ毒の分布　126
原因魚種 / 魚の有毒率 / 海域による CTXs 組成の違い / 魚種による CTXs 組成の違い

第Ⅲ部　パリトキシンもしくはパリトキシン様毒をもつ魚類

第5章　パリトキシンまたはパリトキシン様毒をもつ魚類の分類と生態(松浦　啓一)　137

1. パリトキシンまたはパリトキシン様毒をもつ魚類の分類　137
2. パリトキシンまたはパリトキシン様毒をもつ魚類の分布　138
3. パリトキシンまたはパリトキシン様毒をもつ魚類の行動と食性　139
4. パリトキシンまたはパリトキシン様毒の由来　139

第6章　パリトキシン(高谷　智裕)　143

1. 食中毒　143
オウギガニ科のカニによる食中毒 / クルペオトキシズム / ニシン科以外の魚による食中毒
2. 食中毒以外のパリトキシン中毒　145
傷口からの侵入や皮膚吸収による中毒 / エアロゾル吸入による中毒 / イタリアで起こった *Ostreopsis ovata* による集団中毒
Box　臨床検査　147
3. パリトキシンの化学，性状，作用　148
“*Limu-make-o-Hana*”の伝説 / パリトキシンの化学 / パリトキシンの性状 / パリトキシンの作用機構 / パリトキシンの検出方法
4. パリトキシンの分布　155
5. パリトキシンの起源　157

第7章　パリトキシン様毒(谷山　茂人)　159

1. 食中毒　159
事例21 / 事例22 / 事例24 / 事例25 / 事例27 / 事例32 / 事例Ⅱ / 事例Ⅵ / 事例
Box 1　パリトキシン様毒中毒における臨床検査で測定される酵素活性の解説　162
2. パリトキシン様毒の性状　175
マウス毒性 / 生化学的性状 / 薬理作用 / 化学的性質 / 溶血活性 / 中毒検体の毒性 / バングラデシュ産淡水フグの毒性
Box 2　海洋性自然毒の毒力を表す単位　176
Box 3　海洋性自然毒の化学分析で使われる用語解説　179
3. パリトキシン様毒の分布　186
魚種間の分布 / 毒の体内分布と地理的分布 / アオブダイの毒の起源

第Ⅳ部　棘に毒をもつ魚類

第8章　刺毒魚の分類と生態(本村　浩之)　195

1. 深刻な刺毒被害例が多いエイの仲間　195
2. 海の毒ナマズ，ゴンズイとその近縁種　198
3. 悪魔，鬼，蜂，蠍，おどろおどろしい名前が多いカサゴの仲間　202
メバル科 / シロカサゴ科 / ヒレナガカサゴ科 / ハチ科 / フサカサゴ科 / ハオコゼ科 / オニオコゼ科 / ヒメキチジ科
4. ウサギ魚(うお)？でも毒があるアイゴ　211

第9章　魚類刺毒の性状と化学構造(塩見　一雄)　219

Box　魚類刺毒はとにかく不安定　221
1. エイ類の刺毒　222
有毒エイと刺傷事故 / 刺毒に関する知見
2. ゴンズイ類の刺毒　227
ゴンズイの体表粘液毒 / ゴンズイの刺毒

3. カサゴ目魚類の刺毒　237
オニダルマオコゼ類の刺毒 / オニダルマオコゼ類以外のカサゴ目魚類の刺毒 / カサゴ目魚類のヒアルロニダーゼ
4. アイゴ類の刺毒　257
アイゴの毒 / アイゴの近縁種クロホシマンジュウダイの毒
5. そのほかの刺毒魚　259
Toadfish / Weeverfish

引用・参考文献　265
事項索引　293
和名・英名索引　299
学名索引　305

第 I 部

フグ毒をもつ魚類

フグ類の分類と生態

第1章

松浦　啓一

1. フグ類とはどんな魚か

フグといえばフグ料理やフグ中毒を連想する読者が多いのではないだろうか。フグ料理に使われる魚は，分類学的にいうとフグ科に属する狭い意味のフグ類である。一方，広い意味のフグ類にはフグ科以外の魚も含まれる。広義のフグ類とはフグ科も含むフグ目すべての種類を指す。つまり，モンガラカワハギやカワハギ，ハコフグ，そしてマンボウなど10科に属する魚類がフグ目に含まれる(図1，表1)。Nelson(2006)はフグ目に9科101属360種を認めていたが，過去約10年に渡る分類学的研究の進展によって現在では10科103属412種が認められるようになった(表1，Matsuura, 2014b)。今後も研究の進展につれて多くの新種が発見されるであろう。そのため，フグ目全体の種数は近い将来には420種に達するであろう。

フグ目魚類の大半は100 m以浅の海に生息している。マンボウやクマサカフグのように外洋で生活している種もいるが，多くのフグ目魚類は熱帯のサンゴ礁や岩礁，そして砂泥底やマングローブ域にすんでいる。温帯の海にすむのはトラフグ属など限られたグループにすぎない。また，200 m以深の深海で見られる種は少数である(松浦，1997)。ベニカワムキ科魚類やカワハギ科のゴイシウマヅラ，そしてフグ科のヨリトフグなどが深海性のフグ目魚

Box 1　フグ目魚類の種数

Nelson (2006) は全世界の魚類に関する分類や系統に関する知見を集大成した。彼はフグ目魚類に約 360 種を認めた。しかし，筆者が 2006 年以後のフグ目魚類の分類に関する論文や単行本を調査したところ，現時点で 412 種となっていることが判明した (Matsuura, 2014b)。Nelson (2006) と比べると種数が約 13% 増加したことになる。種数の増加は新種の発見によるところが大きい (既知種の分類学的取り扱いの変更による増加も若干ある)。多くの新種はサンゴ礁や東南アジアの淡水域から発見されている。これはほかの多くの魚類と共通する現象である。

フグ目魚類においては，新種が発見された主要なグループはモンガラカワハギ科，カワハギ科，そしてフグ科である。いずれの科を見てもサンゴ礁から多くの新種が報告されている。サンゴ礁から新種の報告が相次いでいるのは，スキューバ潜水のおかげである。サンゴ礁は地形が複雑なため漁網や釣りなどの通常の方法では多くの魚種を採集することは困難である。特にサンゴ礁の窪みや割れ目などに隠れている魚類を採集するのは不可能に近かった。スキューバ潜水の発達によって魚類研究者が直接，多くの魚類を観察したり，採集したりすることができるようになったのである。

では，深海から新種は発見されていないのだろうか。フグ目には水深 200m 以深に生息する魚種は少ない。フグ目ではベニカワムキ科とウチワフグ科 (1 属 1 種のみを含む) が深海に生息する。ベニカワムキ科の種数は多くはないが，23 種のうち 6 種は 1960 年代から今世紀初頭に報告された種である。世界の海洋の大半は水深 200m 以深の深海であるが，調査が行われた海域はごくわずかである。したがって，今後もベニカワムキ科の新種が発見されるであろう。特にインド洋東部 (インドネシアのスマトラやジャワのインド洋側) や仏領ポリネシア海域の調査は極めて不十分である。そのため新種発見の可能性が高い (筆者の手元にはインド洋東部から得られた 2 種の未記載種がある)。

ほかの多くの魚類と同様に，フグ目魚類の系統関係は過去 10 年の間に分子系統学的手法によって解析されてきた (Santini et al., 2013)。また，多くの化石を用いた研究も進展をとげている (Santini and Tyler, 2003)。

類の代表者である。フグ目魚類のなかで川や湖などの淡水域に生息する種はフグ科の *Tetraodon* 属や *Colomesus* 属など約 30 種のみである。

フグ目魚類は，鰓孔が小さいこと，口が小さくて突き出すことができない (わずかに突き出すことができる種もいる) こと，腹鰭を欠くグループが多く，腹鰭があっても退化的であること，鱗が変形して棘状や板状になっていること，眼を囲む一連の骨 (眼下骨) がないこと，そして鼻骨や頭頂骨がないことなどの特徴によってほかの魚類から区別されている。そして，これらの特徴

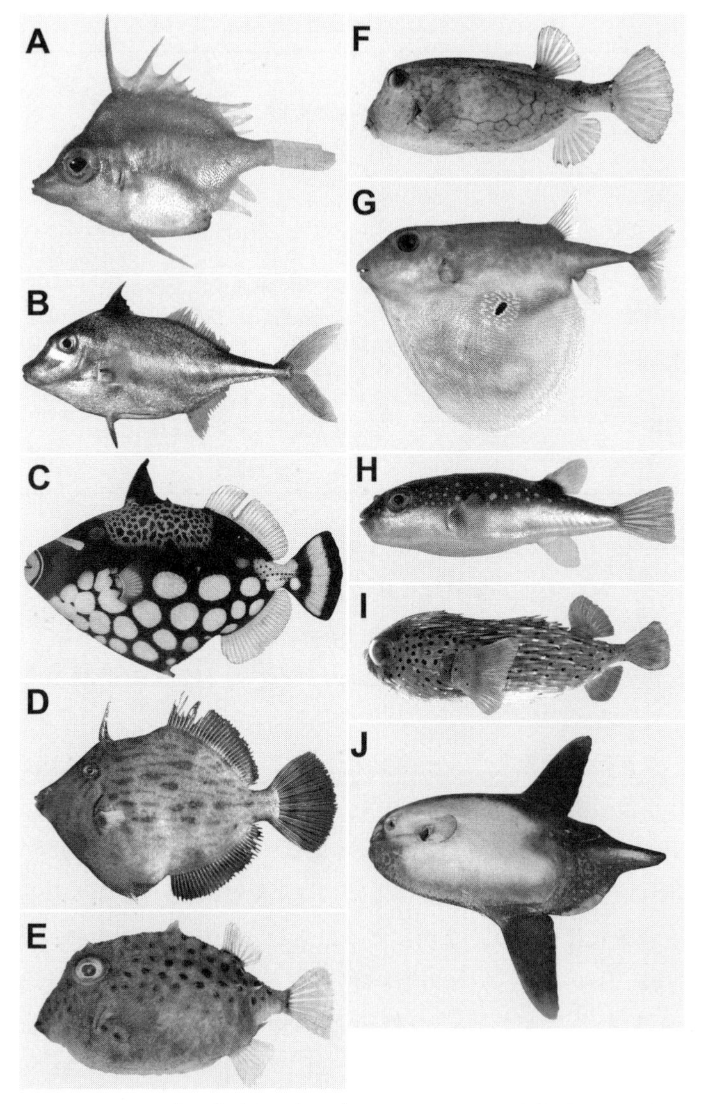

図1　フグ目10科の代表的な魚類(A～D，F，H，I：鹿児島大学総合研究博物館；E，G：国立科学博物館魚類研究室；J：杉山秀樹氏提供)。A：ベニカワムキ(ベニカワムキ科)，B：ギマ(ギマ科)，C：モンガラカワハギ(モンガラカワハギ科)，D：カワハギ(カワハギ科)，E：イトマキフグ(イトマキフグ科)，F：ハコフグ(ハコフグ科)，G：ウチワフグ(ウチワフグ科)，H：クサフグ(フグ科)，I：ハリセンボン(ハリセンボン科)，J：ヤリマンボウ(マンボウ科)

表1　フグ目魚類の科と属数・種数および分布

科　名	属数	種数	分　布
ベニカワムキ科	11	23	全世界の温帯・熱帯の浅海
ギマ科	4	7	インド洋と西部太平洋の浅海
モンガラカワハギ科	12	37	全世界の温帯・熱帯の浅海
カワハギ科	27	102	全世界の温帯・熱帯の浅海
イトマキフグ科	6	13	インド洋と西部太平洋の温帯・熱帯のやや深い海
ハコフグ科	5	22	全世界の温帯・熱帯の浅海
ウチワフグ科	1	1	インド洋と西部太平洋の深海
フグ科	27	184	全世界の温帯・熱帯の浅海およびアフリカとアジアの淡水域
ハリセンボン科	7	18	全世界の温帯・熱帯の浅海
マンボウ科	3	5	全世界の温帯・熱帯の浅海
合計	103	412	

を共有するため，フグ目魚類は系統的に単一のグループ(単系統群と呼ばれる)として認められてきた(Tyler, 1980; Santini and Tyler, 2003)。そして，DNAを用いた最近の分子系統学的研究(Yamanoue et al., 2007)もフグ類の単系統性を支持している。

では，フグ類に近縁なグループはわかっているのだろうか。1980年代初頭までは比較形態学的研究に基づいて，ニザダイ類がフグ類に近縁だと考えられていた(Tyler, 1980)。しかし，両者にはかなり異なる特徴があるため(例：ニザダイ類の臀鰭には棘があるが，フグ類にはない)，両者の近縁性に疑問をもつ研究者も少なくなかったのである。一方，Rosen(1984)は骨格と筋肉の特徴に基づいて，マトウダイ類がフグ類に近縁であるという大胆な仮説を提示した。しかし，この仮説は詳細な形態学的研究(Johnson and Patterson, 1993)や分子系統学的研究(Holcroft, 2004; Miya et al., 2001, 2003, 2005)によって否定された。Holcroft(2004)はRAG1遺伝子の解析によってヒシダイ類がフグ類に近縁であると述べた。これに対して，Miya et al.(2003, 2005)はミトゲノム解析によって，アンコウ類とヒシダイ類＋フグ類の姉妹群関係を提唱した。このようにフグ類の近縁群については，研究者の見解は異なっていたが，Yamanoue et al.(2007)は多数のフグ類を研究し，フグ類がアンコウ類＋ヒシダイ類の姉妹群であることを強固に支持するデータを示した。しかし，フグ類とアンコウ類に共通して見られる形態的特徴は見出されていなかった。

Nakae and Sasaki(2010)はアンコウ類とフグ類の側線系とそれに関連する神経系を詳細に調査して，共通性が見られることを示した。ただし，彼らの研究はアンコウ類1種とフグ類9種に基づいていたので調査種数が十分とはいえない。一方，Chanet et al.(2013)は棘鰭類に属する49種(フグ類14種とアンコウ類2種を含む)を解剖して，フグ類とアンコウ類に見られる軟組織の共通性を明らかにした。すなわち，フグ類とアンコウ類では鰓孔は小さく(ほかの魚類では大きい)，腎臓が丸くなり(ほかの魚類では細長い)，かなり前方に位置している(ほかの魚類ではかなり後方にある)。また，コンパクトな甲状腺が血洞のなかに収まり，脊髄は短縮している(ほかの魚類ではこのような状態は見られない)。これらの特徴はフグ類とアンコウ類の共有派生形質であり，両者の姉妹群関係を強く支持している。Nakae and Sasaki(2010)とChanet et al.(2013)によって，フグ類とアンコウ類の形態学的な共有形質が初めて示されたのである。しかし，彼らの研究結果は軟組織の比較に基づいている。魚類全体を見渡してみると軟組織の研究が行われたグループは多くない。つまり，まだ比較すべきデータ量が十分とはいえない。Nakae and Sasaki(2010)とChane et al.(2013)の研究結果は興味深いが，過去の研究によって蓄積されたデータが豊富にある骨格系や筋肉系の詳細な再検討も必要であろう。

2. フグのなかのフグ

(1)フグ科の特徴

広い意味のフグ類から狭い意味のフグ類(フグ科)，つまりフグのなかのフグに話題を転じよう。以下の文ではフグ科の魚たちをフグ類と呼ぶことにする。フグ類はほかの魚類に見られないユニークな特徴をもっている。ほかの多くの魚類には1対の腹鰭があるが，フグ類には腹鰭がない。フグ類には脊椎骨の周囲に肋骨や上肋骨がない(図2)。魚類の歯は円錐状，門歯状あるい

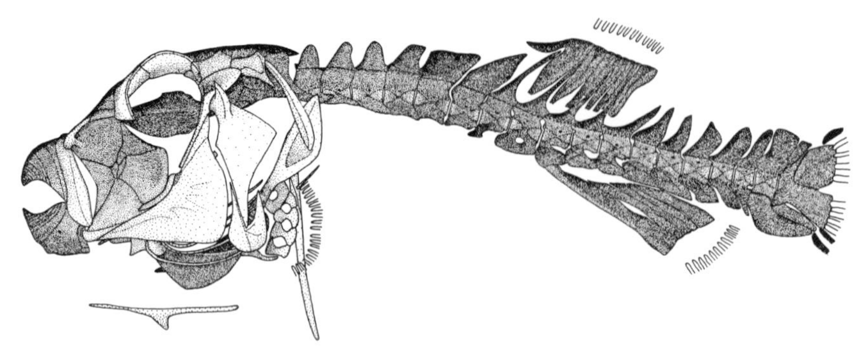

図 2　フグ科の骨格系（Tyler, 1980 より）。脊椎骨の周囲に肋骨や上肋骨がないことに注意

図 3　ヒトヅラハリセンボン（ハリセンボン科）（鹿児島大学総合研究博物館提供）。体に多数の長い頑丈な棘がある。

は犬歯状になっているが，フグ類の顎には大きな板状の歯がある。上顎に2枚，下顎に2枚の歯板があり，オウムの嘴のように見える。また，フグ類の背鰭と臀鰭には棘がない。鰭条はすべて軟らかい軟条である。さらにフグ類の消化器系には膨張嚢があり，水や空気を吸い込んで腹を大きく膨らませることができる。このような特徴をすべて備えているのは魚類のなかでフグ類のみである。

しかし，ハリセンボン類（図3）もフグ類と同じではないかと疑問に思う読者がいるかもしれない。確かにハリセンボン類を見ると，フグ類と同様に，腹鰭をもたず，顎には大きな歯板があり，背鰭と臀鰭が軟条のみで構成され，水や空気を吸い込んで腹を大きく膨らませることができる。これらの特徴だけを見ればフグ類にそっくりといってもよい。しかし，ハリセンボン類の顎をよく見ると，上顎と下顎にある歯板は1枚になっている。フグ類の顎の歯板は中央に縫合線があり，左右に分かれているが，ハリセンボン類の歯板には縫合線がない。また，ハリセンボン類は長くて大きな棘を体の表面に多数備えている。このように強大な棘はフグ類にはない。また，ほかのすべての魚類を見渡しても，体表に強大な棘をもつグループはいない。このためハリセンボン類はハリセンボン科というフグ科とは別の科に分類されているのである。

(2)フグ類の分類の難しさ

フグ類の分類は難しい。フグ類には普通の魚に見られる分類形質が少ない。たとえば，魚屋で見られる多くの魚には鱗が発達しているので，鱗の数や並び方を分類に使うことができる。ところがフグ類には普通の鱗がない。多くのフグ類の鱗は体表面を覆う小棘となっている(図4)。しかし，マフグやショウサイフグのように体の表面に小棘がない種もいる。また，スズキ目に属するタイ類やフエダイ類，サバ類などには背鰭や臀鰭に棘条と軟条があり，その数や長さも分類形質になる。ところが，フグ類の背鰭と臀鰭には棘条がない。軟条の数や形も属や種によってある程度の違いはあるが，ほかの魚類で見られるほどの相違はない。さらに，普通の魚では，体の形が属や種によって異なることが多いため，体のさまざまな部分を測定し，体長との比率を見ることによって，属や種を分類できる場合が多い。ところがフグ類の体は軟らかい皮膚で覆われているため，ホルマリンで固定して液浸標本にすると体が変形してしまう場合が多い。このため体各部の長さを計測しても分類に使えない場合が多い。また，状態のよい標本を測定して比較しても，多くの種で有意な違いが見られない。フグ類の分類には，鼻器の細かな形態や側線の走り方などが役に立つが，これらの特徴は観察しにくい。したがって，魚類の資源を扱う研究者や市場関係者にとってフグ類を分類することは容易

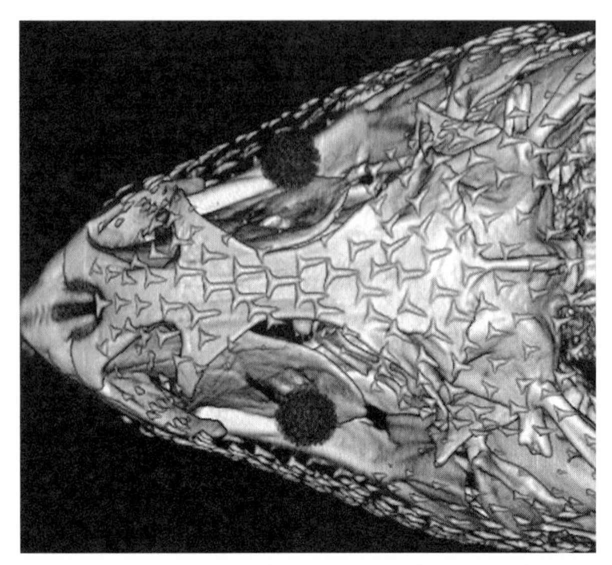

図 4　アマミホシゾラフグ(シッポウフグ属)の頭部X線CT画像(片山英里氏提供)。多数の小棘が頭部や体の背面を覆っている。小棘の後端は尖っている。

ではない。実は分類学者にとってもフグ類は侮りがたい難敵である。多くのフグ類を調査した経験があれば，体や頭の輪郭や体色の特徴によって種を識別できるようになるが，各種の特徴を把握することは容易ではない。その証拠に国内外の自然史博物館のフグ類標本を調査すると，多くの同定間違いが見られる。フグ類は日本ばかりではなく，外国の魚類研究者にとっても分類が難しいグループといえる。

(3)フグ類の分類形質

属の分類

フグ類の分類は簡単ではないが，属レベルの識別はそれほど難しいことではない。日本産フグ類を例にして，外部形態によって各属を識別する方法を述べることにする。なお，形態を用いて属間の類縁関係を調べる場合には，骨格や筋肉を解剖して観察するが，かなり専門的な知識や技法が必要となる。

さらに，骨格を観察するためには透明染色標本を作らなければならないため，1～2週間程度の期間を要する。このためフィールド調査や魚市場の調査によって採集したフグ類を分類する際には，骨格や筋肉の特徴を使うことはできない。

最近はDNA解析によって属や種を識別できるようになったが，DNAを解析するためには施設の整った実験室が必要であり，時間もかかる。また，新鮮な試料を入手しないとDNAを解析できない。一度ホルマリンで固定された後に液浸標本となった試料はDNA解析に使えない。したがって，DNA解析は強力な研究手法となるが，残念なことに魚市場における調査や野外調査の現場では，属や種を識別することはできない。

では，各属の識別方法を具体的に見て行くことにする。キタマクラ属を区別するのは簡単である。キタマクラ属の体は左右に平たい(側扁する)ため，体の横断面は上下に細長い楕円形となる。ほかのフグ類では体は側扁せず，横断面はほぼ円形となる(腹部が平たくなる場合もある)。また，キタマクラ属の眼から背鰭にかけての体背中線にはキール状の隆起がある(図5)。キタマクラ属の吻(眼より前方の部分)は前方に向かって細くなり，三角形を呈する。このような特徴はほかのフグ類には見られない。さらに，キタマクラ属

図5　シマキンチャクフグ(キタマクラ属)(鹿児島大学総合研究博物館提供)。体は側扁し，眼の直後から背鰭までの体背面にキール状の隆起がある。

表2　日本産フグ科魚類の属と種数。*日本沿岸で見られるトラフグ属は13種であるが，東シナ海の排他的経済水域に分布する種を加えると20種となる。

属　名	種　数
オキナワフグ属	1
キタマクラ属	11
サバフグ属	7
シッポウフグ属	3
トラフグ属	13(20)*
モヨウフグ属	11
ヨリトフグ属	1
合　計	47(54)

の鼻器を見ると，開口部は裂孔状となっていて，非常に小さい。フグ類のほかの属とは明瞭に異なっている。

キタマクラ属以外の日本産フグ類はオキナワフグ属，サバフグ属，シッポウフグ属，トラフグ属，モヨウフグ属およびヨリトフグ属の6属に分類されている(表2)。これらの属を区別するためには鼻器の形，下顎の輪郭，側線の走り方，体腹側面の皮褶および体表面の小棘の分布，そして体側面に銀白色の縦帯があるかないかを見ればよい。下顎の輪郭を横から見ると，シッポウフグ属では角張っている(図6)。ほかの6属では下顎の輪郭は円く，決して角張ることはない(図7)。つまり，下顎さえ見ればシッポウフグ属を区別できるといっても過言ではない。

オキナワフグ属(図7)とモヨウフグ属(図8)の鼻器を見ると2つに分かれた皮弁がある(図9)。このような鼻器はほかの属には見られないため，両属の鼻器を見ればほかのフグ類から識別できる。では，オキナワフグ属とモヨウフグ属を識別するためにはどうすればよいだろうか。体の側面を走る側線の数と走るコースがオキナワフグ属とモヨウフグ属では異なるのであるが，体表面に多数の小棘があるため側線を観察することは簡単ではない。幸いなことに，両者の臀鰭条数が異なるので，臀鰭条数を数えることによって区別できる。オキナワフグ属では臀鰭条数は8本であるが，モヨウフグ属では10～14本である。

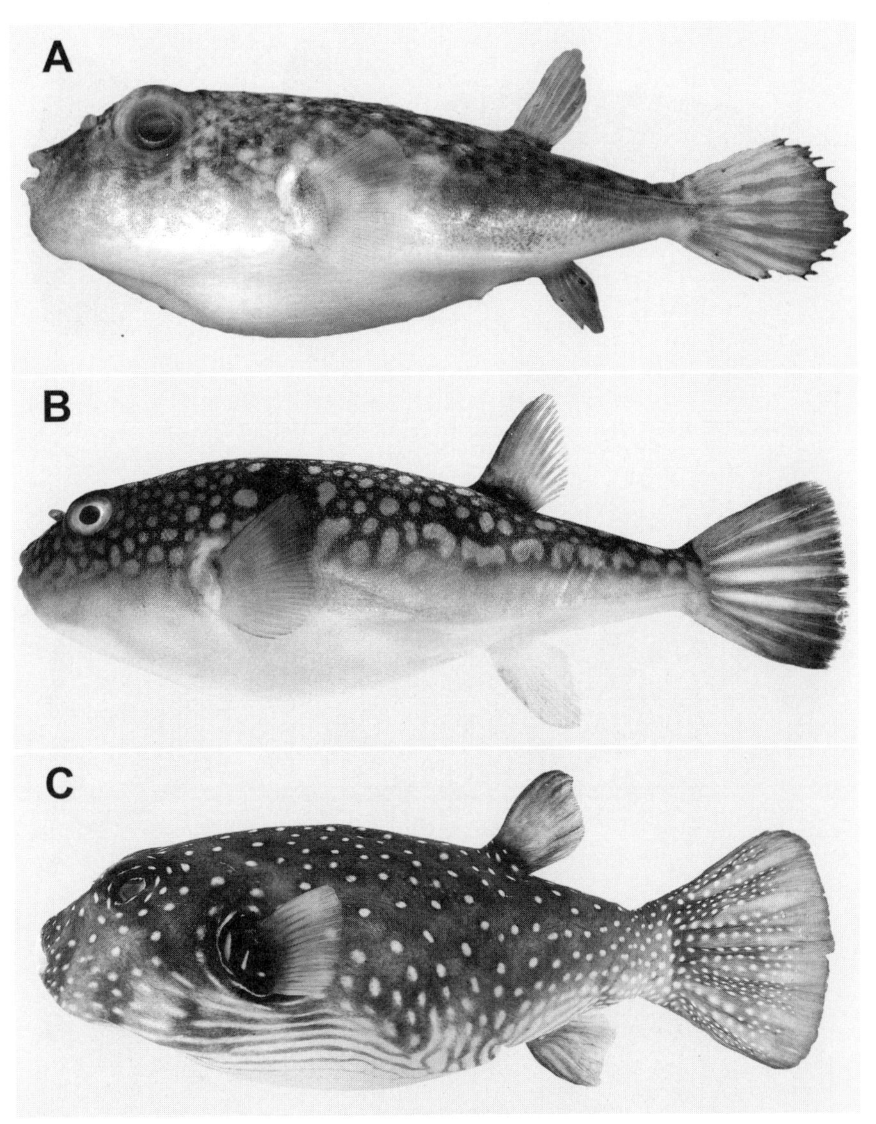

図6　フグ類の側面写真(鹿児島大学総合研究博物館提供)。シッポウフグ属の下顎は側面から見ると角張っているが，ほかのフグ類では円い。A：シッポウフグ(シッポウフグ属)，B：コモンフグ(トラフグ属)，C：サザナミフグ(モヨウフグ属)

図7　オキナワフグ(オキナワフグ属)(鹿児島大学総合研究博物館提供)。マングローブ域や藻場に生息する。

図8　モヨウフグ属のサザナミフグ(A)とモヨウフグ(B)(鹿児島大学総合研究博物館提供)

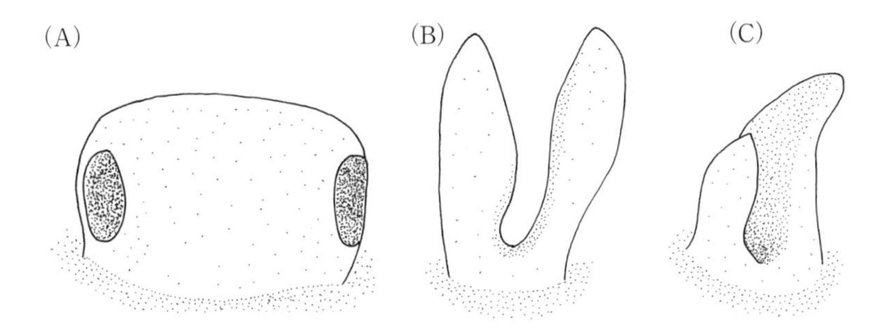

図9　フグ類の鼻器。A：シッポウフグ属，B：モヨウフグ属，C：オキナワフグ属

サバフグ属では銀白色の縦帯が頭部から尾鰭基部にかけて走っている(図10, 11)。体色は液浸標本になると消えてしまうことが多いが，サバフグ属の銀白色の縦帯は液浸標本になっても消えない。このためサバフグ属の標本は銀色に光って見えるので，ほかのフグ類から容易に識別できる。また，サバフグ属では頭部から尾鰭基部までの体腹側面に明瞭な皮褶が走っている。この特徴も有力な識別形質となる。

ヨリトフグ属(図12)は滑らかな体の表面に短くて細い皺のように見える縦線を多数もつことにより，ほかの日本産フグ属から識別される。最後に残ったのはトラフグ属である。トラフグ属の鼻器は体の表面から出ている筒状の皮弁である。この皮弁には，前後に小さな孔が開いている。また，頭部から尾鰭基部までの体腹側面に明瞭な皮褶が走る。シッポウフグ属もこのような特徴をもっているが，下顎の輪郭を見ると区別できる。トラフグ属の下顎を側面から見ると円くなっているが，シッポウフグ属では角張っている。このようにして日本産フグ類を属レベルで識別できる。

種の分類

種の分類は属の分類と比べるとかなり難しい。同じ属内では，種による形態的相違が少ない。鼻器の特徴や側線の走り方などは属内ではほとんど相違がないため，種の識別に役立たない。鰭条数もオキナワフグ属，キタマクラ属そしてモヨウフグ属では，種レベルでは相違がないか，あっても小さいため，有力な識別形質にはならない。最も頼りになる形質は，体表面の小棘の

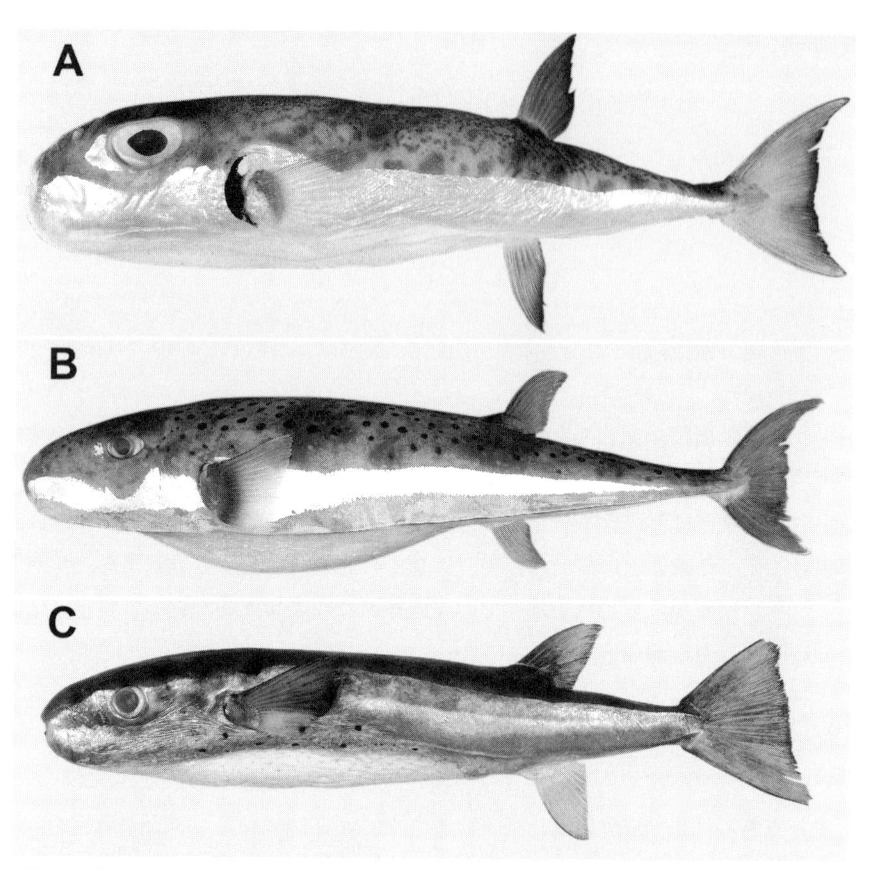

図 10　体が細長いサバフグ属の３種(A・B：鹿児島大学総合研究博物館，C：高知大学理学部海洋生物学研究室提供)。A：カイユウセンニンフグ，B：センニンフグ，C：クマサカフグ

分布状態や体色である。サバフグ属を例にして説明してみよう。

日本にはサバフグ属の７種，すなわちカイユウセンニンフグ，カナフグ，クマサカフグ，クロサバフグ，シロサバフグ，センニンフグおよびドクサバフグが分布している。これら７種のうち可食とされているのはカナフグ，クロサバフグおよびシロサバフグであり，市場に出回っている。一方，ドクサバフグは猛毒の種である。センニンフグも強い毒をもっていることが知られている。カイユウセンニンフグの毒性分析は行われていないため，現時点で

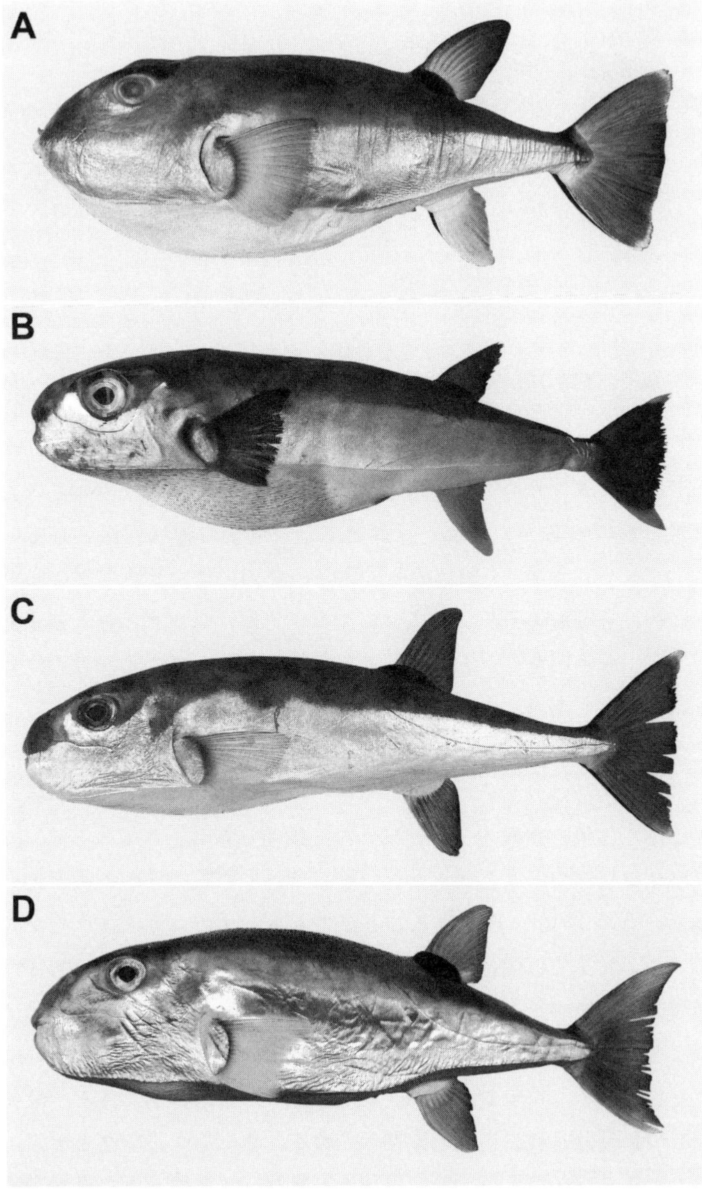

図11　体形や色彩が似ているサバフグ属の4種(A・C・D：鹿児島大学総合研究博物館提供；B：松浦啓一)。A：カナフグ，B：クロサバフグ，C：シロサバフグ，D：ドクサバフグ

図 12　深海性のヨリトフグ(鹿児島大学総合研究博物館提供)。体は小棘に覆われず，滑らかで，腹部に多数の細かな皺がある。ヨリトフグはフグ類のなかで最も深い所に生息する。

は不明である。クマサカフグの毒性分析については，沖縄で採集された1個体の毒性分析によると，筋肉，肝臓および卵巣から毒は検出されていない(照屋ら，2006)。しかし，1個体のみの調査のため，クマサカフグの毒性分析をさらに行う必要がある。このようにサバフグ属には可食の種と強毒あるいは猛毒をもつ種が混在し，しかも形態的特徴が類似している。このため種の分類を誤る場合があり，食中毒事件を引き起こし，死者も出ている。では，サバフグ属の種はどのようにすれば分類できるであろうか。

サバフグ属の種はお互いに類似してはいるが，体形や体表面の小棘の分布，鰭条数そして体色を比較することによって識別できる。カイユウセンニンフグ，クマサカフグ，そしてセンニンフグはサバフグ属のほかの種と比べると体が細長いため(図10)，識別することができる。また，カイユウセンニンフグとセンニンフグでは尾柄(尾鰭の付け根)が縦扁(上下に平たい)している。この特徴はフグ類のなかではユニークである。ほかのサバフグ属の種はもちろんのこと，フグ科のほかの属では尾柄は側扁(左右に平たい)しているため，尾柄を見ればカイユウセンニンフグとセンニンフグを識別できる。縦扁した尾柄をもつ魚類は一般に遊泳力が強い。カイユウセンニンフグとセンニンフグも強力なスイマーだと思われる。体形が細長くてスマートな点も遊泳力が強いことを示唆している。

カイユウセンニンフグとセンニンフグは混同されていたことがある。カイユウセンニンフグは比較的小型の種である。それに対して，センニンフグは全長 70 cm に達する大型の種である。このためカイユウセンニンフグがセンニンフグの幼魚や若魚だと思われていたことがある。しかし，両種の多数の個体を調べた結果，鰭条数や色彩に相違があることが判明した。カイユウセンニンフグの鰭条数は，背鰭 9〜10，臀鰭 8〜9，胸鰭 16 であるのに対して，センニンフグの鰭条数は，背鰭 10〜13，臀鰭 11〜12，胸鰭 15〜18 である。つまり，センニンフグの鰭条数はカイユウセンニンフグの鰭条数よりも多いのである。また，センニンフグの体側面と背面には多数の小黒点があるが，カイユウセンニンフグには小黒点はない(図 10)。

クマサカフグも体は細長いが，尾柄は側扁している。クマサカフグの特徴は胸鰭の色である。クマサカフグの胸鰭は上部が黒く，下部が白いツートンカラーとなっている。ほかのフグ類には見られない色彩パターンである。しかも，このツートンカラーの胸鰭は成魚でも幼魚でも見られるため，胸鰭さえ見ればクマサカフグを同定できるといっても過言ではない。また，クマサカフグの成魚の尾鰭はフグ類のなかでも独特の形をしている。フグ類の多くの種では，尾鰭は円形かやや湾入する。ところがクマサカフグの尾鰭を見ると，尾鰭の下葉(下半分)の先端が後方に延長している(図 10)。尾鰭の特徴もクマサカフグを識別する際に大いに役に立つ。クマサカフグは全世界の温帯と熱帯の浅海に広く分布している。フグ類では全世界に分布しているのはクマサカフグとヨリトフグのみである。

カナフグ，クロサバフグ，シロサバフグおよびドクサバフグは体形がよく似ている(図 11)。しかし，カナフグはサバフグ属の他種とは異なり，鰓孔が黒い。また，体の背面に小棘がない。この2つの特徴を見ればカナフグをほかの種と間違えることはない。さて，最後に残ったクロサバフグ，シロサバフグ，そしてドクサバフグは分類が最も難しい種である。しかも，日本周辺のクロサバフグとシロサバフグは食用になるのに対して，ドクサバフグは名前のとおり猛毒をもっている。ドクサバフグを食べられる種と混同したために食中毒事件が起こり，死者が出たこともある。したがって，これら3種を明確に識別するための特徴を知っておくことは大切である。ドクサバフグは体形や色彩がシロサバフグによく似ている。2種の写真を見ただけでは区別が困難なほどである。しかし，幸いなことに体背面にある小棘の分布状態を見れば，誰でもドクサバフグをシロサバフグから区別できる。ドクサバフグの体背面を見ると両眼の間付近から背鰭の付け根まで小棘が広がっている。小棘に覆われている部分は前後に長い楕円形を呈し，背鰭の付け根の前端に達している(図13)。

これに対してシロサバフグでは，体背面の小棘に覆われる区域がドクサバフグより狭い。小棘に覆われた部分が両眼の間付近から始まる点では，シロサバフグとドクサバフグに違いはないが，シロサバフグでは小棘に覆われた部分が後方に向かって細くなる(図13)。ただし，小棘に覆われた部分の後方

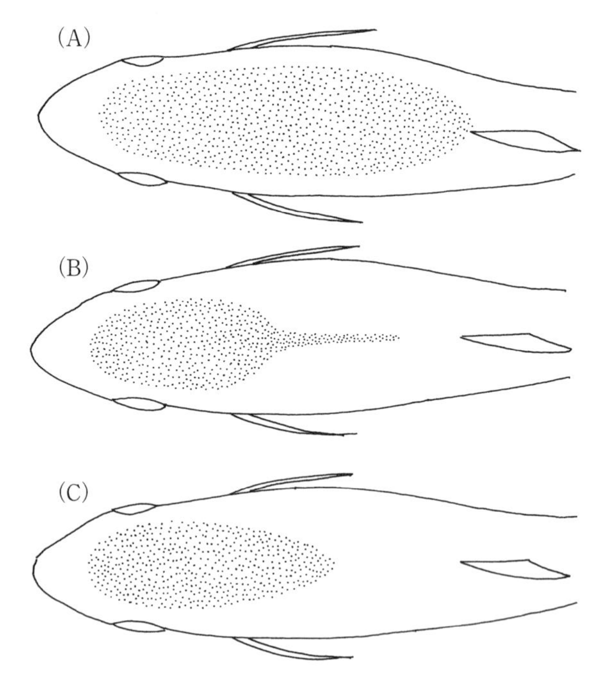

図13　ドクサバフグとシロサバフグにおける体背面の小棘の分布。ドクサバフグ(A)の小棘域は両眼の間から背鰭までの体背面を広く覆い，背鰭の前縁に達している。シロサバフグ(BおよびC)では小棘域は後方に向かって細くなり，背鰭前縁に達することはない。ただし，小棘域が後方へどのくらい長く延長するかは個体によってかなり異なる。

Box 2　東南アジアにおけるフグの分類とフグ中毒

日本ではフグ中毒による死亡数は年に数人程度(2000 年以後，最大の年で 6 人，死亡数ゼロの年もかなりある)である。ところが，東南アジアでは深刻な状態になっている。ベトナムの研究者たちが発表した報告によると 1999～2003 年までの 4 年間に 737 人がフグ中毒にかかっている。そして，そのうち 127 人が死亡しているというのである(Dao et al., 2012)。すさまじい数字である。また，フィリピンやタイでもフグ中毒が発生しており，詳細はわかっていないが，死者も出ている。ベトナムの中毒件数と死亡数は信じられないようなレベルである。筆者は 2000 年代前半にベトナム水産庁の依頼によって，ベトナムのフグ類を調査したことがあるが，漁港や魚市場ではフグ類がほかの魚類と区別せずに扱われていた。また，漁民や一般の人たちのフグ類に関する知識が極めて不十分であることもわかった。このような状況を憂慮して，ベトナム水産庁は 2004 年にフグ類を市場で扱うことを全面的に禁止した。しかし，2009 年にベトナム南部を訪問して，再度調査を行ったところ魚の水揚げ場で大量のフグ類がむき身にされている現場に出くわした(図 1)。残念ながら政府の通達に従っていない漁民が多数いたことになる。このような状況を改善するためには，フグ類の分類と毒性に関する啓発活動を強めなければならない。ベトナムの研究者

図 1　ベトナム南部の魚の水揚場ではサバフグ類が取引されていた(2009 年 7 月)。中央の大きな個体はカナフグ。周囲には小型のサバフグ類のむき身が大量にあった。

図 2　マレーシア(サバ)のタワウ魚市場で売られていたモヨウフグ属。サザナミフグ，モヨウフグおよびワモンフグの大型個体が写っている(2011 年 5 月)。

図3　マレーシア(サバ)のタワウ魚市場で売られていたハコフグ類2種とハリセンボン科のネズミフグ(2011年5月)

を介して漁民にフグ類の毒性について質問すると「食べても大丈夫」というのだが，フグ類の毒性には個体変異があるため，一度目は食中毒にかからなくても，二度目には死に至る場合がある。また，魚市場で山積みされていたサバフグ類を調べたところ，3種が混同されていた。

2011年にはマレーシアの研究者に依頼されて，サバ(ボルネオ島)のフグ類について調査を行った。マレーシアにはフグ類を分類できる魚類研究者がいないとのことであった。マレーシアの研究者2人の案内によって，サバ北東部のサンダカン，センポルナおよびタワウの魚市場を調査した。その結果，多くのフグ目魚類が魚市場で売られていることがわかった(図2，3)。モヨウフグ属のケショウフグ，サザナミフグ，モヨウフグ，ワモンフグなどの大型個体が市場に多数並んでいた。多数のモヨウフグ属を市場で見たのはサバが初めてであった。市場の関係者にモヨウフグ属の毒性を知っているかどうかを訪ねると，ベトナムと同様に「食べても問題ない」といっていた。しかし，フィリピンのモヨウフグ属が強毒をもっていることが明らかになっているので，マレーシアのモヨウフグ属も同様と考えられる。タイのソンクラ魚市場ではドクサバフグが扱われていたが(図4)，ドクサバフグが危険なフグであることはいうまでもない。今後，東南アジア諸国におけるフグ類の管理を適切に行うためには，フグ類の分類や毒性に関する普及啓発活動が必須といえる。

図 4　タイのソンクラ魚市場で見かけたドクサバフグ(2009 年 3 月)。体背面の小棘で覆われている部分が背鰭の付け根に達しているので，ドクサバフグであることは間違いない。

に延びる度合いには個体差がある。後方に延びた部分が胸鰭の上方で終わる個体もあれば，かなり後方へ延長する個体もある。しかし，小棘に覆われた部分は決して背鰭の付け根に達することはない。背鰭の前方に小棘がない部分があれば，その個体はドクサバフグではない。尾鰭の形もドクサバフグとシロサバフグでは異なる。ドクサバフグの尾鰭はやや深く湾入するのに対して，シロサバフグでは浅く湾入する。多数の個体を見れば，湾入の度合いを見分けることができるようになるが，小棘の分布状態ほど明瞭ではない。

クロサバフグは長い間，シロサバフグと混同されていたが，1983 年になって 2 種が別種であることが明らかにされた。クロサバフグの特徴は名前が示すとおり，体の側面と背面，そして鰭が黒い。また，尾鰭の中央部が後方に突出することや，尾鰭の中央部が黒く，上後端と下後端が白いことも本種の特徴である(図12)。クロサバフグは日本周辺から東シナ海に分布するとされてきたが，南シナ海やオーストラリア東岸およびニュージーランドにも分布することが明らかになった。

3. 日本のフグ類

全世界の魚類の総数は32,000種に達しているといわれている。日本産魚類は約4,200種であるから，全世界の魚類の13%が日本に分布していることになる。日本の魚類の多様性が高いことがわかる。一方，全世界に生息しているフグ類は184種である。日本およびその周辺(排他的経済水域)に出現するフグ類は7属54種(日本の沿岸で記録されているフグ類は47種)である(表2)。日本には全世界のフグ類の29%が分布していることになる。日本のフグ類の多様性が際立っていることがわかるであろう。では，日本のフグ類の多様性の内容についてさらに詳しく見ることにしよう。そのためには種数の多い属を取り上げるとわかりやすい。

モヨウフグ属はインド洋と太平洋の熱帯域に13種が生息している。日本には11種が分布しているので，モヨウフグ属全種の85%が見られるわけである。キタマクラ属は全世界の浅海の熱帯域に36種が分布している。日本に分布する種は11種であるから，キタマクラ属全種の30%ということになる。トラフグ属は約25種から構成されている(中国産の種に実態が不明なものがいる)。25種のうち，日本の沿岸に出現する種は13種であるが，東シナ海の排他的経済水域を含めると20種が日本に分布していることになる。トラフグ属の80%の種が日本沿岸とその周辺に生息している。日本周辺海域はトラフグ属の宝庫といえよう。

日本周辺に分布するトラフグ属の種のうち，タキフグのみはインド洋と西部太平洋の熱帯域に分布しているが，ほかの種はすべて日本およびその周辺のアジア温帯域の浅海に分布している。このように大半の種が温帯に分布するのは，フグ類全体のなかでもトラフグ属のみに見られることである。恐らくトラフグ属は日本周辺の海域で種分化したのであろう。そして，トラフグ属が分化した年代は地質学的な意味ではごく最近のことに違いない。その証拠にトラフグ属の雑種が毎年，多数漁獲されている。雑種が頻繁に現れるということは種分化の程度が低いことを示しているのである。日本人が見慣れているトラフグ属は分類学や進化学の観点から見ると，非常に興味深いグループなのである。一方，サバフグ属を見ると，紅海と西部インド洋に分布する1種と大西洋固有の1種を除く7種が日本の沿岸に出現する。つまり，サバフグ属の80%が日本に分布しているのである。

このように日本のフグ類の多様性は極めて高い。この理由として日本の海洋環境の多様性を挙げることができる。日本列島の長さは南北3,000 kmに及ぶ。北海道のオホーツク海の沿岸が流氷に覆われている季節でも沖縄に行けばサンゴ礁を見ることができる。しかし，見逃してはならないのは，日本列島が太平洋の西の縁にあることである。北半球では暖流が右回りに回っている。このため琉球列島を含む日本列島，フィリピン，そしてインドネシアが位置する西部太平洋には常に暖流が供給され，サンゴ礁が発達することになる。その結果，日本南部は熱帯性魚類の分布の北限に位置しているのである。フグ類も同様である。日本のフグ類54種のうち35種(65%)は西部太平洋の熱帯域に分布している。熱帯性の種が大半を占めるのはオキナワフグ属，キタマクラ属，サバフグ属，シッポウフグ属およびモヨウフグ属である。これらの属の多くのフグたちはマングローブ域やサンゴ礁に生息するため，沖縄や奄美群島に行かなければ見られない種が多い。本州で見られる種はごくわずかである。

サバフグ属もおもな分布域は熱帯域であるが，カナフグ，クロサバフグおよびシロサバフグは日本沿岸や東シナ海の温帯域にも分布する。ドクサバフグも熱帯性のサバフグ属の1種であるが，最近，四国や九州で漁獲され，中毒事件を起こしている。従来，ドクサバフグは日本に滅多に出現することはなかった。ドクサバフグの出現は地球環境の温暖化と関係した現象かもしれない。今後，ドクサバフグの動向には注意が必要である。

4. フグ類の生態

(1)フグ類はどこにすんでいるか

184種のフグ類のうちで川や湖などの淡水に生息する種は30種のみである。つまり，フグ類の大半の種は海にすんでいる。では，フグ類は海のどのような場所にすんでいるのだろうか。海産フグ類の多くの種は水深200mまでの熱帯や温帯の大陸棚上に生息している。フグ類の生息環境を具体的に見てみると，サンゴ礁，砂泥底，マングローブ域や藻場である。このような環境は熱帯の水深50m以浅に発達している。したがって，フグ類の多くはごく浅い熱帯の海にすんでいることになる。ただし，トラフグ属は例外である。トラフグ属ではタキフグのみがインド洋と西部太平洋の熱帯域に分布しているが，ほかの種はすべて温帯域にすんでいる。日本にはトラフグ属の種が多く見られるため，フグ類は温帯性の魚類だと思っている人がいるが，実は大半のフグ類は熱帯性の魚類である。

フグ類の大半は非常に浅い海にすんでいるが，深い場所から採集されるフグ類がいないわけではない。たとえば，ホシフグは水深200m前後からトロール網で漁獲されることがあるし，ヨリトフグは水深400m付近から採集されたこともある。キタマクラ属にも水深100mより深い場所から採集された種がいる。

海産のフグ類には汽水域や河川に入るものがいる。中国では昔，長江(揚子江を含む)を遡るメフグを食用にしていたことがあり，フグ類を「河豚」と呼んでいた。川を遡り，体の形が豚のように丸いので，「河豚」という名前が付いたといわれている。日本でも河川に入るフグ類がいる。有明海ではシマフグが河川を遡り，クサフグも日本各地の河川に入る。茨城県の涸沼では昔，ニシンが漁獲されていたことがあり，ヒヌマニシンと呼ばれていたが，涸沼からはクサフグも採集されていた。また，モヨウフグ属のワモンフグもインドネシアの河川で採集されている。筆者はモヨウフグ属のサザナミフグやケショウフグをインドネシアやミクロネシアの藻場や汽水域で採集したことがある。モヨウフグ属のスジモヨウフグとカスミフグ，そしてオキナワフグ属のオキナワフグはマングローブ域で普通に見かける魚類である。

(2)フグ類の行動と産卵

フグ類の行動に関する情報は少ない。トラフグやカラスのように群をつくって泳いでいる種もいるが，モヨウフグ属(ホシフグのみは群をつくると思われる)やキタマクラ属の種は単独で行動し，群をつくらない。サンゴ礁やマングローブ域に生息するフグ類は遠距離を移動せず，一定の場所にすんでいるようであるが，トラフグ属の種は遠距離を移動することがある。トラフグに標識を付けて放流した例があり，九州から韓国，そして渤海まで移動したことがわかっている(山田ら，2007)。有明海付近で放流されたトラフグが渤海の湾奥部で再捕された例では，直線距離で2,000 kmを移動したことになる。したがって，トラフグ属の大型種はかなりの距離を回遊すると思われる。

フグ類の産卵行動の情報は限られていて，多くのフグ類の産卵行動は不明である。しかし，トラフグ属のクサフグやアカメフグは大潮のときに大きな群で波打ち際にやってきて産卵することがわかっている。クサフグの場合，産卵するときに雄が雌の体に噛みついて刺激を与える。雌が産卵すると雄が放精するため，波打ち際の海水が白く濁るほどとなる。ヒガンフグはタイドプールで産卵した記録があるが，クサフグやアカメフグと比べると詳しい行動はわかっていない。水産重要種のトラフグ，カラス，マフグ，シマフグそしてナシフグについては産卵場が判明している(山田ら，2007)。トラフグの国内の産卵場は長崎県，熊本県，福岡県，関門海峡付近，瀬戸内海の尾道から高松，伊勢湾，そして日本海の能登半島沖，若狭湾など広い範囲に渡っている。トラフグの産卵場は水深20～50 mの砂底である。カラスは日本海の対馬北東沖や韓国の済州島南部の水深80～130 mの海底で産卵すると推定されている。カラスの産卵場はトラフグと比べるとかなり深い。また，カラスの産卵場は泥底か泥に砂が混じる所である。マフグは成熟魚の漁獲場所に基づいて，日本海の山口県沖合から北海道沿岸で産卵していると推定されている。シマフグは有明海や橘湾付近そして土佐湾沿岸で産卵することが知られている。また，中国大陸沿岸の長江など大河の河口域でも産卵する。ナシフグもシマフグと同様に有明海や橘湾付近，下関付近，そして香川県沿岸で産卵することがわかっている。また，東シナ海，黄海および渤海でも産卵することが知られている。産卵場所が判明しているトラフグ属はすべて集団産卵する。一方，キタマクラ属は雌雄のペアで産卵する。そして，ごく最近，シッポウフグ属からもペア産卵する種が報告された。

フグ目のモンガラカワハギ類やカワハギ類では，産卵する際に産卵巣をつくることがわかっているが，フグ類では産卵巣をつくる行動は知られていなかった。ところが，ごく最近，産卵巣をつくるシッポウフグ属の新種(*Torquigener albomaculosus* アマミホシゾラフグ)が発見され，筆者によって記載された(Matsuura, 2014a)。この新種のフグは奄美大島南東岸の水深25 m付近の砂底に直径2 mの産卵巣をつくる(図14)。全長12 cm程度の雄が約1週間かけて産卵巣をつくり，雌が産卵巣の中央に来て産卵する。このように複雑な形状をした産卵巣をつくる魚は魚類全体を見渡しても知られていな

図14　アマミホシゾラフグ(シッポウフグ属)の雄がつくる直径2 mの産卵巣(大方洋二氏撮影)。このように複雑な産卵巣をつくる魚類は知られていなかった。

かった。残念ながらシッポウフグ属の他種の産卵生態はまったくわかっていない。また，海産のフグ類全体を見渡しても産卵生態がわかっているのはトラフグ属とキタマクラ属の若干の種に限られている。日本ではフグ類は高級魚として有名であるが，我々のフグ類に関する知見は限られており，謎の多いグループである。

(3)フグ類の身の守り方

フグ類は敵に遭遇したり，危険な状態を察知したりすると体を急速に膨らませる。体を大きくすれば敵を驚かすことができる。体を大きくする，あるいは大きく見せるための行動をとるのはフグ類に限らない。たとえば，犬や猫もけんかをするときには背中を丸めて威嚇したり，毛を逆立てたりする。少しでも体を大きく見せようとしているのである。フグ類の場合には，腸の直前にある膨張嚢を膨らませることによって腹部を大きく拡張する。フグ類は体重の2～4倍の水を飲み込むことができるので，小さなフグでも丸いボールのようになる。そして，多くのフグ類の体表面には多数の小棘があるので，体が膨らむと小棘が針のように立ち上がる。ハリセンボンの「針」のように強力ではないが，フグ類の小棘にもそれなりの威力がある。全長20 cmほどのモヨウフグ属の場合には，小棘が尖っているため，体を膨らませると素手ではもてない状態になる。

では，フグ類はどのようにして体を膨らませた状態を保てるのだろうか。フグ類の消化器系はほかの魚類とは異なり，その一部が膨張嚢となっている。さらに，膨張嚢の入り口と出口に強力な括約筋を備えている(図15)。フグ類は後方の括約筋を締めて，水や空気を飲み込み，膨張嚢を膨らませる。そして，前方の括約筋を締めて吸い込んだ水や空気が排出されないようにする。空気を吸い込んだフグを海面に放り投げると，数秒間は海面に浮いたままの状態となるが，慌てて空気を吐き出し，海中に潜って行く。

フグ類は海底の砂に潜る習性がある。クサフグやヒガンフグ，そしてトラフグなどが砂底に潜る様子は水族館で観察することができる。ダイバーが撮影した水中写真にも砂に潜ったフグ類が登場する。筆者はオーストラリアのグレートバリアリーフで全長60 cmほどの大きなモヨウフグが海底の砂中

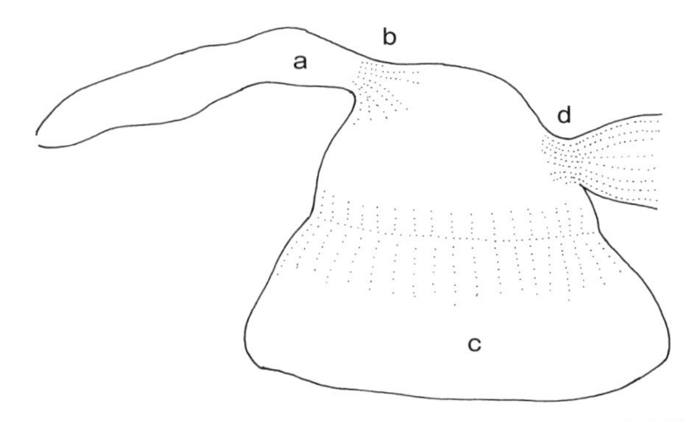

図 15　フグ類の膨張嚢および周辺の消化管。a：咽喉，b：括約筋，c：膨張嚢，d：括約筋

に潜っているのを見たことがある。頭部の背面部分や体の一部は砂から出ていたが，体の大部分はみごとに砂に隠れていた。砂に隠れていたためか，近寄って手で触るまで，このモヨウフグは砂から出ることはなかった。フグ類は砂に潜るときに眼を閉じることができる。サメ類は瞬膜によって眼を閉じるが，フグ類の場合には眼の周囲の皮膚を絞り込むようにして眼を閉じる。マンボウ類もフグ類と同様に眼を閉じることができる。

フグ類がフグ毒(テトロドトキシン TTX)をもっていることはよく知られている(塩見・長島，2013)。TTX はフグ類が身を守るために役立っているのだろうか。もし，フグをほかの魚類や海鳥が食べると，恐らく食べた魚や鳥は死んでしまうであろう。1個体のフグが犠牲になれば敵を殺すことができるので，同種の多数個体の利益になるであろう。つまり，1個体が犠牲になることによって多数が利益を受けるというわけである。理屈としては合理的であるように見える。しかし，食べられてしまったフグにとっては，フグ毒は役に立っていないことになる。自然選択は基本的に個体レベルで作用する。個体の生存に役立たなければ，フグ毒をもつ個体が選択圧のなかで増えていくとは思えない。一方，フグ類は皮膚から TTX を放出できることがわかっている。大型魚類がフグを口に入れて吐き出す場面が観察されているので，TTX を感知したものと思われる。また，フグ類ばかりではなく，ほかの魚類の味覚神経は微量の TTX に刺激応答することがわかっている。つまり，多くの魚類は TTX を嗅ぎ分けることができるのである。フグに近づいた大型魚が TTX を嗅ぎ分けて，フグを食べなければ，フグ毒は防御機能を立派に果たしていることになる。

第2章 フグ毒

長島　裕二・荒川　　修・佐藤　　繁

1. フグ毒の単離と構造

フグ毒の正体を明らかにするための研究は，明治期からわが国の医学者を中心に進められてきた。田原(1909)はフグ卵巣から非タンパク性の粗毒を調製し，フグ科魚類の名称 Tetraodontidae に因んで毒の本体をテトロドトキシン(tetrodotoxin, TTX)と命名した。横尾(1950)はトラフグ(*Takifugu rubripes*)卵巣から TTX の純品を結晶として単離したが，陸上生物から分離された種々の生理活性物質とはまったく異なるタイプの化合物であったため，構造の解析は難航した。1960 年代に至り日米の研究グループにより相次いで TTX の構造が決定され(後藤ら, 1964；Tsuda et al., 1964；Woodward, 1964)，1964 年に京都市で開催された国際天然物化学会議で同時に報告された。

フグ毒の本体を解明したこれらの研究は，水生生物の生理活性成分を探索する，海洋天然物化学の発展の端緒となったものである。以後，国内外のグループによってフグ毒に関する研究は精力的に進められ，次々に TTX の類縁体が分離されるとともに，薬理活性や生物学的分布などが明らかにされている。本節では TTX の単離と構造決定について紹介する。

2. テトロドトキシンの単離法

田原(1909)は，フグ卵巣の温水抽出液に酢酸を添加して濃縮し，析出するタンパク質を除去して得た上澄みに，さらに酢酸鉛を添加して生じる沈殿物を除去し，毒を含む抽出液を得た。抽出液にアンモニア水を加えると毒は鉛化合物となって沈殿する。これを硫化水素で脱鉛した後に上澄みを濃縮し，純度0.2%程度の粗毒を調製した。横尾(1950)は田原(1909)の酢酸鉛法を繰り返した後，アルミナのカラムクロマトグラフィーにより得られた部分精製毒を希酢酸に溶解し，メタノールとエーテルを加えて毒を沈殿させることにより，50 kgのフグ卵巣から65 mgの結晶を得た。毒成分の有無は，溶液をマウスに腹腔内投与することにより確認した。1900年代前半にはフグ毒のような微量成分を分離する手段は限られており，毒の本体を単離するまでに半世紀近くが費やされている。酢酸鉛と硫化水素を用いるこれらの方法は操作が煩雑で毒の収率も低く，次に述べる津田(1963)や後藤ら(1964)の改良法によって，初めて当時の構造解析に必要な，グラム単位でのTTXの結晶を確保することが可能となった。

(1)津田・河村によるフグ毒の単離法(津田，1963)

フグの卵巣1,000 kgを細切し，80〜90℃の温水中で30分程度加温すると毒が上澄みに浸出する。ろ液から油分を除去した後，濃縮してメタノールを添加混合し，生じる不溶物を除去する。ろ液からメタノールを留去した後，活性炭およびハイフロスーパーセルのカラムクロマトグラフィーを組み合わせて得られる画分に酢酸，メタノールおよびジエチルエーテルを添加して結晶性のTTX約10 gを得た。

(2)後藤・平田によるTTXの精製法(後藤ら，1964)

フグの卵巣の水抽出液を短時間煮沸し，生成する固形物を減圧ろ過して除去する。タンパク質や遊離アミノ酸の混入をできるだけ避けるために新鮮な卵巣を材料とし，抽出操作を短時間で行う。ろ液をアンモニウム型の

Amberlite IRC-50 カラムに添加し，カラムを水洗後に10%酢酸で毒を溶出させる。毒を含む画分をアンモニア水でpH8〜9に調整し，活性炭を加えて毒を吸着させる。活性炭を酢酸酸性の20%エタノールで抽出し，抽出液を減圧濃縮後，アンモニア水を加えて塩基性として静置するとTTXの結晶性沈殿が得られる。これを希酢酸に溶解し，アンモニアで再沈殿させてTTXの純品を得る。

(3)麻痺性貝毒精製法の応用

上記の方法はいずれも，毒を高濃度に含むフグの卵巣を試料として用いている。これらの方法は，毒含量がまちまちで多量の核酸関連化合物や遊離アミノ酸などが抽出液中に夾雑してくる肝臓や消化管などからのTTXの単離には応用しにくく，かつTTXと性状の類似する類縁体同士を分離することも困難である。TTXとその類縁体は，麻痺性貝毒と種々の物理化学的性状が似ているので，麻痺性貝毒成分の単離法(Oshima et al., 1977；Shimizu, 1985)が応用できる。以下に現在，多くの研究グループが採用しているTTXとその類縁体の精製法について紹介する。

フグの肝臓などの組織に希酢酸を加えてホモジナイズする。ホモジネートを沸騰浴中で70℃程度になるまで加温して冷却後，遠心分離して上澄みを得る。上澄みをジエチルエーテルまたは塩化メチレンで脱脂し，水相に混在する有機溶媒を減圧下留去した後に，水酸化ナトリウム水溶液もしくはアンモニア水を滴下してpHを5.5に調整し，水溶性抽出液を作成する。溶剤による脱脂工程を省きたい場合には，前述の熱浸ホモジネートを冷却後，アンモニア水もしくは水酸化ナトリウムの水溶液を滴下してpHを6付近に調整し，ろ紙上ろ過することにより水溶性抽出液を調製する。得られた抽出液を水で充てんした活性炭のカラムに添加し，カラムを水洗して無機塩などを除去した後，吸着した毒成分を1%酢酸-25%アルコール(エタノールまたはメタノール)で溶出させて回収する。活性炭カラムを水洗する際に多量の水を使用すると，毒が洗浄液中に溶出することがある。

表皮を出発原料とした場合には，熱浸抽出液に多量の膠質タンパク質が夾雑し，活性炭への毒の吸着を妨げることがある。この場合，後藤ら(1964)の方法に従って水抽出液をあらかじめアンモニウム型の弱酸性陽イオン交換樹脂(Amberlite IRC-50など)で処理してから活性炭カラムに添加する。活性炭カラムから回収した含水酸性アルコール溶出液を減圧濃縮後，凍結乾燥して得た粗毒を希アンモニア水で中和し，水で充てんしたBio-Gel P-2(Bio-Rad Laboratories)カラムに添加する。カラムを水で洗浄後，0.03〜0.1 M程度の希酢酸で溶出する画分を分取し，毒成分を含む画分を回収して濃縮・乾固する。毒成分の異性化を避けるため，エバポレーターを用いる際には湯浴の温度を40℃以下として濃縮した後，凍結乾燥により水分を除去して乾固する。Bio-Gel P-2はポリアクリルアミドを担体とするゲルろ過用の樹脂として設計されたものであるが，フグ毒や麻痺性貝毒など分子内にグアニジノ基に由来する強力な陽電荷をもつ化合物を中性付近で特異的に吸着するため，これらの毒成分の精製に威力を発揮する。

Bio-Gel P-2カラムクロマトグラフィーで得た部分精製毒を少量の水に溶解し，Bio-Rex 70(Bio-Rad Laboratories, 200-400メッシュ，H^+型)カラムに添加する。ペリスタポンプなどを使用し希酢酸で溶出させて分取し，TTXとその類縁体を精製する。Bio-Rex 70カラムクロマトグラフィーで得た高純度のTTXを含む画分を凍結乾燥し，少量の希酢酸に溶解してメタノール，ついでジエチルエーテルを混合し静置するとTTXの結晶が得られる。分離が不十分な場合は，再度Bio-Rex 70カラムクロマトグラフィーを実施するか，弱酸性陽イオン交換樹脂を担体とする高速液体クロマトグラフ(HPLC)を用いて精製する。

(4)テトロドトキシンの構造決定

結晶性のTTXは明確な融点をもたず，酸性水溶液以外のすべての溶媒に溶解しない。マウスに腹腔内投与した場合の半数致死量(LD_{50})は8.7 μg/kg，比旋光度$[\alpha]_D$ −8.6，$C_{11}H_{17}O_8N_3$の分子式をもつ。TTXの結晶を酸に溶解して^{1}H-NMR(核磁気共鳴スペクトル)(Box 1参照)を測定したところ，それまで陸上生物から分離されていた生理活性物質とはまったく異なる，構造を推定するための手がかりのない化合物であることが明らかとなった。単離したTTXそのものから機器分析によって得られる構造情報は限られていたので，

Box 1　核磁気共鳴(NMR)法

有機化合物の構造決定に用いられている手法である。有機化合物を構成する水素(^{1}H)と炭素(^{13}C)の原子核を測定の対象とする。これら原子核は外部静磁場に置かれたときに，固有の周波数をもつ電磁波と相互作用する。原子核を取り巻く電子の密度の差を読み取ることにより，対象となる原子の分子内における結合状態を解析することができる。1960年代には低感度の^{1}H-NMRしか利用できず，得られる構造情報も限られていたが，フーリエ変換NMRの開発により感度が格段に向上し，^{13}C-NMRと組み合わせるなどの新技術を導入することによって，現在かなり複雑な化合物の構造が解析できるようになっている。

Tsuda et al.(1964)，後藤ら(1964)およびWoodward(1964)は，いずれもTTXを化学的に処理していくつかの類縁体に導き，これらの構造を精査することによってTTXの構造を解析している。以下にTsuda et al.(1964)の構造解析の概略を紹介する。

TTXを強塩基性水溶液中で加熱すると溶解し，278 nmに吸収をもつ蛍光物質に変化する。この物質は紫外線吸収スペクトルから2-amino-6-hydroxymethyl-8-hydroxyquinazolineであることが明らかとなり，C9-塩基(Q-base)と命名された(図1)。一方，TTXを中性水溶液中で長時間加熱還流すると徐々に溶解して毒性を失い，これを濃縮することによりTTXとは異なる結晶が得られた。この成分は強塩基処理するとC9-塩基を与えること，過ヨウ素酸で分解すると当モル量のホルムアルデヒドが生じることなどTTXとよく似た性質を示した。IR(赤外線吸収スペクトル)，^{1}H-NMR，およびX線結晶解析(Box 2参照)によりこの化合物の構造が明らかにされ，テトロドン酸(tetrodonic acid)と命名された。

一方，TTXをピリジン/無水酢酸中で処理して得られるポリアセテート体をメタノールに溶解すると，2分子の酢酸が結合したTTX誘導体が得られた。これを弱アルカリで処理するとTTXから水が1分子消失したアンヒドロ体に変化した。このアンヒドロ体(4,9-anhydroTTX)はTTXをギ酸で処理することによっても生じ，これを強酸性水溶液中に溶解し放置すると

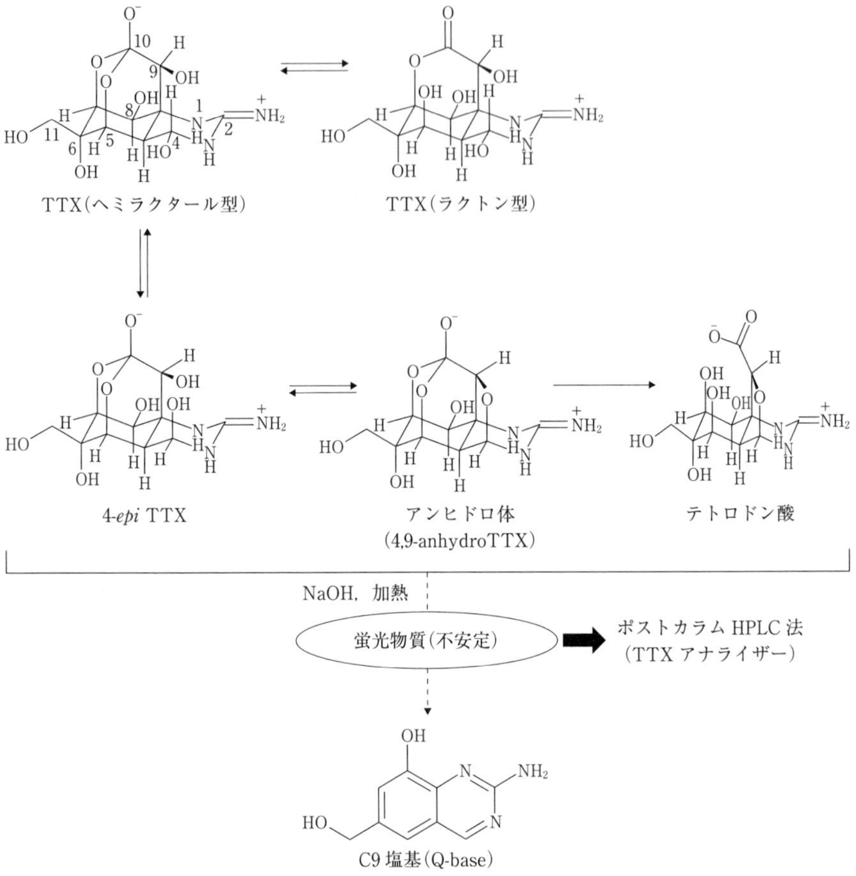

TTX（ヘミラクタール型）　⇄　TTX（ラクトン型）

⇅

4-*epi* TTX　⇄　アンヒドロ体（4,9-anhydroTTX）　→　テトロドン酸

NaOH，加熱

蛍光物質（不安定）　➡　ポストカラム HPLC 法（TTX アナライザー）

C9 塩基（Q-base）

図 1　テトロドトキシンの構造および水溶液中でのテトロドトキシン関連成分の変換

TTX に戻るので，TTX と非常に近い構造をもつものと推定された。これら類縁体の X 線結晶解析や ^{1}H-NMR のデータ，および類縁体同士の相互関係から，TTX の構造（図 1 左上のヘミラクタール型）が決定された。この構造は，Kishi et al.（1972a，b）による TTX の化学的全合成によって最終的に確認されている。

Box 2 X線結晶解析

X線が結晶に照射されると，X線の波動が結晶を構成する分子の裏側など，幾何学的に到達できない領域にも伝播する回折現象を生じる。X線結晶解析は，回折によるX線の散乱を解析して結晶内部で原子がどのように配列しているかを決定する手法であり，20世紀中盤に行われたDNAの二重らせん構造の解明に重要な手がかりを与えている。ある化合物を精製し，純度が高い結晶が得られた場合でも，必ずしもX線による解析が可能というわけではない。テトロドン酸や4,9-anhydroTTXの構造は，これらの分子の臭素イオンあるいはヨウ素イオンなどとの重原子塩の結晶を使用する，重原子法と呼ばれる方法により解析されている。

3. フグ毒の性状と作用

(1)テトロドトキシンの化学的性状

TTXの結晶は水や有機溶媒には溶解せず，酢酸などを含む酸性水溶液のみに溶解する。TTXは弱酸性水溶液中で比較的安定であるが，強酸または塩基性の水溶液中では不安定となり，徐々に活性を失う。水溶液中でTTXはヘミラクタール型とラクトン型の2つの状態で存在している(Yasumoto et al., 1989；図1)。TTXを中性水溶液中で長時間加熱すると徐々に構造が変化し，4-*epi*TTXおよび4,9-anhydroTTXを経てテトロドン酸(tetrodonic acid)を与える。分子構造の変化は，これらTTX類縁体のマウス毒性に大きな影響を及ぼす。Nakamura and Yasumoto(1985)は，コモンフグ(*Takifugu poecilonotus*)およびヒガンフグ(*Takifugu pardalis*)の肝臓からTTX，4-*epi*TTX，4,9-anhydroTTXおよびテトロドン酸を単離し，前3者がそれぞれ4,500マウスユニット(MU)/mg，710 MU/mg，92 MU/mgの比毒性を示すのに対し，テトロドン酸には毒性が確認されなかったことを報告している。ここで1 MUは体重20 gの雄マウスに腹腔内投与した場合，マウスが30分で死亡するTTXの最小致死量に相当する(河端，1978；フグの毒力についてはBox 3を参照)。Nakamura and Yasumoto(1985)は，フグの体内ではTTXが常に主成

Box 3　フグの毒力表示であるマウスユニットとは

フグの毒性はマウスに対する致死力の強さで表すため，「マウスユニット」という耳慣れない単位が使われている。

毒性試験は，フグの組織から酢酸溶液でフグ毒を加熱抽出し，この抽出液を体重20 gのマウスに腹腔内注射して行い，マウスの致死で毒の有無，毒の強さを測定している。組織1 gでマウスを何匹死亡させることができるかを，毒の強さ「毒力」として評価するため，フグの毒力をマウスユニット（Mouse Unit；MU）で表す。1 MUとは，マウスを30分間で死亡させるのに必要な毒量と定義される。

フグ毒による人の致死量は10,000 MUと推定されるので，フグの組織1 gの毒力が1,000 MU以上，すなわち，組織10 gを食べたら致死する毒力を「猛毒」とする。以下，同様に，組織1 gの毒力が100〜999 MU，すなわち，組織100 gを食べたら致死量を超える毒力を「強毒」，組織1 gの毒力が10〜99 MU，すなわち，組織1,000 gを食べたら致死量を超える毒力を「弱毒」，組織1 gの毒力が10 MU未満，すなわち，組織1,000 gを食べても致死量を超えない毒力を「無毒」とする。

分であること，4,9-anhydroTTXを5%塩酸中で一晩静置した場合でもTTXを主成分とする混合物が得られることから，水溶液中でこれら3成分はTTXに偏った平衡状態で存在するものと推定している。

TTX，4-*epi*TTX，4,9-anhydroTTXおよびテトロドン酸は，上述のように強塩基性の溶液中で加熱すると分解し，強い蛍光をもつ反応中間体を経由してC9-塩基(Q-base)に変化する。このことを利用して，ポストカラムHPLC法によるTTX関連成分用の定量分析法が開発されている(Nagashima et al., 1987；Yasumoto and Michishita, 1985；Yasumoto et al., 1982, Yotsu et al., 1989)。これらポストカラムHPLC法すなわちTTXアナライザーの開発は，それまでマウス試験のみに頼ってきたTTXの定量分析に，高感度で精度に優れた手段を提供することとなった。

(2)テトロドトキシン関連成分の多様性

1960年代にTTXの構造が決定されて以後，フグ科魚類だけでなく，ツムギハゼ(*Yongeichthys criniger*)，イモリやカエルなどの両生類，オウギガニ科の毒ガニやカブトガニ，ヒョウモンダコ，肉食性巻貝類，ヒトデの1種トゲモミジガイ，ヒラムシ類など分類学上かけ離れたさまざまな生物に高濃度のTTXが見出されている。自然界におけるフグ毒の分布については次節で詳述する。これらTTX保有生物からは上述の4-*epi*TTXや4,9-anhydroTTXに加え，現在までに多数のTTX類縁体や関連成分が分離されている（表1，図2）。

表1　テトロドトキシン類縁体の分布（Bane et al., 2014を一部改変）

略　称	生物種
TTX	フグ科魚類，ツムギハゼ，イモリ，カエル，トゲモミジガイ（ヒトデ），巻貝類，ウミフクロウ，ヒョウモンダコ，毒ガニ，カブトガニ，ワレカラ，ヒモムシ，ヒラムシ，ヤムシ
4-*epi*TTX	フグ科魚類，イモリ，カエル，巻貝類，毒ガニ，ヒョウモンダコ，ヒモムシ
4,9-anhydroTTX	フグ科魚類，イモリ，カエル，巻貝類，ヒョウモンダコ，毒ガニ，ヒモムシ
tetrodonic acid（テトロドン酸）	フグ科魚類，イモリ，カエル
6-*epi*TTX	フグ科魚類，イモリ，カエル
5-deoxyTTX	フグ科魚類，イモリ，カエル
11-deoxyTTX	フグ科魚類，イモリ，カエル
1-hydroxy-5,11-dideoxyTTX	イモリ
4-S-CysTTX	フグ科魚類（ヒガンフグ）
chiriquitoxin	ヒキガエル
11-oxoTTX	フグ科魚類，イモリ，カエル，巻貝類，毒ガニ
6-*epi*-4,9-anhydroTTX	イモリ
11-norTTX-6(*S*)-ol	フグ科魚類，イモリ，カエル，ウミフクロウ
11-norTTX-6(*R*)-ol	フグ科魚類，イモリ，ウミフクロウ，毒ガニ
1-hydroxy-8-epi-5,6,11-trideoxyTTX	フグ科魚類，イモリ
6,11-dideoxyTTX	フグ科魚類，イモリ
5,6,11-trideoxy-TTX	フグ科魚類，巻貝類
8-*epi*-5,6,11-trideoxyTTX	イモリ
4-*epi*-5,6,11-trideoxyTTX	フグ科魚類
1-hydroxy-4,4a-anhydro-8-*epi*-5,6,11-trideoxyTTX	フグ科魚類，イモリ
4,9-anhydro-5,6,11-trideoxyTTX	フグ科魚類
4,9-anhydro-8-*epi*-5,6,11-trideoxyTTX	イモリ
4,4a-anhydro-5,6,11-trideoxyTTX	フグ科魚類
4-*epi*-11-deoxyTTX	イモリ
4,9-anhydro-11-deoxyTTX	イモリ
5,11-dideoxyTTX	フグ科魚類，ヒラムシ

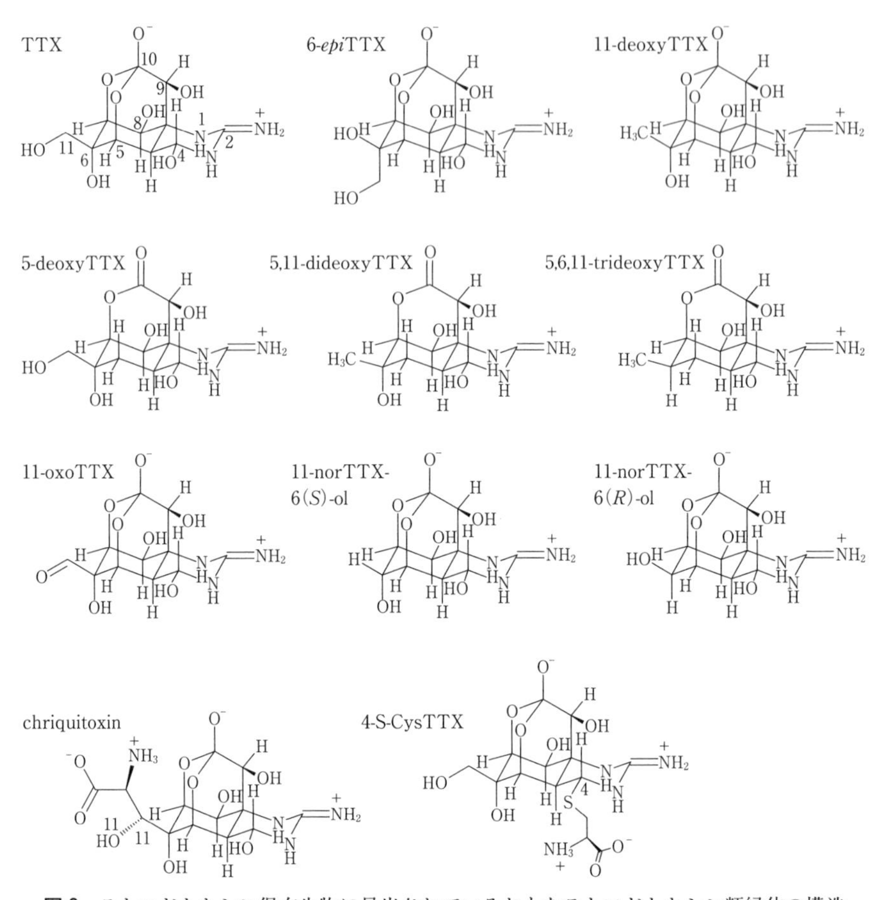

図2　テトロドトキシン保有生物に見出されているおもなテトロドトキシン類縁体の構造

フグ科魚類，およびイモリやカエルなどの両生類には，TTX の 6 位の立体が異性化した 6-*epi*TTX やその 4,9-anhydro 体，11 位が欠損した 11-nor 体などのさまざまな類縁体に加え，11 位にグリシンが結合した chiriquitoxin などの TTX 関連成分が検出されている(Kim et al., 1975；Yasumoto et al., 1988；Yotsu et al., 1990)。Yotsu-Yamashita et al.(2005)は，ヒガンフグの肝臓からシステインと TTX の結合体(4-S-CysTTX)を分離し，この成分が 4,9-anhydroTTX の 4 位にグルタチオン(GSH)が作用して生じた結合体から導かれていること，これら生物チオールとの反応により，TTX が無害化されることを示唆している。

これまでに東北大学の研究グループが主体となって TTX の 5 位，6 位，11 位などが還元された種々のデオキシ体や 11 位の酸化物，および 11 位が欠損した類縁体(11-nor 体)の構造が決定されている(図 2)。これら類縁体のなかには，強塩基性条件下で分解しても強い蛍光を示さず，ポストカラム HPLC 法では検出されない成分が多い。近年，発達の著しい LC-MS/MS 法を活用して，これらの“隠れた TTX 類縁体”を迅速に検出・定量することが可能となっている(Jang et al., 2010)。Yotsu-Yamashita et al.(2013) は，高濃度の TTX を含むコモンフグの卵巣および Planoceridae 科ヒラムシの咽頭部中の類縁体の組成を調べ，いずれにもこれらの類縁体，ことに 5,6,11-trideoxyTTX が，かなりの濃度で含まれていることを報告している(表 2)。すなわち TTX は図 3 に示すような，生物体内で進行する代謝経路の中間産物と考えることができる。これら TTX 類縁体が，フグなどにおける TTX の蓄積に深く関与している可能性がある。

(3)テトロドトキシンの薬理作用

田原(1909)によって TTX の粗毒が抽出されて以後，わが国で種々の動物やその臓器，組織に対する毒の作用が広く研究され，神経組織における興奮の伝達が TTX によって阻害されることが明らかにされていた。TTX の細胞レベルでの作用機序の研究は TTX の単離が可能となった 1960 年代から始まった。

神経や筋肉などの細胞膜上には，ATP を使って Na^+を細胞外にくみ出し K^+を取り入れる Na^+-K^+ポンプや，K^+のリークチャネルが分布し，細胞膜の内外でこれらイオンの濃度に差が生じている。このため，静止時には細胞膜を隔てて細胞内が細胞外に対して負電位を示す。この静止電位を減少させる脱分極が局所的に生じると，細胞膜を内外に貫く電位依存性ナトリウムチャネルが活性化し，Na^+の細胞内への選択的な流入が発生して脱分極による電位の変化(活動電位)が現れる。活動電位の発生は近隣のナトリウムチャネルを玉突きのように次々と活性化し，神経細胞内を刺激が伝導していく。

表2　コモンフグ(*T. poecilonotus*)の卵巣およびヒラムシ属の1種 *Planocerid* sp. の咽頭部におけるテトロドトキシン類縁体の含有量(Yotsu-Yamashita et al., 2013 より)

	コモンフグ卵巣		ヒラムシ属の1種 *Planocerid* sp. 咽頭部	
	含量(μg/g)	モル比	含量(μg/g)	モル比
TTX	130	100	1800	100
4-*epi*TTX	30	22	480	27
4,9-anhydroTTX	36	27	280	16
5-deoxyTTX	8.4	6.2	100	5.9
11-deoxyTTX	22	17	1000	57
6,11-dideoxy	2.7	2.0	23	1.3
5,11-dideoxyTTX	2.2	1.6	170	9.4
5,6,11-trideoxyTTX	46	34	770	44
11-norTTX-6(*S*)-ol	17	12	2100	120
11-oxoTTX	0.24	0.18	6.6	0.37

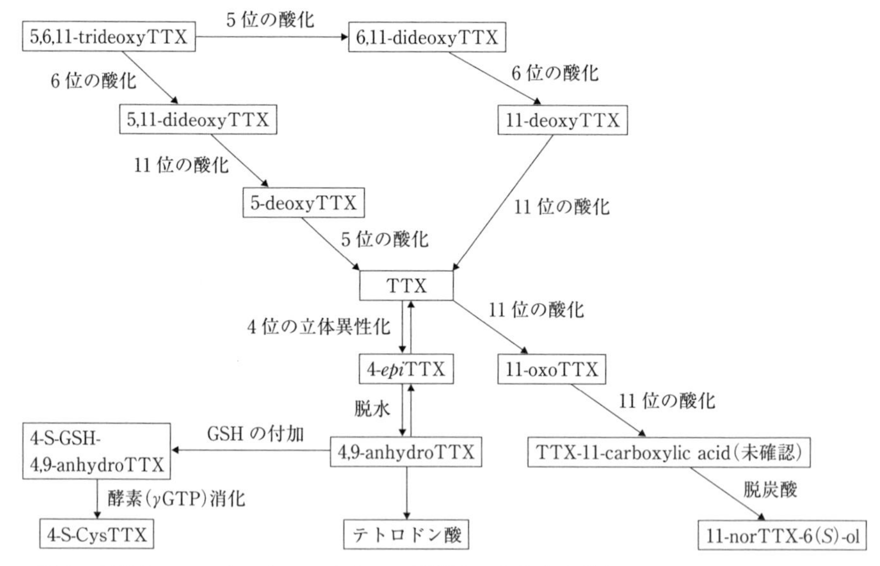

図3　推定されているテトロドトキシン類縁体の生体内変換(Nakamura and Yasumoto, 1985; Yotsu-Yamashita et al., 2005, 2013 を一部改変)

Narahashi et al.(1960, 1964)は，TTXが第7節で紹介する麻痺性貝毒と同様に，神経や筋肉などの興奮性細胞膜上に分布するナトリウムチャネルを選択的に阻害し，刺激の伝達を妨げることを明らかにした。このような，イオンチャネルに特異的な作用を示す化合物はそれまで知られておらず，TTXは神経生理学の研究ツールとして一躍脚光を浴びることとなった。その後，麻痺性貝毒もTTXと同様の薬理作用をもつことが明らかにされ(Kao, 1986；Kao and Furman, 1967)，いずれもイオンチャネルの研究用試薬として活用されている。

TTXや麻痺性貝毒がナトリウムチャネルに特異的な親和性をもつことを利用して，培養神経細胞を用いる毒のアッセイ法(Kogure et al., 1988)や，ラットの脳細胞懸濁物を用いるRBA(Receptor binding assay)法(Doucette et al., 1997；Powell et al., 1999；Usup et al., 2004)が考案されている。RBA法は試料溶液中の毒を，トリチウム(^{3}H)で標識した既知濃度の麻痺性貝毒サキシトキシン(saxitoxin, STX)と混合してナトリウムチャネル上で競合させることにより，試料溶液の薬理活性(毒性)を算出するものである。マウス試験法に替わる麻痺性貝毒の分析手段として開発されたものであるが，TTX類縁体やその混合物の毒性の算出にも応用できる。表3に，Yotsu-Yamashita et al.(1999)が報告している，RBA法によるTTX類縁体の比活性を示す。表中の解離定

表3　テトロドトキシンとその類縁体の比活性
(Yotsu-Yamashita et al., 1999より)

TTX誘導体	*Ko*(nM)
TTX	1.8±0.1
chiriquitoxin	1.0±0.1
11-oxoTTX	1.5±0.2
11-norTTX-6(*S*)-ol	23±1
11-norTTX-6(*R*)-ol	31±3
11-deoxyTTX	37±2
6-*epi*TTX	39±3
4-*epi*TTX	68±10
4,9-anhydroTTX	180±11
tetrodonic acid	3600＞
5,6,11-trideoxyTTX	5000＞

数 *Ko* は，ナトリウムチャネルに対する親和性を表し，数値が小さいほど親和性が強い。すなわち *Ko* は毒の強弱に対応する値であり，たとえば TTX はナトリウムチャネルに対して等量の 4,9-anhydroTTX の約 100 倍強い活性をもつことを意味する。4,9-anhydroTTX の活性は TTX に比べ大幅に低く，テトロドン酸(tetrodonic acid)や 5,6,11-trideoxyTTX は事実上無毒である。このことは TTX の 10 位のヘミラクタールや，4 位および 5 位上の構造変化が活性の大幅な低下に結びつくことを意味する。これに対して側鎖部分の 11 位が変化した chiriquitoxin や 11-oxoTTX は TTX と同レベル，もしくはより強い活性を示す。

TTX のもつ強力なナトリウムチャネル阻害作用を臨床に応用しようとする試みはリスクが大きく，血圧降下などの副作用をともなうことから未だ実現していない。TTX の類縁体や，TTX に適当な化合物を導入した人工誘導体を用いることにより，ターゲット部位にのみ長時間機能するような，副作用のない“夢の鎮痛剤”が開発できるようになるかもしれない。

4. フグ毒の分布

フグ毒はフグから見つかった毒だが，現在ではフグ以外の多くの種類の動物から検出され，自然界におけるフグ毒の分布は広い。これは，後述するように，フグ毒の第一次生産者は細菌と考えられており，それを出発点として，食物連鎖を介して毒化するためと推測される。しかしながら，フグのなかでもフグ毒をもつのはフグ科に限られているように，ほかの動物でも特定の種にフグ毒の分布が限定されているのは不思議である。ここでは，フグ毒をもつ代表的な動物を中心にフグ毒の分布を紹介する。

(1)フ　グ

前述のように，フグ毒(TTX および類縁体)が検出されているフグはフグ科魚類だけで，フグと名の付くモンガラカワハギ亜目のイトマキフグ科とハコフグ科や，フグ亜目のハリセンボンではフグ毒は報告されていない。

日本沿岸のフグの毒性については，1945 年に出版された谷　巌博士の

「日本産フグの中毒学的研究」(谷，1945)に詳しい。これは1935年ごろから九州帝国大学(現，九州大学)医学部薬理学教室で行われたもので，21種類のフグの毒性を組織別に測定した貴重な資料である。試料のフグはおもに福岡の魚市場や魚屋から入手したが，一部は国内のほかの地域ならびに朝鮮半島や中国で漁獲されたものを使用した。表4に，谷がまとめたフグの毒性を示す。表4は，当時の結果をそのまま引用したので，現在の分類とは異なることを指摘しておく。

表4から以下のことがわかる。

①マフグ科の番号1～12(現在のフグ科トラフグ属)のフグの毒性が強い。

②ハリセンボン科とハコフグ科は無毒であった。

表4 日本産フグの毒力(谷，1945より)。毒力の定義についてはBox 1を参照

科名	番号	フグの種類	卵巣	精巣	肝臓	皮	腸	筋肉	血液
マフグ科*1	1	クサフグ	猛	弱	猛	強	猛	弱	
	2	コモンフグ	猛	強	猛	強	強	弱	
	3	ヒガンフグ	猛	弱	猛	強	強	無	無
	4	ショウサイフグ	猛	無	猛	強	強	弱	
	5	マフグ	猛	無	猛	強	強	無	
	6	メフグ	猛	無	強	強	強	無	
	7	バシレウスキアヌス*2	強	無	強	弱	強	無	
	8	アカメフグ	強	無	強	強	弱	無	無
	9	プセウドムス*2	強	無	弱	弱	弱	無	
	10	トラフグ	強	無	強	無	弱	無	無
	11	シマフグ	強	無	強	無	弱	無	
	12	ゴマフグ	強	無	強	弱	無	無	
	13	カナフグ	無	無	強	無	無	無	
	14	サバフグ*3	無	無	無	無	無	無	
	15	カハフグ*4	無	無	無	無	無	無	
キタマクラ科*1	16	キタマクラ	無		弱	強	弱	無	
ハリセンボン科	17	ハリセンボン	無		無	無	無	無	
	18	イシガキフグ	無		無	無	無	無	
ハコフグ科	19	ハコフグ	無	無	無	無	無	無	
	20	ウミスズメ	無	無	無	無	無	無	
	21	イトマキフグ*5	無	無	無	無	無	無	

*1：現在はフグ科，*2：標準和名不明，*3：現在のシロサバフグと考えられる，*4：現在のヨリトフグ，*5：現在はイトマキフグ科，猛：猛毒，強：強毒，弱：弱毒，無：無毒

③トラフグ属では，毒が内臓のみに存在して筋肉および皮が無毒のフグ（トラフグ，シマフグ *T. xanthopterus*）と，内臓および皮に毒性のあるフグに区別できる。クサフグ（*T. niphobles*），コモンフグ，ヒガンフグ，ショウサイフグ（*T. snyderi*），マフグ（*T. porphyreus*），メフグ（*T. obscurus*），アカメフグ（*T. chrysops*）は皮の毒性が強い。

今から70年も前の昭和初期に調査されたフグの毒性は概ね現在と変わらないが，その後の研究により，表4の結果を上回る強い毒性が検出されているので，それらを修正して表5に示した。表5で灰色の網かけをした部分がそれである。表4に記載されていないフグ（サバフグ属クマサカフグ *Lago-*

表5　日本産フグ科魚類の組織別最高毒力（谷，1945にその後の知見を加えた）。毒力の定義についてはBox 3を参照。──：測定データなし，猛：猛毒，強：強毒，弱：弱毒，無：無毒

属	種	卵巣	精巣	肝臓	胆嚢	皮	腸	筋肉
キタマクラ	キタマクラ	無	──	弱	──	強	弱	無
ヨリトフグ	ヨリトフグ	無	無	無	──	無	無	無
サバフグ	クマサカフグ	無	無	無	──	無	──	無
	シロサバフグ	無	無	無	──	無	無	無
	カナフグ	弱	無	猛	弱	無	弱	無
	センニンフグ	猛	──	強	強	弱	強	弱
トラフグ	メフグ	猛	無	強	──	強	強	無
	シマフグ	強	無	強	──	無	弱	無
	トラフグ	強	無	強	──	無	弱	無
	カラス	猛	──	猛	──	──	──	──
	クサフグ	猛	弱	猛	──	強	猛	弱
	ゴマフグ	猛	弱	猛	強	強	無	弱
	ショウサイフグ	猛	弱	猛	──	強	強	弱
	ナシフグ	猛	弱	強	──	猛	弱	弱
	マフグ	猛	無	猛	──	強	強	無
	コモンフグ	猛	強	猛	──	強	強	強
	ムシフグ	強	無	強	──	強	弱	無
	ヒガンフグ	猛	強	猛	猛	強	強	強
	アカメフグ	猛	無	強	──	強	弱	無
	サンサイフグ	強	無	強	──	弱	強	無
	ナメラダマシ	強	無	弱	──	弱	弱	無
モヨウフグ	ホシフグ	強	無	無	──	弱	弱	無

cephalus lagocephalus，センニンフグ *L. sceleratus*，トラフグ属カラス *Takifugu chinensis*，ナシフグ *T. vermicularis*，ムシフグ *T. exascurus*，サンサイフグ *T. flavidus*，ナメラダマシ *T. pseudommus*，モヨウフグ属ホシフグ *Arothron firmamentum*）についても公表されたデータを追加した。

表4と表5に記載されているように，フグの毒力の強さは，「猛毒」，「強毒」，「弱毒」，「無毒」の4段階で表される（フグの毒力表示については，Box 3を参照）。

ゴマフグ（*T. stictonotus*）を例にすると，表4（番号12）では，有毒組織は卵巣，肝臓（「強毒」）と皮（「弱毒」）だけであったが，その後の毒性調査により，表5では腸以外の組織から毒性が検出され，卵巣と肝臓は「猛毒」，皮と胆嚢は「強毒」，精巣と筋肉は「弱毒」であることがわかった。ここで注意したいのは，表中，「猛毒」とされたフグの組織が常に「猛毒」ということではない。これは，毒性を調べた試料のなかで，最高毒力を示したものが「猛毒」レベルに達したことを表している。したがって，ゴマフグの場合，卵巣と肝臓の最高毒性値は1,000 MU/gを超えたものがあるが，皮と胆嚢では最高毒性値は1,000 MU/gを超えなかった。そして，精巣と筋肉の最高毒性値は100 MU/g未満であったということである。有毒種とされるフグでも，毒性が見られない個体がかなりの割合で存在し，フグ毒の有無，毒力の強さには個体差がある。さらに，漁獲海域や季節，性による違いもある。

また，表からわかるように，組織によって毒力は異なり，概して卵巣と肝臓の毒性が強く，「猛毒」レベルのフグが多い。卵巣と肝臓以外で「猛毒」なのはヒガンフグの胆嚢とクサフグの腸だけである（表5）。皮では「猛毒」レベルの毒力は見られないが，「強毒」のものが多い。これに対し，精巣と筋肉はほとんどが「無毒」あるいは「弱毒」レベルだが，コモンフグとヒガンフグは「強毒」とされている。

わが国では，これまでの調査研究で安全性が確保されたフグについては，厚生労働省がフグの種類と部位，そして漁獲海域を定めて食用を許可している。日本沿岸で漁獲されたコモンフグとヒガンフグの筋肉は食用が認められているが，三陸沿岸で漁獲されたものは適用されない。Kodama et al.（1984）の調査によると，岩手県越喜来湾と宮城県雄勝湾で漁獲されたコモンフグ

57検体のうち，90％近くが有毒（毒性値10 MU/g以上）で，最高毒性値は350 MU/gの「強毒」レベルに達した。ヒガンフグは有毒個体の割合と毒性は低かったが，84検体中約20％が有毒で，最高毒性値は50 MU/g程度の「弱毒」レベルであった。しかし，加納ら(1984)が岩手県釜石湾で漁獲されたヒガンフグ86検体の毒性を調べたところ，2/3以上の筋肉が10 MU/g以上と有毒であり，最高毒性値は200 MU/gであったと報告している。このため表5では，これら2種の筋肉は「強毒」に分類されているのである。このように，岩手県越喜来湾および釜石湾ならびに宮城県雄勝湾で漁獲されるコモンフグとヒガンフグについては，有毒個体の割合が高く，さらに毒性も高いことから，フグ毒中毒の危険性が高く，食用が禁止されている。

(2)フグ以外の魚類

南西諸島に生息するハゼ科のツムギハゼ，ヒゲハゼ(*Parachaeturichthys polynema*)やブダイ科のアオブダイ(*Scarus ovifrons*)，ナンヨウブダイ(*Chlorurus microrhinos*)，キンチャクダイ科のサザナミヤッコ(*Pomacanthus semicirculatus*)などからフグ毒が検出されている。ツムギハゼは熱帯・亜熱帯海域の内湾に生息し，日本では奄美大島以南で見られる体長10 cm程度の小型のハゼである(図4)。沖縄地方では，古くから毒ハゼの言い伝えがあり，Noguchi and Hashimoto(1973)は，この毒ハゼはツムギハゼであり，原因毒素はTTXであることを明らかにした。これは，フグ以外の魚類からフグ毒TTXを検出，同定した最初の例である。その後，台湾でツムギハゼによる食中毒が起こり，中毒原因物質はフグ毒であることが明らかにされた。フグの場合と同様，ツムギハゼの毒性は場所や個体によって大きな変動があるのが特徴で，筋肉にも高い毒性をもつことがある。近年，日本の本州でもツムギハゼが確認された。その毒性についてはよくわかっていないが，見慣れないハゼは食べないよう注意が必要である。

(3)イ モ リ

フグ毒の分布を語る上で，イモリを外すことはできない。フグ毒TTXの化学構造が決定された1964年に，カリフォルニアイモリ(*Taricha torosa*)の卵

図4 ツムギハゼ(佐野博喜氏提供)

から単離した強力な神経毒素 tarichatoxin が TTX であることが明らかにされた(Mosher et al., 1964)。これは画期的な研究成果で，長年フグ毒はフグの専有物と考えられていたが，フグ以外の動物からフグ毒が見つかり，海に生息する魚類のフグと，陸の沼地や湿地帯に生息する両生類のイモリが同じ毒素をもつことは驚きであった。その後，アメリカだけでなく日本を含め世界各地のイモリからフグ毒が検出され，*Taricha* 属のほかにも，日本でよく見られるアカハライモリ(別名ニホンイモリ：*Cynops pyrrhogaster*)などの *Cynops* 属(図5)，*Triturus* 属，*Notophthalmus* 属，*Paramesotrion* 属のイモリからもフグ毒が検出されている。

イモリとフグでは毒の体内分布が異なり，イモリでは肝臓や内臓の毒性は低く，皮の毒性が高いことと筋肉が有毒のことが多いのが特徴である。イモリを手で触っても，フグ毒が皮膚から吸収されて中毒する心配はないが，手に傷があったり，肌荒れのときには直接手で触らない方がいいだろう。

フグ毒成分もフグとは異なり，TTX の構造異性体(6-*epi*TTX)や酸化型

図 5　アカハライモリ(長崎大学水産食品衛生学研究室提供)

(11-oxoTTX)(図 1)が多く，フグとは毒の起源や代謝が異なるのかもしれない。イモリのもつフグ毒はどこから来るのか，フグ以上にわかっておらず，イモリ自身がフグ毒を生合成あるいは変換しているという説もある(Leman et al., 2004)。

イモリに関しては，もう 1 つ興味深い現象がある。自然界におけるフグ毒の分布は広いが，これまでは，水に関係する魚類と両生類にしか検出されておらず，陸生の爬虫類以上の動物でフグ毒保有動物はいないと考えられていた。その理由として，フグ毒生産者が水圏に生息する生物である，フグ毒の原材料が水圏にしか存在しないか水圏に豊富に存在する，水圏動物はフグ毒を取り込み，濃縮，蓄積する能力をもっている，などが考えられる。しかし，イモリを捕食するヘビ，ガータースネーク(*Thamnophis sirtalis*)はフグ毒に対する耐性を獲得し，イモリの毒を体内に蓄積することが発見された(Geffeney et al., 2005)。これは，これまでの定説を覆す発見であり，捕食者のガータースネークとその餌となるイモリの興味深い関係については第 5 節で紹介する。

(4)カ エ ル

カエルの皮膚は粘液でヌルヌルしており，粘液には毒があったり，蝦蟇(がま)の油といわれるように薬効をもつ成分もある。中南米ではカエルの皮膚から分泌される毒を毒矢に塗って使ったことがあり，ヤドクガエルという小型のカエルがいる。毒の種類はさまざまだが，*Atelopus zeteki* の毒成分として zetekitoxin または atelopidtoxin と呼ばれていた未知の毒素は，1975年に TTX と同定された(Kim et al., 1975)。*A. chriquiensis* は，TTX にアミノ酸のグリシンが結合した chiriquitoxin をもつ。その後，ミズカキヤドクガエル(*Colostethus*)属や Brazilian frog *Brachycephalus* 属，tree-frog と呼ばれる *Polypedates* 属のカエルから TTX が検出されている。これらのカエルでは皮膚の毒性が高いので，素手で触らない方がよい。また，イモリ同様，フグ毒がどのようにしてカエルに存在しているのかは不明である。

(5)タ　　コ

頭足類のなかでは，ヒョウモンダコ(*Hapalochlaena maculosa*)の仲間がフグ毒をもつことが知られている。ヒョウモンダコは，これまで見てきたフグやイモリ，カエルとは異なり，後部唾液腺という器官に高濃度のフグ毒を貯め，餌を捕獲するときの毒液として利用している点が特徴である。ヒョウモンダコの毒に関する研究は，1970年代からオーストラリアのグループによって行われ，ヒョウモンダコの学名 *Hapalochlaena maculosa* から maculotoxin と名付けられていた。そして，1978年にその毒が TTX であることが明らかにされた(Shuemack et al., 1978)。

ヒョウモンダコは暖海に生息しており，体長12 cm ほどの小型のタコで，体表に小さな丸い輪の模様がある(図6)。タコを手で触ったり刺激するとそれが青い蛍光色を呈しとてもきれいである。しかし，これはヒョウモンダコが興奮して，威嚇，警戒しているサインであり，不用意に触ると危険である。もし咬まれると唾液腺から毒が注入される。実際に，ヒトが咬まれて死亡した例もあるので，ヒョウモンダコは“海辺の危険な動物”として有名である。

毒は後部唾液腺に高濃度に濃縮されて存在するが，その後の研究で，消化管や筋肉組織にも分布することが明らかにされた。また，近縁種のオオマル

図6　ヒョウモンダコ(東京水産大学(現在，東京海洋大学)潜水部OB提供)

モンダコ(*H. lunulata*)や*H. fasciata*，さらに別属の*Octopus bocki*からもフグ毒が検出されたが，フグ毒をもつタコは限られている。タコはなぜ唾液腺に毒を貯めているのか？　フグ毒が外部から供給されるのであれば内臓に蓄積されるだろうし，これを唾液腺という特別な器官に保管していることを考えると，タコ体内におけるフグ毒の代謝に興味がもたれる。

ヒョウモンダコの毒性については，オーストラリアやインドネシアで獲れた試料での報告が多いが，ヒョウモンダコは日本でも千葉県房総半島以南の太平洋沿岸で出現することがあり，“猛毒タコが出現！　猛毒タコに注意！”というニュースを目にすることがある。第6節で説明するように，フグ毒食中毒の場合，唯一効果的な治療法は，フグ毒が体外に排出されるまで呼吸を確保することである。ヒョウモンダコに咬まれた場合も，これが有効な対策である。2006年にオーストラリア・クィーンズランドのビーチで遊んでいた少年がヒョウモンダコに咬まれた。10分後には立っていられなくなり，目がかすんできたが，すぐに救急病院に運ばれて，人工呼吸を施したところ15時間後には自発的に呼吸ができるまで回復した。

ここで紹介したタコの毒はフグ毒であったが，オーストラリア Pilbara 地方のリーフで採集されたマダコ科 *Octopus* sp. から麻痺性貝毒の STX が検出された例がある。

(6)カ ニ

わが国では，カニを食べてフグ毒中毒になったという例は聞いたことがないが，ある種のカニにはヒトを中毒させるのに十分な量のフグ毒をもつものがいる。わが国の毒ガニ研究の歴史は古く，1960年代から東京大学の橋本芳郎教授らによって南西諸島を中心に行われてきた。現地では，「魚が毒化するのは，毒ガニを食べるからである」という言い伝えがあり，その地域ではカニを食べないこと，カニによる中毒が発生していることが調査により確認された。そこで，8科72種のカニの毒性を調べた結果，オウギガニ科のウモレオウギガニ(*Zosimus aeneus*)，スベスベマンジュウガニ(*Atergatis floridus*)，ツブヒラアシオウギガニ(*Platypodia granulosa*)が有毒であることが明らかにされ，1969年にウモレオウギガニの毒は麻痺性貝毒 STX と同定された(Noguchi et al., 1969)(図7)。これは，二枚貝以外から STX を単離，同定した最初の報告である。

その後，これら3種以外のカニからも毒性が見られ，表6に有毒ガニと毒成分をまとめた。毒成分としてフグ毒のほかに麻痺性貝毒とパリトキシン(パリトキシンについては第4章を参照)も検出されている(Noguchi et al., 2011；Yasumura et al., 1986)。カニからフグ毒が検出されたのは，スベスベマンジュウガニ(図8)が初めてであり，有毒渦鞭毛藻がつくる麻痺性貝毒成分と細菌が起源と考えられるフグ毒が同時に存在しているということも驚きであった。スベスベマンジュウガニは麻痺性貝毒とフグ毒を同時にもつことがあり，場所によって両者の割合が大きく異なる。本州で獲れるスベスベマンジュウガニはフグ毒を主成分としているが，沖縄で獲れるスベスベマンジュウガニは麻痺性貝毒が多い。そして，毒性の高い試料ほど麻痺性貝毒の割合が高いと

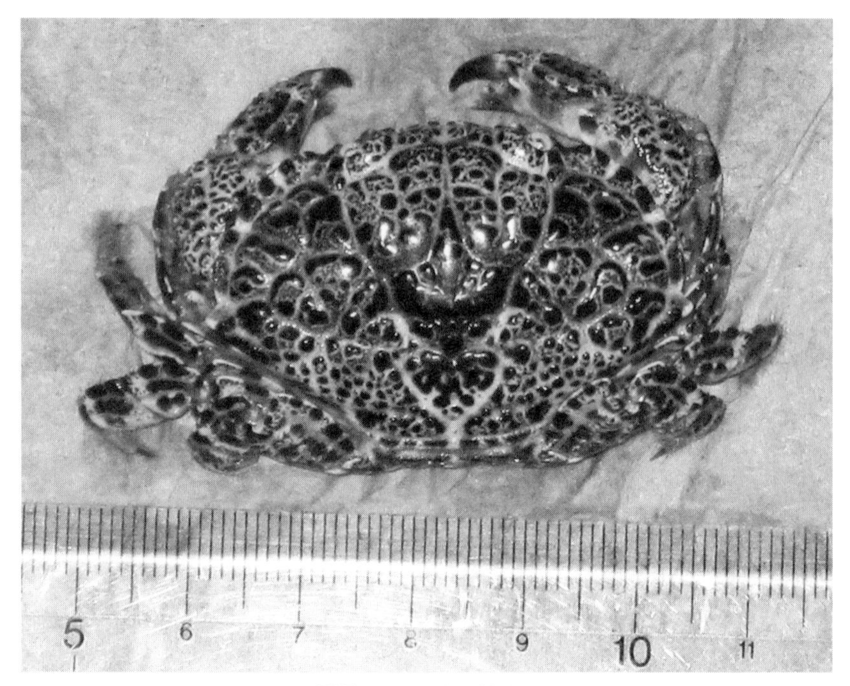

図7　ウモレオウギガニ

いう傾向がある(Noguchi et al., 2011)。

このように，カニの毒性には地域差が大きく，個体差も大きいので，カニの毒は外部に由来すると推測される。スベスベマンジュウガニやウモレオウギガニにフグ毒や麻痺性貝毒を含む餌を与えるとカニは毒化することが飼育実験で証明され，毒は内臓だけでなく，甲羅(外骨格)や鋏(鉗脚)，脚(歩脚)にも蓄積する。

カニの毒化に関して注目すべきは，スベスベマンジュウガニとウモレオウギガニは，フグ毒や麻痺性貝毒の投与に対して著しい抵抗性を示す点である。イワガニなど毒をもたない一般のカニは，毒に対する耐性をもたないため，微量の毒(体重 20 g 当たり 1 MU 程度。ここでカニの体重 20 g 当たりとしているのは，マウスと比較しやすくするためである)を注射すると，カニは麻痺を起して短時間で死亡する。これに対し，スベスベマンジュウガニとウ

表6　有毒カニと毒成分

科	和　名	学　名	毒成分		
			フグ毒	麻痺性貝毒	パリトキシン
クモガニ科	ノコギリガニ	*Schizophrys aspera*		○	
クリガニ科	トゲクリガニ	*Telmessus acutidens*		○	
ワタリガニ科	ベニツケガニの1種	*Thalamita* sp.		○	
オウギガニ科	ウモレオウギガニ	*Zosimus auneus*	○	○	
	ツブヒラアシオウギガニ	*Platypodia granulosa*		○	
	ヒロハオウギガニ	*Lophozozymus pictor*		○	○
	オオヒロハオウギガニ	*L. incisus*	○		
	スベスベマンジュウガニ	*Atergatis floridus*	○	○	
	ツブマンジュウガニモドキ	*Atergatopsis germaini*	○	○	
	シンオウギガニ	*Euzanthus exculptus*		○	
	ウロコオウギガニ	*Demania alcalai*			○
		D. cultripes	○		
		D. toxica	○		
		D. reynaudi	○		
	ハバヒロシンオウギガニ	*Neoxanthia impressus*		○	
	ビロウドアワツブオウギガニ	*Actaeodes tomentosus*	○	○	
	カノコオウギガニ	*Daira perlata*		○	
	ヒメイワオウギガニ	*Eriphia scabricula*		○	
	ケブカガニ	*Pilumnus vespertilio*		○	
イワガニ科	トゲアシガニ	*Pernon planissimum*		○	

モレオウギガニは，体重20 g当たり1,000 MUのフグ毒を投与されるまで死亡しなかった。麻痺性貝毒に対する抵抗性はフグ毒よりもさらに10倍強い。スベスベマンジュウガニとウモレオウギガニの毒に対する高い抵抗性は，両種のカニの神経がフグ毒や麻痺性貝毒に対して不感受性であるためと考えられている。

図8　スベスベマンジュウガニ

(7)カブトガニ

カブトガニ(剣尾類カブトガニ目)はカニと名がついているが，甲殻類十脚目のカニとはまったく別の生き物で，頭胸部，腹部，長い尾からなり，全長は80 cmにもなる。カブトガニは，古代から姿を変えない“生きた化石”として知られており，日本では瀬戸内海や九州沿岸に生息し，天然記念物に指定されている。東南アジアや北米にも分布するが，日本のカブトガニとは別種である。

東南アジアには，マルオカブトガニ(*Carcinoscorpius rotundicauda*)とミナミカブトガニ(*Tachypleus gigas*)が分布し，その卵が食されている。そして，ときどき食中毒が発生し死者が出ることもあり，タイやシンガポールなどで食中毒事例が報告されている。食中毒患者は麻痺症状を呈することから，麻痺性貝毒やフグ毒が疑われ，カブトガニの卵から，STXとTTXが検出された(Kungsuwan et al., 1987)。今のところ，食中毒の原因となるのはマルオカブトガニで，名前のとおり尾の断面が円いので，三角形の断面をもつミナミカブトガニとは容易に区別できる。尾の断面が円いカブトガニには注意が必要である。

(8)巻　貝

巻貝類，特に肉食性および腐肉食性巻貝は高濃度のフグ毒を蓄積していることがあり，日本，中国，台湾で巻貝を原因食品とするフグ毒中毒が散発的に発生している。わが国で起こったボウシュウボラ(*Charonia sauliae*；図9)によるフグ毒中毒は，フグ毒が食物連鎖で移行，蓄積することが解明される契機となった重要な事件だったのである。

1979年12月に静岡県清水市(現在の静岡県静岡市)で，塩茹でにしたボウシュウボラの中腸腺を食べた男性1名が，口唇ならびに手足の痺れ，呼吸麻痺を呈して中毒した。詳しいことは第6節で後述するが，中毒の原因は中腸腺と判断された。中腸腺は，貝の先端部にある暗緑色から暗褐色の部位で，サザエのつぼ焼きを食べるとき，筋肉部からはがれてしまい，取り出すのが難しいあの部分である(図9)。中腸腺は，肝臓に相当する役割をもち苦味があることから，この部分を好む人もいる。これまでにボウシュウボラによる食中毒は知られておらず，中毒原因物質の解明が行われた。その結果，原因物質はTTXと判明した。

その後，ボウシュウボラの中腸腺を食べて食中毒が発生し，いずれも原因

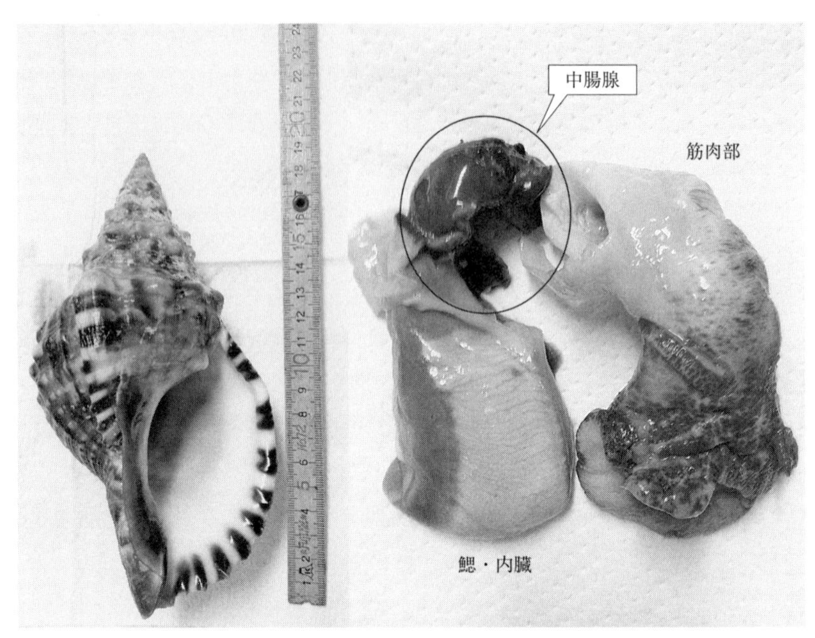

図9　ボウシュウボラ。左：貝，右：軟体部(鰓・内臓，中腸腺，筋肉部)

表7　ボウシュウボラ中腸腺の毒性

試　料	有毒個体出現率(%)	有毒個体数/試験個体数	最高毒性値(MU/g)
静岡県	68.0	540/790	2,580
愛知県	87.7	64/73	479
三重県	65.8	102/155	1,200
和歌山県	67.6	50/74	480
大分県	43.8	46/105	115
宮崎県	19.2	72/375	106
鹿児島県	42.9	30/70	1,670

毒素はTTXであることがわかったため，1979〜1987年にかけて西日本を中心に採集されたボウシュウボラの毒性を調査した結果，毒性は中腸腺だけに見られ，筋肉や内臓では毒性はなかった。表7に，各地のボウシュウボラ中腸腺の毒性をまとめた。宮崎県を除くと，各地の試料の半数あるいはそれ以上が有毒で，最高毒性値は2,580 MU/gにも達した。三重県と鹿児島県の

試料でも，毒性値は1,000 MU/gを超え，この値は，フグでいう「猛毒」に該当するほどの強い毒力である。ボウシュウボラの中腸腺は高い頻度でフグ毒を蓄積し，その毒性値も極めて高いので，絶対に食してはならない。

ボウシュウボラ以外の巻貝からもフグ毒が検出されており，それらを表8にまとめた。これまでに腹足類9科の巻貝が報告されているが，日本ではボウシュウボラ以外でもバイ（*Babylonia japonica*）とキンシバイ（*Alectrion glans*）で，台湾ではキンシバイ，インドアラレガイ（*Nassarius condoidalis*），アラレガイ（*Niotha clathrata*），ハナムシロガイ（*Zeuxis siquijorensis*），ジュドウマクラガイ（*Oliva miniacea*），サメムシロガイ（*Niotha papilosus*）などで食中毒が発生している。キンシバイ（図10）は2007年と2008年に長崎県と熊本県で食中毒を発生させた。食中毒の詳細は第6節で後述するが，その毒性値は内臓1g当たり10,000 MUを超えるものもあり，本試料1gでヒトの致死量に達する。また，ボウシュウボラとは異なり，筋肉にも1,000 MU/gを超えるほど強い毒性がある点は注意が必要で，食用は避けなければならない。同時期に同海域で採

表8　フグ毒をもつ巻貝

科	和　名	学　名
ニシキウズガイ科		*Umbonium suturale*
タマガイ科	トミガイ	*Polinices tumidus*
	トラダマガイ	*Natica vitellus*
		N. pseutes
フジツガイ科	ボウシュウボラ	*Charonia sauliae*
	カコボラ	*Cymatium echo*
オオニシ科	オオナルトボラ	*Tutufa lissostoma*
アクキガイ科	シロニシ	*Rapana rapiformis*
	アカニシ	*R. venosa*
エゾバイ科	バイ	*Babylonia japonica*
テングニシ科	テングニシ	*Hemifusus ternatanus*
オリイレヨフバイ科	アラレガイ	*Niotha clathrata*
	インドアラレガイ	*Nassarius condoidalis*
	ハナムシロガイ	*Zeuxis siquijorensis*
	サメムシロガイ	*Alectrion pollilosus*
	キンシバイ	*A. galns*
マクラガイ科	ジュドウマクラガイ	*Oliva miniacea*
		O. mustelina
		O. nirasei

図 10　キンシバイ（長崎大学水産食品衛生学研究室提供）。
殻高 4 cm 程度の小型巻貝である。

集された貝類からは毒性が検出されなかったのに，どうしてキンシバイがこれほどのフグ毒を蓄積できるのか不思議である。

(9)ヒトデおよび底生動物

前述のように，ボウシュウボラの毒は中腸腺に局在し，個体によって毒性が変動することから，ボウシュウボラの毒は，外部に由来することが予想された。ボウシュウボラの毒性調査の過程で，消化管にしばしばヒトデの棘や破片などが見つけられ，検索の結果，トゲモミジガイ（*Astropecten polyacanthus*；貝のような名前だがヒトデの仲間；図 11）のものと判明した。ボウシュウボラが採集される場所からヒトデを獲り，毒性を調べたところ，トゲモミジガイとその仲間のモミジガイ（*A. scoparius*；図 11）から TTX が検出された（Maruyama et al., 1985）が，スナヒトデ（*Luidia quinaria*）やアカヒトデ（*Centonardoa semiregularis*）は無毒であった。その後，ヒラモミジガイ（*A. latespinosus*）からも TTX が検出された。トゲモミジガイはほぼ全身に毒を分布しており，卵巣

図11　トゲモミジガイ(左)とモミジガイ(右)(広島大学大学院・浅川学准教授提供)

と消化管の毒性が高く，最高毒性値は1,450 MU/gを示した。そして，外骨格(殻)，精巣，幽門垂も毒性を示した。

これら有毒ヒトデはアラレガイやハナムシロガイなどの小型の肉食性巻貝を好むことから，フグ毒は小型巻貝からヒトデ，大型肉食性巻貝へと食物連鎖によって移行することが推測された。そして，ヒトデやボウシュウボラに有毒の餌を与えると，毒化することが飼育実験で証明された。

では，小型巻貝の毒はどこからくるのであろうか？　フグ毒保有動物の生態から，底生の動物が関与していることが推測できる。こうした背景のもと，沿岸の底生動物について毒性スクリーニングが行われ，扁形動物のヒラムシ類(ツノヒラムシ科オオツノヒラムシ *Planocera multitentaculata*，ツノヒラムシ *P. reticulata*)，紐型動物のヒモムシ類(ヘラヒモムシ科ミドリヒモムシ *Lineus fuscoviridis*，クギヒモムシ科クギヒモムシ *Tubulanus punctatus*，ホソヒモムシ科ホソヒモムシ *Cephalothrix* sp.)からは高毒性のフグ毒が検出された(宮澤，1988)。体内における毒の分布を見ると，消化管と生殖器の毒性が高い。Miyazawa et al.(1987)が調べたオオツノヒラムシの毒性測定結果によれば，輸卵管(2,000 MU/g)，消化管(1,400 MU/g)，輸卵管以外の生殖器(430 MU/g)，その他身体の周辺部(300 MU/g)，頭部(100 MU/g)の順に毒性が高かった。また，環形動物ケヤリ科エラコからもTTXが検出されている。底生動物の毒性が高いことには驚く。これらの動物におけるTTXの役割については第5節で述べる。

これとは別に，2009年にニュージーランドで奇妙な中毒事件が起こった。詳しくは第6節で述べるが，中毒したのは人ではなくイヌであった。原因として海岸でイヌが食べたものが疑われ，調査の結果，ウミウシに似た軟体動物側鰓類ウミフクロウ（英名 gray side-gilled sea slug；*Pleurobranchaea maculata*）からTTXが検出された。そして，中毒したイヌの嘔吐物と消化管内容物からもTTXが検出されたことから，イヌの中毒は，ウミフクロウによるTTXが原因と推定された。本中毒事故は，ヒトだけでなくイヌでもフグ毒で中毒することがわかった貴重な事例であり，海岸でペット動物が見慣れない物を食べないよう注意が必要である。2010年と2011年に採集したsea slugからもフグ毒が見られ，sea slugにフグ毒を含む餌を与えると短期間で毒化することも明らかになったが，この海岸のほかの動物からはTTXは検出されず，ここでもフグ毒の起源は不明である。

(10)フグ毒産生細菌

フグ毒をもつ動物は，海にすむ魚や多くの種類の無脊椎動物から，陸生両生類のイモリやカエル，爬虫類のヘビにまで及ぶ。それらは分類上大きく離れており，生態においてもこれといった共通項目は見当たらない。フグ毒保有動物は自分自身で毒をつくるのではなく，食物連鎖を介して生物濃縮された毒を餌生物から得ているというフグ毒の“外因説”に立つと，誰もが抱く疑問は，“だれがフグ毒をつくっているのか”である。真っ先に考えられるのが微生物であり，フグ毒保有動物からフグ毒をつくる微生物の探索が1980年代から精力的に開始された。その結果，フグ，トゲモミジガイ，スベスベマンジュウガニ，カブトガニ，ヒョウモンダコ，小型巻貝，紅藻の*Jania* sp.のほか，海底堆積物などから分離された細菌にTTXおよび類縁体が検出された。さらに，海洋性細菌のビブリオ *Vibrio alginolyticus* からもフグ毒が検出され，多くの細菌がフグ毒をもつことが明らかになった（Chau et al., 2011）。TTXの第一次生産者として細菌は有力候補だが，分離した細菌が産生する毒の量が少ないこと，分離直後は毒を産生するが継代培養するうちに毒の産生が見られなくなるなど，フグやフグ毒保有動物の毒化にどの程度関与しているのか疑問な点もある。しかし，培養できない細菌がフグ毒を産生している可能性や，細菌がつくるのはTTXではなく，その前駆体である可能性も十分考えられるので，これら細菌におけるフグ毒生合成経路の解明が待たれる。

5. フグ毒の蓄積

(1)フグの毒化経路

大型の肉食性巻貝ボウシュウボラの毒化は，その餌となるヒトデから，そしてヒトデの毒化は小型巻貝からという食物連鎖が考えられ，実際にボウシュウボラとトゲモミジガイにフグ毒を含む餌を与えるとこれらは毒化することを紹介した。フグの毒化もおもに食物連鎖によると推定されており，生物間のフグ毒の移行に関しては証明されていない部分もあるが，海洋細菌を起源とする毒化の推定経路を図12に示した。

フグがTTXの経口投与によって毒化されることは，1981年にMatsuiらによって明らかにされた(Matsui et al., 1981)。フグ毒をもたない養殖トラフグ(実験開始時の体重20～30 g)を25匹ずつに分け，各群に，市販のウナギ用飼料をペースト状にしたもの(A群)，これに有毒卵巣磨砕物を混合したもの(B群)，ペースト状のウナギ用飼料に有毒卵巣のメタノール抽出物を添加したもの(C群)を与えた。これを20日間毎日与え，5日ごとに5匹ずつ取り出して，各組織の毒性を測定した。フグ毒を含まないウナギ用飼料を与えたA群では飼育期間中毒性は認められなかったが，有毒卵巣磨砕物およびそのメタノール抽出物を添加したB群とC群では肝臓の毒性は経時的に増加し，20日後にはそれぞれ134±29 MU/gおよび44±9 MU/gに達した。そして，B群とC群いずれにおいても胆嚢，脾臓，腎臓，生殖腺，皮，筋肉でも毒性が検出された。

フグの経口投与実験は，ほかの研究グループも実施しており，同様の結果が得られている。無毒の養殖クサフグ稚魚(実験開始時の平均体重7.5 g)に結晶TTXを添加した飼料を30日間投与(1日1匹当たり計算上TTX 6 μg)

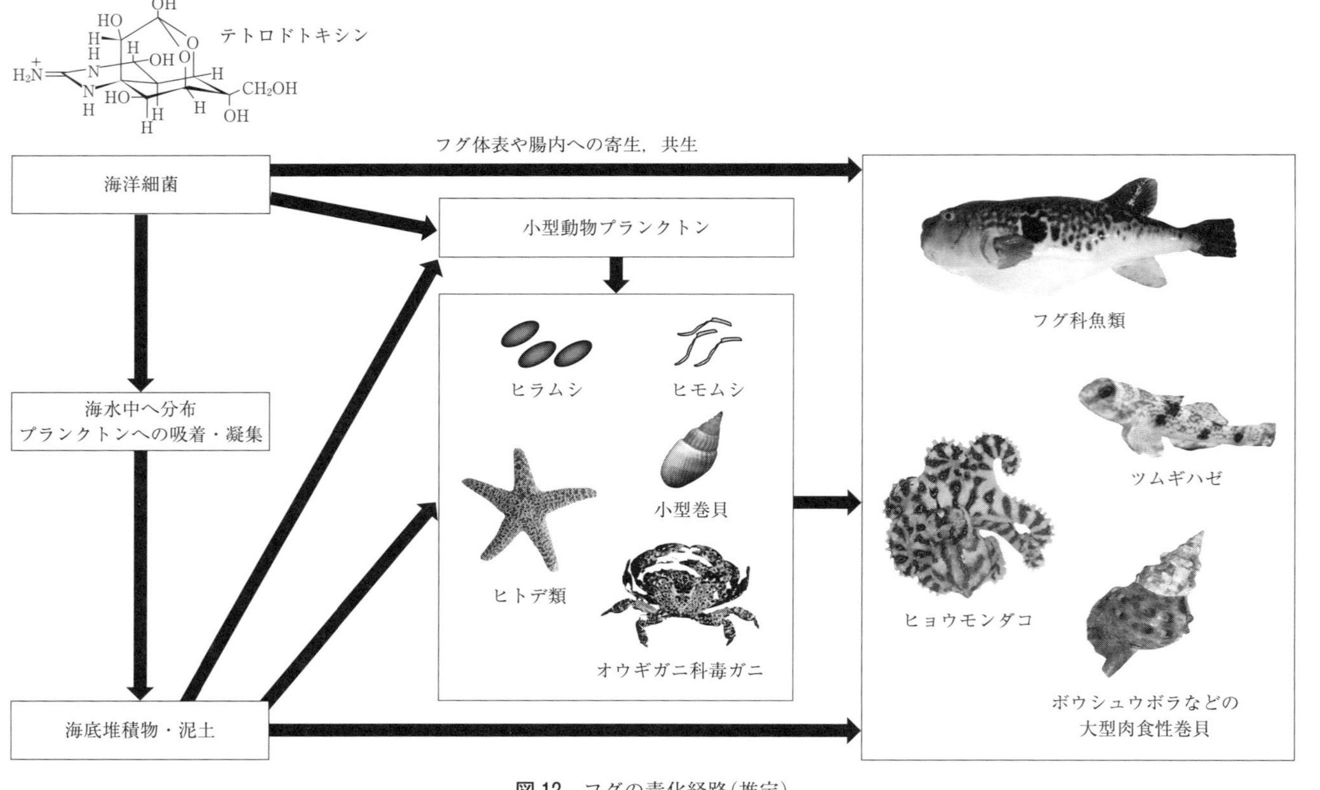

図12　フグの毒化経路（推定）

し，その後，無毒飼料で170日間飼育したところ，TTXを含まない飼料で飼育したクサフグから毒性は検出されなかったが，TTXを添加した餌で30日間飼育したクサフグではTTXが検出され，投与した毒量の40〜50%が蓄積され，肝臓，卵巣，皮の毒性が高かった。その後，無毒飼料にかえて170日間飼育すると，蓄積されていたTTX量はやや減少したものの，投与量の30%程度が残っていた(山森ら，2004)。これは，毒の供給が途絶えてもフグはいったん蓄積した毒をなかなか排出せず，体内に蓄積した毒を長期間保持することを示している。

(2) トラフグにおけるフグ毒の体内動態

フグが経口的に摂取したフグ毒はおもに肝臓に蓄積することが，飼育実験で証明されたが，口から入ったフグ毒がどのようにして肝臓に到達するのか，この実験ではわからない。おそらく，消化管で吸収され，血液で運搬され，肝臓に取り込まれ蓄積するという一連の体内動態をたどっているものと推測される(図13)。一方，フグ毒をもたない(毒化されない)魚では，この体内動態の一部またはすべてが機能していないのだろう。これまでの飼育実験では，同じ個体のフグの毒性を連続的に測定することができなかったので，筆者らは，麻酔した無毒の養殖トラフグにTTXを投与して，同一個体から経時的に採血する実験モデルを構築して，フグ毒の体内動態を調べた(図14；

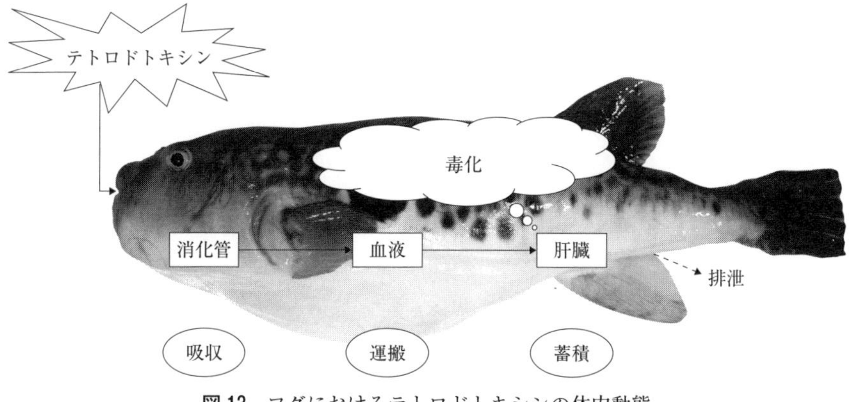

図13　フグにおけるテトロドトキシンの体内動態

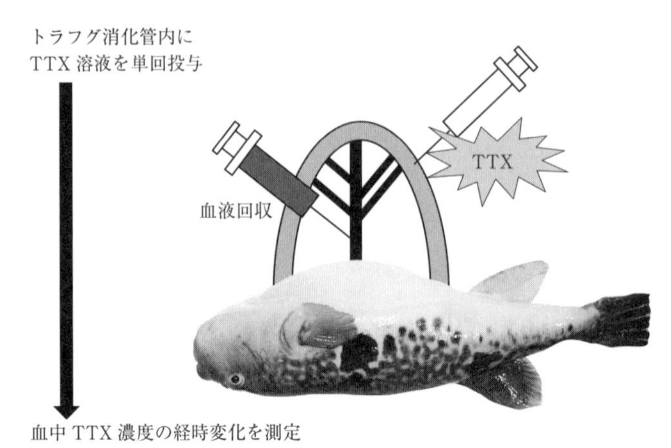

図 14　トラフグへのテトロドトキシン投与と採血の実験モデル

Matsumoto et al., 2008 a；長島，2012)。麻酔したトラフグの口から鰓に海水を灌流させるとトラフグは少なくとも 10 時間生存する。

トラフグの消化管に TTX 溶液(0.25 mg/kg 体重)を単回投与すると，投与 3 分後には血中から TTX が検出され，投与 30 分後に血中 TTX 濃度は最大となり，その後次第に減少するという 1 次吸収過程をともなう吸収曲線が得られ，トラフグ消化管でフグ毒は吸収されることが確認できた(図 15)。静脈に投与した場合には，投与直後の血中 TTX 濃度が最も高く，時間とともに低下していく(図 15)。

消化管内に投与したフグ毒がどの程度吸収されて循環血液に到達したのかを評価する“バイオアベイラビリティー”という指標がある。これは TTX 投与量と血中 TTX 濃度曲線下面積(AUC)から求めることができる。静脈投与のとき TTX は 100％血液中に入ったと考えて，このときの AUC に対して消化管に TTX を投与したときの AUC を比較すると，TTX(0.25 mg/kg 体重)を投与したときのトラフグのバイオアベイラビリティーは 62％と見積もられ，消化管からの TTX の吸収効率がよいことがわかった。そして，消化管内に投与された TTX の大半は投与 300 分後に肝臓から検出されたことから，トラフグ消化管に投与された TTX は消化管で速やかに吸収され，血液で運搬され，短時間のうちに肝臓に移行することが *in vivo* 実験で確認で

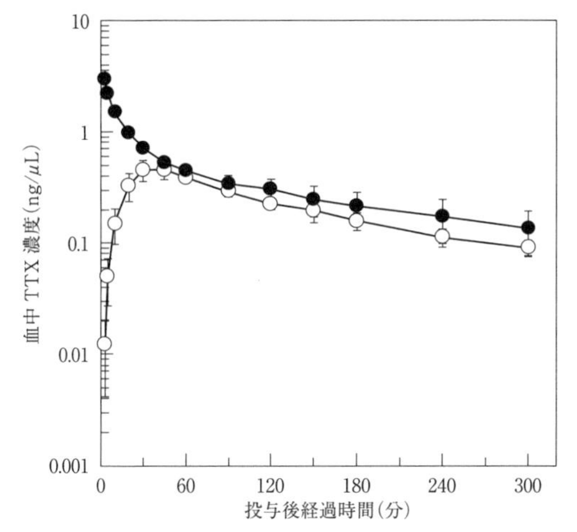

図 15　テトロドトキシンを単回投与したときの血中テトロドトキシン濃度変化。いずれもテトロドトキシン溶液(0.25 mg/kg 体重)を投与した。データは平均値±標準誤差(n=3)で示す。●：肝静脈投与，○：消化管投与

きた。

フグでは肝臓以外の組織からもフグ毒が検出されるので，フグに投与したフグ毒が組織間でどのように分布するのかを調べた(Matsumoto et al., 2008b)。前述のように麻酔した無毒の養殖トラフグの肝静脈内にTTX溶液(0.25 mg/kg 体重)を単回投与し，血中ならびに組織中のTTX濃度を60分間測定した(図16)。血中TTX濃度は経時的に減少し，これと並行して腎臓および脾臓中TTX濃度は低下した。筋肉と皮では60分間の観察中，TTX濃度は低く有意な増減は認められなかった。これに対して，肝臓中TTX濃度は時間とともに増加し，60分後には投与毒量の63±5%が肝臓に移行していた。

この結果から，TTXの体内動態に関してトラフグの組織を3つのコンパートメント(同じ挙動を示す組織を1つの区画と考える)に分けることができる。1つ目は血中濃度と同じ挙動を示す体循環コンパートメント(腎臓，脾臓)，2つ目は血中からTTXを濃縮して蓄積する抹消コンパートメント(肝臓)，3つ目は血中TTX濃度と瞬間的な分布平衡が成立しない抹消コンパートメント(筋肉，皮)である。すなわち，トラフグの組織はTTXに対し

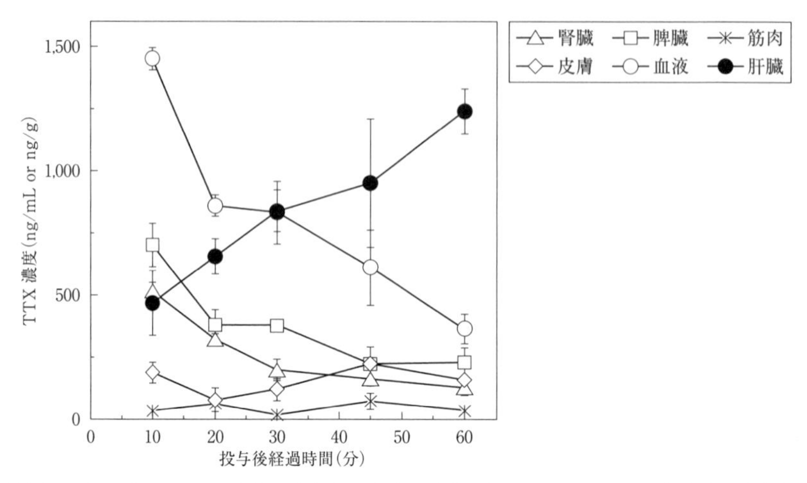

図 16　テトロドトキシンを単回投与したときの組織別テトロドトキシン濃度変化(長島・松本，2013 より)。テトロドトキシン溶液(0.25 mg/kg 体重)を肝静脈に単回投与した。データは平均値±標準誤差(n=4)で示す。

て 3 つの違った働きをしていることがわかる。

ここで紹介した実験では，TTX の体内動態に及ぼす性成熟の影響を除くため，生殖腺が発達していない時期のトラフグを試料とした。しかし，フグは卵巣に高濃度の TTX を蓄積する一方，精巣は毒性を示さないか，あっても毒性が低い(表 5)ので，雌雄による差や性成熟の影響も考えなければならない。Wang et al.(2011)は，雌雄で TTX の体内動態にどのような違いがあるのかを調べるため，トラフグより成熟の早いクサフグ(雄)とトラフグ(雌)を掛け合わせた人工交雑フグ“トラクサ”を作出して，人工飼育した孵化後 10 か月の“トラクサ”(平均体重 71.5 g)に TTX 溶液(2 MU/g 体重)を筋肉内に投与し，組織別に TTX 濃度を測定した。投与された TTX は速やかに筋肉から各組織に移行し，投与 1 時間後には肝臓，皮，血液から TTX が検出された。このとき雌雄差は見られなかったが，その後，雌雄で TTX の分布に差が見られた。卵巣の毒性は時間とともに増加したのに対し，精巣から毒性は見られなかった。雌雄いずれも肝臓の毒性は 8～12 時間後まで高かったが，それ以降は減少傾向を示した。

以上の結果から，フグに単回投与されたTTXは静脈，消化管，筋肉いずれの投与経路にかかわらず，速やかに吸収されて血液運搬により体内に循環され，まずは肝臓に取り込まれ，性成熟した雌の場合，TTXは肝臓から卵巣に移行することが*in vivo*実験で明らかにされた。

そこで，TTXの体内動態を，①消化管における吸収，②血液による運搬，③肝臓への取り込み，の3つのステップに分け，それぞれ*in vitro*実験モデルを構築してトラフグとフグ毒非保有魚におけるTTXの挙動を比較検討した。

(3)消化管におけるフグ毒の吸収

体内へのフグ毒取り込みの第一関門となる消化管吸収を調べるため，反転腸管法によるフグ毒の消化管吸収測定法を確立し，トラフグとフグ毒をもたないマコガレイ(*Pleuronectes yokohamae*)ならびにトラフグと同じ無胃魚のコイ(*Cyrrinus carpio*)を用いてTTXの消化管吸収を比較した。マコガレイは活魚で入手でき，消化管が太くて丈夫であることから対照に用いた。実験の詳細は割愛して結論だけいうと，フグだけでなく，対照魚のマコガレイやコイでもTTXは消化管で吸収されたことから，TTXの消化管吸収はフグの毒化を決定づける要因ではないと考えられた。

(4)血液によるフグ毒の運搬

フグ毒体内動態の第2のステップとして循環血液によるTTXの運搬を調べた。クサフグとヒガンフグの血漿からフグ毒と結合するタンパク質が見つけられ(Matsui et al., 2000；Yotsu-Yamashita et al., 2001)，このフグ毒結合タンパク質は，フグ科トラフグ属に存在していることから，フグの毒化に関与することが示唆されている。

一般に，血液中に存在するさまざまなタンパク質が薬物の運搬に関与しているため，トラフグ血漿と対照のアイナメ(*Hexagrammos otakii*)血漿およびウシ血清アルブミンを用いて，平衡透析法でTTXとの結合を調べた。詳しい実験方法などは省略するが，TTXはトラフグ血漿タンパク質だけでなく，アイナメ血漿タンパク質やフグ毒とは無縁のウシ血清アルブミンとも結合した。

そして，血漿またはタンパク質溶液に添加するTTX濃度を0～1,000 μg/mLの範囲で増加させると，結合するTTX濃度もこれに比例して増加した。このように，TTXはトラフグ血漿タンパク質以外にも結合することが明らかになり(Matsumoto et al., 2010)，フグ血漿中のフグ毒結合タンパク質がフグの毒化を特徴づけているわけではないと推測された。

(5)肝臓へのフグ毒の取り込み

TTXは電荷をもった極性分子であるため(図1)，二重脂質膜からなる肝細胞膜を通過するのは困難で，なんらかの特別な働きがないと肝細胞内には取り込まれないと考えられる。いったいTTXはどのようにしてトラフグ肝臓に取り込まれるのだろうか？　TTXの肝細胞膜透過を明らかにするため，筆者らは，トラフグ肝臓から作製した組織切片をTTX添加した培養液中で培養してTTXを蓄積させる組織培養法を構築した(図17)。TTX(25 μg/mL)を含む培養液で20℃，48時間培養したところ，トラフグ肝組織切片中のTTX濃度は培養時間にともなって増加した(図18)。これに対し，対照に用いたフグ毒非保有魚のイシダイ(*Oplegnathus fasciatus*)，カワハギ(*Stephanolepsis cirrhifer*)およびウマヅラハギ(*Thamnaconus modestus*)の肝組織切片ではTTX蓄積量に経時的な増加は見られなかった(Nagashima et al., 2003)。この実験から，フグが毒化するには，肝臓における毒の取り込み，蓄積が重要で，そのメカニズムがフグ毒非保有魚と違うことがわかった。すなわち，肝臓がTTXを取り込むか否かが毒化の鍵を握る重要なステップとなる。

ここで紹介した*in vitro*肝組織培養法は，魚を飼育する設備のない実験室でも魚の毒化能を短時間で調べることができる簡便な方法である。この方法を使えば，いろいろな魚のさまざまな毒の蓄積の様子がわかり，魚の潜在的な毒化能力を知ることができる。そこで，麻痺性貝毒に対する蓄積能力をトラフグとアイナメ，イシダイの肝臓を用いて調べたところ，いずれの魚種においても毒量の増加は見られず，麻痺性貝毒蓄積能は見られなかった。以上の実験結果から，トラフグの肝臓はTTXと麻痺性貝毒を区別して，TTXを特異的かつ選択的に取り込み，蓄積することが明らかになった。

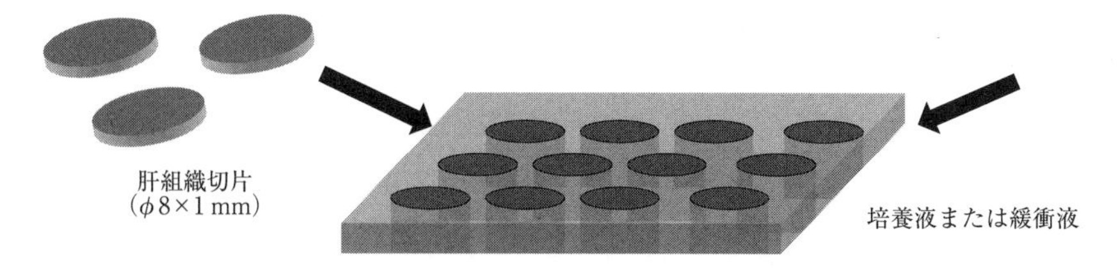

20℃加湿大気下でインキュベート

0.1%酢酸で TTX を加熱抽出

TTX 分析・定量

図 17　肝組織培養実験の模式図

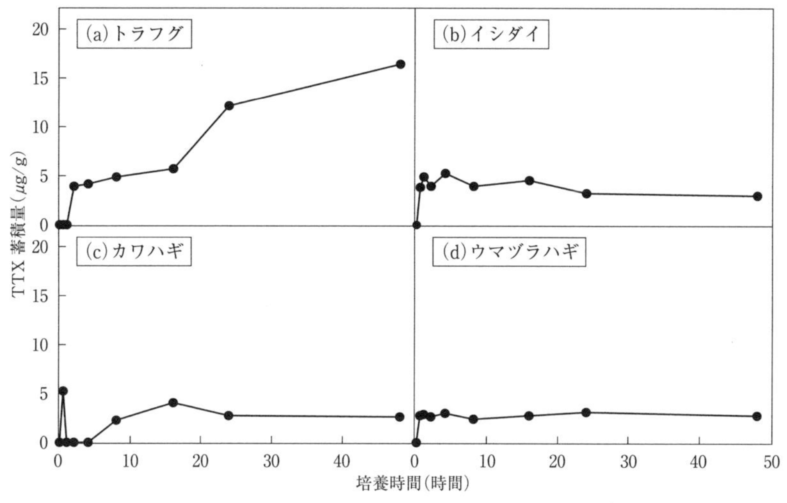

図 18　組織培養法による魚類肝組織切片へのテトロドトキシンの蓄積(長島・松本, 2013 より)。各種魚類から調製した肝組織切片をテトロドトキシン含有 MEM 培地(25 μg テトロドトキシン /mL)中, 20℃で 48 時間培養した。データは平均値 ± 標準誤差($n=3$)で示す。

(6)フグの毒化メカニズム

フグの毒化を，フグ毒の体内動態の観点から整理すると図19のようになる。経口的に摂取されたTTXが，体内動態の第一の関門である消化管において，フグだけでなくフグ毒非保有魚でも吸収されたことから，消化管での吸収はフグ毒化の支配要因ではなかった。そして，第二の関門である血液による運搬では，トラフグとフグ毒非保有魚(アイナメ)の血漿タンパク質はともにTTXと結合し，それどころかウシ血清アルブミンとも非特異的に結合するため，フグ血漿中のフグ毒結合タンパク質による運搬もフグ毒化の支配要因とはならない。一方，第三の関門となる肝臓への取り込み，蓄積では，トラフグとフグ毒非保有魚に大きな違いが見られ，肝臓への取り込みがフグ毒化の主要な支配要因であることが明らかにされた(長島・松本，2013)。

排出も重要な支配要因であるが，この点については検討されていない。フグの毒化を調べる給餌飼育実験において，いったん毒化した養殖トラフグは毒の投与をやめ，その後，無毒の餌で3年以上飼育しても毒性のレベルはやや減少するものの毒性は消失しなかったと報告されており(野口，1996)，同様の結果がクサフグを用いた飼育実験でも観察されている(山森ら，2004)。さ

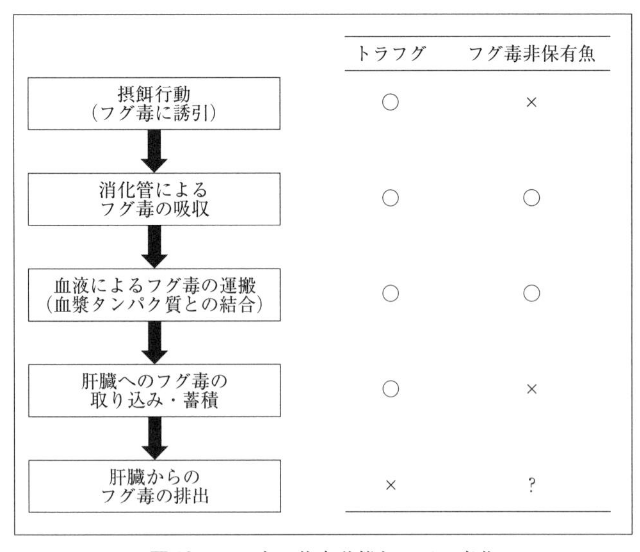

図19　フグ毒の体内動態とフグの毒化

らに，*in vitro* の肝組織切片培養実験においても，いったん毒化したトラフグ肝組織切片をTTXを含まない培養液に移し替えても，48時間の観察中には顕著なTTXの減少は見られなかった(Nagashima et al., 2003)。これらの結果から，トラフグやクサフグの肝臓ではフグ毒の積極的な排出は起こっていないものと推測される。フグ毒非保有魚にとってTTXは猛毒であるため，もしTTXが体内に入ってしまったら，これを排除するような機能があると想像されるが，実験的にフグ毒非保有魚を毒化させることはできないので，TTXの排出を調べることは難しい。しかしながら，フグ毒代謝の全貌を明らかにするには，TTXの排出メカニズムは今後検討しなければならない重要課題である。

フグの毒化でもう1つ重要なことは，摂餌行動の違いである。フグはフグ毒を認識して，フグ毒に誘引されるのに対し，フグ毒非保有魚ではフグ毒を忌避する行動をとるという(Matsumura et al., 1995；Okita et al., 2013a)。これはフグの毒化に重要な生態要因である。また，有毒種フグは，フグ毒の投与に対して高い抵抗性を示すことや，フグのナトリウムチャネルはTTX耐性型であることも，フグがフグ毒をもつために備えた特別な生理的機能なのだろう。

6. フグ毒の役割

ヒトを含め，TTXをもたない動物にとってTTXは命にかかわる危険な毒であるが，TTXを保有する動物は，むしろTTXを有効利用しているものと思われる。筆者らは，人工的に飼育した無毒のフグ(養殖フグ)を用いて種々のTTX投与実験を行ってきた。また，モノクローナル抗TTX抗体を用いる免疫組織化学的手法(Box 4)により，さまざまなTTX保有動物におけるTTXの組織内微細分布を観察してきたが，これらにより得られた知見は，TTXの分布や体内動態の解明に寄与するだけでなく，TTX保有動物におけるTTXの役割(生理機能)に大きな示唆を与えるものであった。すなわち，TTXは防御物質，あるいは攻撃物質としての作用に加え，生きていくために必要なさまざまな機能を有していることがわかってきた。実証的な研究は

Box 4　免疫組織化学

免疫組織化学とは，抗体を用いて組織中の特定の物質(抗原)を検出する手法で，本来目には見えない抗原抗体反応(免疫反応)を発色操作で可視化することから，“免疫染色”と呼ばれることもある。ここでは，抗原としてTTXを例にとって簡単に説明を加えたい。

TTXは無色であり，たとえばフグの組織中のどこにTTX分子が分布しているのか見ただけではわからない。そこで，まずTTX分子に特異的に結合する抗TTX抗体を作成し，これを含む溶液に組織標本を一定時間浸すことで組織中の抗原(TTX)に抗体を結合させる。さらに，抗体タンパク質(免疫グロブリン)と特異的に結合する抗体(二次抗体)を同様に反応させて，〘TTX・抗TTX抗体・二次抗体〙の複合体を形成させる(下図)。二次抗体にはあらかじめ特定の酵素を結合させておき(酵素標識という)，後でその酵素に対する基質を反応させ，発色させることで，もとの抗原(TTX)が分布する部分を可視化することができる。筆者らは，通常，茶褐色に発色する基質を用いてTTXの組織内微細分布を可視化している(本文中の図20および22参照)。

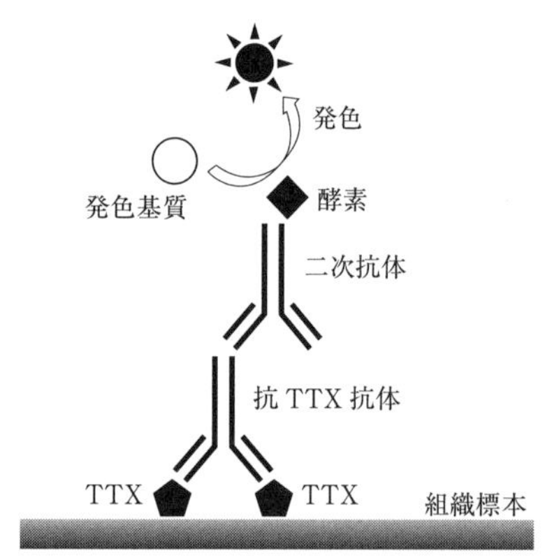

まだ十分に進んでいるとはいえないが，ここでは現時点で推定されているTTXのユニークな生理機能について紹介したい。

(1)捕食動物に対する防御

Kodama et al.(1985，1986)は，皮が有毒な海産フグは皮に特異な腺組織をもち，電気的ショックを与えると多量のTTXを放出することを見出した。

Saito et al.(1985)も，フグは体表をガーゼで拭く程度の穏やかな刺激(ハンドリング刺激)で毒を放出することを報告した。一方，Mahmud et al.(2003a)は，免疫組織化学的手法により，ナシフグの皮の腺組織にはTTXが局在することを明らかにした(図20)。また，ハチノジフグ(*Tetraodon steindachneri*)，ミドリフグ(*Tetraodon nigroviridis*)といった汽水産のフグでは，皮に腺組織は観察されないものの，体表に開口部をもつ分泌細胞が見られ，そこにTTXが偏在していた(Tanu et al., 2002；Mahmud et al., 2003b)。すなわち，フグは外敵に遭遇すると，膨張嚢に海水を吸い込んで膨らみ，相手を威嚇するのみならず，

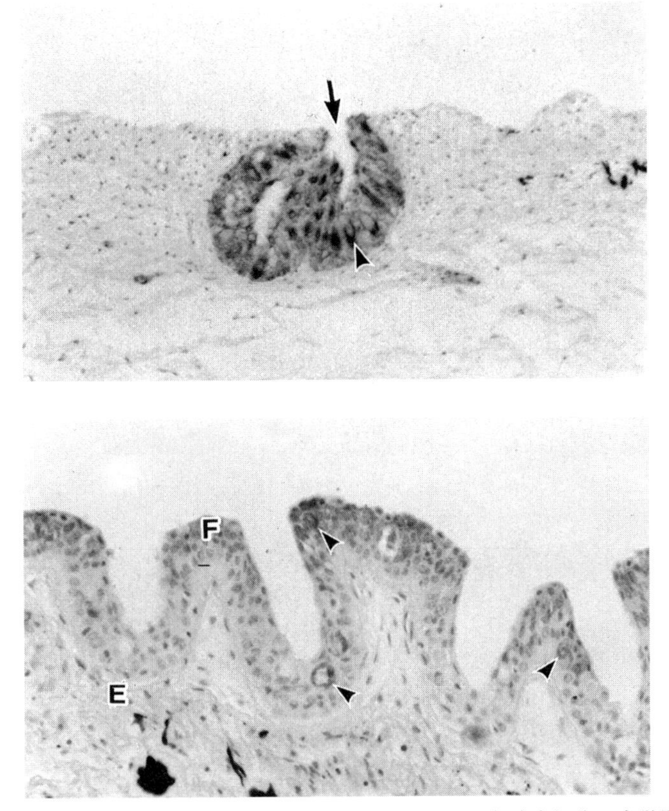

図20 免疫染色を施したナシフグ(上)およびオキナワフグ(下)皮切片の光学顕微鏡像(Mahmud et al., 2003より)。ナシフグでは腺組織の細胞質，オキナワフグでは分泌細胞(矢じり)にTTX(茶褐色)が局在しているのがわかる。E：上皮層，F：超上皮層

皮の毒腺もしくは毒分泌細胞からTTXを放出することで身を守っているものと推察される。放出された毒は，直ちに海水で希釈され，敵を殺生するまでには至らないが，一般の無毒の魚は味覚器官で極めて低いレベルのTTXを感知できることが知られており(Yamamori et al., 1988)，'不味い'ものとしてフグの捕食を忌避させる能力は十分にあるものと思われる。

両生類のニホンイモリも皮にTTXを保有する腺組織をもち，外的な刺激によりTTXを分泌する(Tsuruda et al., 2002)。本種は，通常，黒褐色の背部を上に向けて鳴りを潜めているが，捕食者に襲われると身を反り返らせて腹部の鮮やかな赤色を提示する。ニワトリに有毒なブチイモリを与えると，最初はついばむが食べることはなく，それを繰り返すうちに見向きもしなくなるが，このニワトリに体色の類似した無毒のアカサンショウウオを与えても，初めからついばまなかったという(Howard and Brodie, 1971)。イモリはTTXを分泌して自身が'不味い'ことを捕食者に学習させるとともに，腹部の赤色(警告色)と反り返り行動(防御行動)により，その'不味さ'を視覚的に誇示することで捕食者から身を守っているものと推察される(Mochida et al., 2013)。同様に，*Cephalothrix*属のヒモムシ(Ali et al., 1990)や小型の有毒巻貝も刺激により体表からTTXを分泌することから，かれらも防御物質としてTTXを利用している可能性がある。

ところで，多くの海産フグは，一般に卵巣に高い濃度のTTXを保有する。Ikeda et al.(2010)は，有明海産の天然コモンフグを対象として組織別毒性の周年変化を調査し，雌の場合，通常の時期は肝臓，性成熟期には卵巣の毒力が高いこと(図21)から，性成熟期になると卵巣の発達にともないTTXが特異的に卵巣に移行・蓄積するものと推察した。また，無毒養殖トラフグ稚魚へのTTX投与実験では，筋肉内に注射投与したTTXは血液を介して速やかにほかの部位(おもに肝臓と皮)に移行するが，トラフグより成熟の早いクサフグとトラフグとの人工交雑個体(トラクサ；成熟初期の個体)を用いた実験では，卵巣に移行した毒の濃度が際立って高かった(Wang et al., 2011)。一方，Tatsuno et al.(2013a)は，TTXを保有する魚類のツムギハゼでも，卵巣の成熟段階が進むにつれ，総毒量に対する卵巣毒量の割合が急激に上昇することを見出している。すなわち，フグやツムギハゼは，性成熟するとTTX

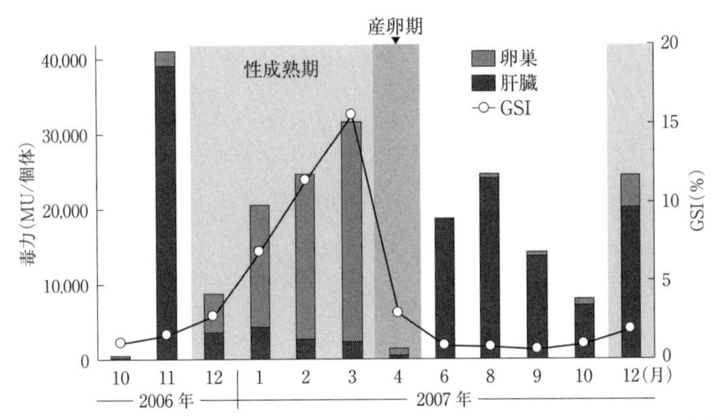

図21　有明海産コモンフグにおける生殖腺体指数(GSI；魚体重に対する生殖腺重量の割合)および卵巣と肝臓の毒力の周年変化(Ikeda et al., 2010より)

を積極的に卵に蓄えると考えられる。

一方，トラフグでは，卵に蓄積された毒は，その大部分が孵化仔魚に受け継がれ，孵化後少なくとも数週間は保持されることがわかっている(Nagashima et al., 2010)。Itoi et al.(2014)は，ヒラメ(*Paralichthys olivaceus*)，スズキ属の1種(*Lateolabrax* sp.)，メジナ(*Girella punctata*)など無毒の一般魚の稚魚がクサフグとトラフグの孵化仔魚をいったん摂取後，吐き出すのを観察し，仔魚の体表にTTXが分布していたこと，前述のとおり一般の無毒の魚は味覚器官で極めて低いレベルのTTXを感知すること，メダカ(*Oryzias* sp.)の稚魚やアルテミアは吐き出されることなくそのまま摂食されてしまうこと，などから，母親から受け継いだTTXは，捕食者に対する忌避物質として機能しているものと推定した。ヒラムシやヒモムシ，マルオカブトガニも卵に高濃度のTTXを保有しており，フグ同様，TTXが忌避物質として卵や孵化幼生の生残に寄与している可能性がある。

(2)餌生物に対する攻撃

ヘビやクモ，サソリなど刺咬毒をもつ動物は，毒を攻撃物質として利用していることが容易に想像できる。一方，フグを含め多くのTTX保有動物の場合，摂食しない限り，刺したり咬まれたりして，あるいは接触することによって中毒することはないが，なかにはTTXを餌生物補食のために攻撃物質として利用している種もある。その代表格として，ヒョウモンダコを挙げることができよう。本種は，その名の由来となったヒョウ柄を思わせる青く美しい輪紋をもち，観賞用としてペットショップでもよく売られている。肉食性で，後部唾液腺にTTXをもち，餌生物の捕獲にそれを利用していると考えられている。海外では実際にヒトが咬まれて中毒死した例もあり(Williams, 2010)，素手で扱うのは危険である。元々，熱帯ないし亜熱帯性の種であるが，日本沿岸でもしばしば目撃されているので注意を要する。

1998年に広島湾で極めて高濃度にTTXを蓄積するヒモムシが見出され，後にアカハナヒモムシと同定された(Asakawa et al., 2013)。Tanu et al.(2004)は免疫組織化学的手法により本種におけるTTXの組織内微細分布を調べ，表皮の杯状細胞や吻腔の上皮に加え，口吻の擬刺胞(毒針のような小器官)に隣接した顆粒細胞(粒状に見える細胞)にTTXが分布することを見出した(図22)。ヒモムシは口に収納している吻を，靴下を裏返すような形で飛び出させて餌生物を絡め取って補食する。その際，顆粒細胞に蓄えたTTXを擬刺

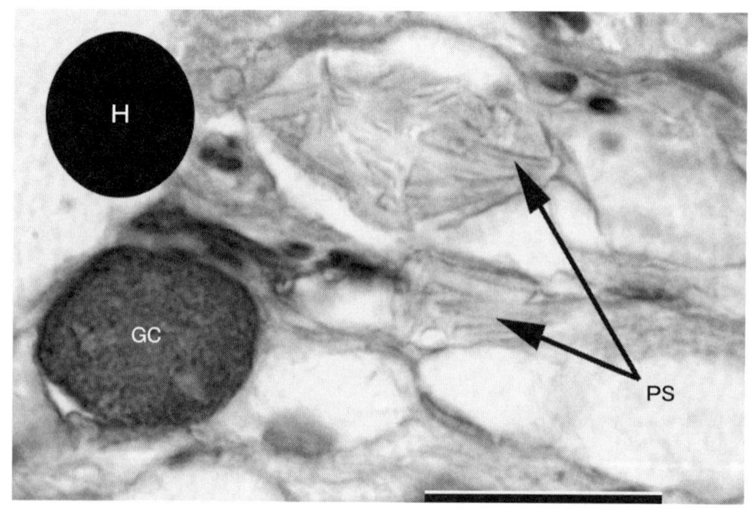

図22　免疫染色を施したアカハナヒモムシ口吻切片の光学顕微鏡像(Tanu et al., 2004より)。PS：擬刺胞，GC：顆粒細胞

胞から餌生物に注入し，麻痺させて捕獲を容易にしている可能性がある。一方，肉食性動物プランクトンの1種，毛顎動物のヤムシ類は，頭部からTTXを分泌し，餌生物を麻痺させて捕食すると考えられている(Thuesen et al., 1988)。また，ある種のヒラムシは，咽頭にTTXをもち，それにより自分より大型の巻貝を攻撃，捕食するという(Ritson-Williams et al., 2006)。Hwang et al.(2007)は，数種の肉食性巻貝がTTXと麻痺性貝毒を餌生物に対して攻撃的に使用すると推測している。

(3) TTX保有動物のTTXに対する抵抗性

TTXを保有する有毒海産フグ(クサフグ，ヒガンフグ，トラフグ)，ツムギハゼ，スベスベマンジュウガニ，およびニホンイモリはTTXに対して極めて高い抵抗性を示す。すなわち，これらの動物に腹腔内投与した場合のTTXの最小致死量(MLD)は，マウスの300〜1,000倍(イモリでは10,000倍以上)に達する。これに対し，無毒の海産フグ(シロサバフグ，クロサバフグ，ヨリトフグ *Sphoeroides pachygaster*)は中程度(MLDがマウスの13〜20倍)，一般魚(イシガキダイ *Oplegnathus punctatus*，イシダイ，メジナ)はマウスと同程度の低い抵抗性を示す(Noguchi and Arakawa, 2008)。したがって，TTX保有動物は，自身は影響を受けることなく防御物質あるいは攻撃物質として毒を有効利用できるものと考えられる。有毒フグやイモリのTTX抵抗性発現メカニズムの1つとして，彼らがTTX耐性型のナトリウムチャネルを保有していることが挙げられる。北米に生息するヘビ，ガータースネークは，TTX保有イモリと共存し，TTXに曝されることでナトリウムチャネルをコードする遺伝子に変異を起こし，TTX抵抗性を獲得する。さらに，このTTX抵抗性ガータースネークによる捕食は，イモリのTTXレベルを上昇させる。このような“共進化型競争”(coevolutionary arms race)が，特定の個体群のイモリとヘビに高いレベルのTTXとTTX抵抗性をもたらしたと考えられている(Hanifin, 2010)。一方，イソガニは無毒でありながら，体内にTTX結合性高分子を保有することでTTXに抵抗性を示す(Shiomi et al., 1992)。フグもTTX結合性タンパク質を保有することが知られており(Yotsu-Yamashita et al., 2001；Tatsuno et al., 2013b)，TTX耐性型のナトリウムチャネルだけでなく，このような高分子物質によるTTXの毒性マスキングメカニズム(高分子物質がTTX分子に結合して毒性を失わせるメカニズム)がTTX抵抗性に寄与している可能性がある。

(4)TTX保有動物に対するTTXの誘引効果

Saito et al.(2000)は，海水を入れた水槽の両端にそれぞれTTX入りのゼラチン柱と無毒のゼラチン柱を置き，中央に放したトラフグ稚魚がどちらに興味を示すか観察したところ，無毒のゼラチン柱にはまったく関心を示さなかったのに対し，TTX入りのゼラチン柱に対しては，口でつつくなど意欲的な行動を示したことから，フグはTTXに誘引されるものと結論した。さらにOkita et al.(2013a)は，嗅覚器官を損傷させた試験魚を用いる同様の誘引実験により，トラフグ稚魚が嗅覚でTTXを検知していることを示した(図23)。前述のとおり，TTXをもたない一般の魚はTTXを味覚で感知し，これを忌避するのに対し，フグはTTX保有動物を嗅ぎ分け，それらを好ん

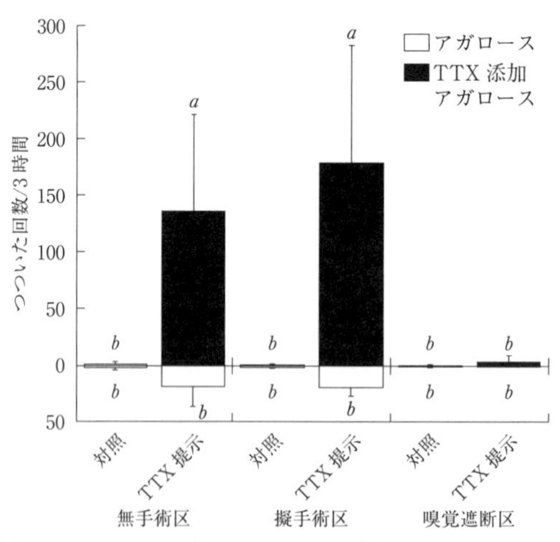

図23　トラフグ稚魚がアガロース担体をつついた回数(Okita et al., 2013aより)。
カラムはつついた回数の平均値($n=3$)，バーは標準偏差，カラム上のアルファベットは統計的な有意差を示す。手術を行わなかったフグ(無手術区)と頭部を焼いたフグ(擬手術区)ではTTX添加アガロースをつついた回数が無毒アガロースをつついた回数より有意に多かったが，臭覚器官を焼いたフグ(嗅覚遮断区)や無毒アガロースのみを提示した場合(対照)はほとんどアガロースをつつかなかった。

で捕食するものと推察される。

Hwang et al.(2004)によれば，有毒な小型の巻貝もTTXに対して高い抵抗性を備えており，外的な刺激によりTTXを分泌するだけでなく，TTXに顕著に誘引されるという。彼らは，毒性の高い種ほどTTXを好むのに対し，無毒種は負の応答を示すことから，TTXは有毒種にとっては誘引物質として，無毒種にとっては忌避物質として機能するものと推測している。一方，Matsumura(1995)は，成熟したクサフグの雄がごく低濃度のTTXに誘引されることを示し，排卵卵から放出されるTTXが雄魚を誘引するフェロモンとして働くものと推察した。さらに，TTXは，イモリ幼生に対して共食いを防ぐための警告フェロモンとして，あるいは，寄生性のコペポーダが宿主(フグ)を選択する際の誘引物質として機能しているとの報告もある(Ito et al., 2006；Zimmer et al., 2006)。

(5)そのほかの機能

トラフグは見かけによらず神経質な魚で，養殖環境ではストレスを受けやすく噛み合いを起こすため，養殖業者は定期的に歯切りを行って，噛み合いによる鰭の損傷を防いでいる。また，水産用医薬品による薬浴などを施して魚病や寄生虫を防除しているが，十分な効果が得られず大量死することも少なくない。十数年前，筆者らは養殖トラフグがストレスや病気に弱いのはTTXをもたないことが一因ではないかと考え，“毒をもたない養殖フグに本来もつべきフグ毒TTXを与え，免疫力を高めて健全化する”とのコンセプトのもと，新たな養殖技術の開発を試みた。

長崎県特産のナシフグは，筋肉と精巣のみ無毒で，通常，ほかの有毒部位を取り除いた状態で販売される。この“身欠き”の工程で出る大量の加工残滓をTTXの原料とし，種々の方法と濃度でTTX添加飼料を作成し，大型の水槽や養殖現場で使われているものと同じ網生け簀を用いて十数回に及ぶ飼育試験を行った(図24)。実際の養殖に近い規模での飼育は非常に困難で，多くの学生に3Kの重労働を強いることになってしまった上，最終的に“フグ毒を用いたフグ養殖”を実用化するまでには至らなかったが，試験を進める過程でいくつかの有用な知見を得ることができた。

図 24　網生け簀を用いて行った飼育試験の風景

まず，30〜60 日間飼育した場合の TTX 蓄積状況について調査したところ，ナシフグ残滓の抽出液添加飼料を投与された試験魚は，低用量では皮や肝臓に微量の毒を，高用量では皮と内臓に少量，肝臓と卵巣に多量の毒を蓄積した。ナシフグ残滓を直接添加した飼料を投与した場合は，抽出液添加飼料を投与した場合よりも総じて高濃度の毒蓄積が見られた。いずれの飼育試験においても筋肉と精巣は無毒であったが，天然魚では無毒とされ，食用にされている皮にも若干 TTX が蓄積し，いったん蓄積した毒は投与を止めても長期間各組織に保持されていた(本田ら，2005a)。

一方，飼育終了時の試験魚につき，免疫機能の指標として脾臓細胞の幼若化反応(Box 5)を測定したところ，1 ないし 3 種のマイトーゲンの刺激に対し，TTX 添加飼料を投与したフグは無毒飼料を投与したフグより有意に高い反応を示した。同様に，ヒツジ赤血球に対する抗体産生能を測定したところ，やはり TTX 添加飼料を与えたトラフグは，無毒飼料を与えたフグに比べて若干ないし有意に高い値(2〜5 倍)を示した(本田ら，2005b)。さらに，滑走細

Box 5 脾臓細胞の幼若化反応

脾臓は血液をつくったり蓄えたり壊したりする働きを担っているほか，免疫機能にも深くかかわっており，リンパ球を分化・成熟させ，血液中で増殖する病原体に対して免疫応答する場となっている。一方，幼若化とは，成熟して分裂・増殖しなくなったリンパ球が，特定の刺激により成熟前の幼若な細胞形態をとって増殖するようになる現象をいう。脾臓細胞（リンパ球）を種々のマイトーゲン（細胞の分裂を促進する因子）で刺激すると幼若化が起こるが，その程度が大きい個体ほど高い免疫機能を発揮できると考えられる。幼若化の程度は，細胞培養液にアラマーブルーというインディケーター色素を添加することで簡易に測定することができる。すなわち，アラマーブルーは生きた細胞が代謝の過程で産生する酵素によって還元されて発色するので，細胞の分裂と増殖（幼若化）が盛んなほど，吸光度〔特定の波長の光を吸収する度合い（特定の色の濃度）〕が高くなる。

菌を用いて行った感染実験でも，TTX を投与したフグがそうでないフグと比較して若干高い生残率を示した。すなわち，メカニズムは不明であるが，無毒の養殖フグに TTX 添加飼料を与えて飼育すると免疫機能が活性化されることが示唆された。

ところで，近年，天然トラフグ資源の減少が懸念され，各地で種苗放流が行われているが，必ずしも良好な放流効果が得られているとはいえず，より効果の高い放流手法，あるいはより種苗性（放流種苗としての適性）の高い人工種苗の開発が求められている。清水ら（2006, 2007）は，天然に近い環境を再現した実験池での模擬放流実験により，無毒のトラフグ人工種苗はサイズが同程度の有毒な天然稚魚（天然種苗）に比べて，捕食魚（タイリクスズキ *Lateolabrax maculatus*）の食害を受けやすいことを示し，それには遊泳行動の相違，もしくは毒の有無が関与しているのではないかと推測した。したがって，遊泳行動が天然魚に近い種苗を作出するか TTX を投与した種苗を使えば，放流効果を高められる可能性がある。関連して，阪倉ら（未発表）は，無毒トラフグ人工種苗に TTX を投与すると，天然種苗のように水槽の低層を泳ぐ個体の割合が高くなること，また，追尾行動（ほかの個体の後ろにつき，攻撃しようとする行動）の頻度が有意に減少することを見出した。すなわち，

TTXの投与によりフグの行動生態が変化したことになる。さらに，Okita et al.(2013b)は免疫組織化学的手法により，無毒人工種苗にTTXを経口投与すると脳関門を通過して脳に到達すること，有毒天然種苗でも同様に脳にTTXが分布することを示した。このことは，フグの中枢神経系においてTTXが情報伝達の制御に関与し，行動生態の変化を引き起こした可能性を示唆するものである。

TTX保有動物にとって，TTXは忌避物質あるいは攻撃物質としての機能のみならず，食欲をそそったり，免疫力を高めたり，ストレスを軽減したりと，適度な摂取量であれば私たちにとっての美酒のような，生活を健全化するさまざまな生理機能を有しているものと思われる。

7. フグ毒による食中毒

ヒトがTTXで中毒すると，唇や舌の先の痺れが食後20分から3時間程度で現れる。さらに四肢の痺れ，知覚麻痺，言語障害，呼吸困難などを呈し，重篤な場合は呼吸麻痺で死亡する。致死時間は4～6時間が最も多く，長くても8時間程度で，それをもちこたえると急速に回復する(野口，1996)。中毒した場合は直ちに設備の整った病院に運ぶことが肝要である。今のところTTX中毒に対して十分な効果が期待できる解毒剤や特効薬はなく，体外への毒の排出を促進し，人工呼吸器の使用により呼吸循環系を適切に管理する以外，根本的な治療法は確立されていない。モノクローナル抗TTX抗体が開発され，研究用試薬として前節で述べた免疫組織化学的手法などで活用されているが，臨床的な効果はほとんどないと考えてよい。

日本人は昔からフグが猛毒であることを知りながらフグを好んで食べ，独自のフグ食文化を築いてきた。しかしながら，これによる中毒事故も多く，1983年には，当時の厚生省が食用可能なフグの種類，部位，生息海域や有毒部位の処理方法を規定し，各都道府県宛に通知した。以来，フグ中毒，あるいはそれによる死者は大きく減少したが，現在でも途絶えることはなく，依然として平均すると年に40～50名が中毒し，2～3名が命を落としている。一方，中国や台湾ではTTXで毒化した巻貝による食中毒が頻発しているのに加え，近年，日本でも腐肉食性巻貝キンシバイによるTTX中毒が突発し，食品衛生上問題視されている。ここでは，アジアの事例を中心に，ヒトのTTX中毒について述べる。

(1)フグによるTTX中毒

登田ら(2012)によれば，1989～2010年の22年間に日本ではフグによるTTX中毒が651件発生しており，患者数は976名で，うち56名が死亡している。コモンフグ，マフグ，ヒガンフグ，ショウサイフグ，クサフグ，トラフグなどを原因種とし，瀬戸内海沿岸の各県で冬場に起こる事例が多いようである。その大半(7割程度)は，素人が自分で釣り上げた，あるいは他人から譲り受けたフグを自ら調理して食べたことなどにより一般の家庭で発生しているが，専門の飲食店においても，無資格者によるフグの取り扱い，客によるフグの持ち込みや肝臓提供の無理強い，科学的根拠のない毒抜き法を調理者が信じていたこと，などを原因としてときどき不慮の事故が起きている。

フグ中毒事例

家庭で起きた中毒の一例(Arakawa et al., 2010)を記すと次のようである。2008年10月，長崎県で，ウスバハギ(カワハギの1種)の肝臓を食べたという69歳の男性が入院先の病院で死亡した。彼は自分で釣ったウスバハギを調理し，肝を醤油と混ぜ，刺身につけて食べたという。食後約30分で手足のしびれを感じ，さらにその30分後に嘔吐して意識をなくし，病院に救急搬送され，4時間半後に死亡が確認された。その後，患者はウスバハギとともに‘キンフグ’を調理しており，しかもその残品のなかに肝臓がないことが判明した。これらの調理残品について調査したところ，ウスバハギは無毒であったが，‘キンフグ’は猛毒のコモンフグであり，皮から強毒に相当する600 MU/gのTTXが検出された。さらに患者の血液，尿，吐物からそれぞれ0.7 MU/ml，2 MU/ml，45 MU/gのTTXが検出されたことから，本中毒はコモンフグ肝臓の誤食によるTTX中毒と判断された。

フグ中毒の原因究明には，原因魚種の鑑別と残品などの毒性調査が重要である。筆者らの研究室にも，ときおり，中毒を起こしたフグの食べ残しが持ち込まれ，魚種鑑別や毒の定量を依頼されることがある。吐瀉物が含まれている場合などは，学生にかなり過酷な実験を強いることになる。魚種については，皮の模様や鰭の形状，小棘の分布など形態的な特徴で判定可能なこともあるが，組織の断片しか残っていない場合はDNAを用いる手法(Nagashima et al., 2011)で鑑別することになる。毒の定量についても測定技術が進歩し，フグ残品だけでなく患者の血液や尿からもTTXの検出が可能となっている(Leung et al., 2011；Islam et al., 2011)。

近年，本来は南方に生息するドクサバフグが日本近海で頻繁に混獲されて問題となっている。長崎県でもこのフグが混獲され，一時期，筆者らの研究室にも毒性や分類に関する問い合わせがあった。ドクサバフグは宮崎県や高知県でも漁獲されているので注意が必要である。ドクサバフグは，毒をほとんどもたないシロサバフグに外見が酷似しているが(第1章参照)，筋肉も有毒で，2008～2009年には九州と四国で誤食による中毒を5件招来し，計11名の患者を出している(Arakawa et al., 2010)。

中国や台湾では表向きフグの食用は禁止されており，日本ほど頻繁にはフグを食べないが，それでも天然フグの喫食により多くの食中毒事例が発生している。日本の事情とは異なる例，すなわち，からすみ(ボラ卵巣の塩蔵品)の模造品として売られていたフグの卵巣，あるいはカワハギの肉として販売されていた有毒フグの乾燥魚肉を食べて中毒した例なども見られる(Hwang and Noguchi, 2007)。東アジア地域以外の国では，一般にフグを食べる習慣はないが，偶発的なフグの喫食による食中毒は，オーストラリア(Isbister et al., 2002)，ブラジル(Silva et al., 2010)，タイ(Brillantes et al., 2003)，カンボジア，バングラデシュなど世界中で散発している。特にバングラデシュでは，2008年に3件の大規模なフグ中毒事件が発生し，141名が中毒，うち17名が死亡した(Islam et al., 2011)。アメリカでは，2002～2004年にかけてフロリダ産のヨリトフグ属のフグにより28例の食中毒が起きた。しかしながら，このフグの主要な毒はTTXではなく麻痺性貝毒である(Arakawa et al., 2010)。また，カリフォルニアでは1996年に日本から輸入した身欠きフグにより，イリノイでは2007年にアンコウと誤表示された韓国からの輸入フグによりTTX中毒が起きている(Cohen et al., 2009)。

近年，センニンフグなどのインド太平洋産有毒フグがスエズ運河を介して紅海から地中海に進入してきており，東部の沿岸国でこのフグによる中毒が起きるなど，この海域におけるTTX中毒のリスクが高まっている(Bentur et al., 2008)。また，前述のとおり本来熱帯ないし亜熱帯海域に生息するドクサバフグが温帯域の日本近海に頻繁に出現し，誤食による食中毒を招来している。さらに，後述のように日本やスペインでは巻貝による中毒が，ニュージーランドではウミフクロウによるイヌのTTX中毒が突発するなど，海洋環境の変化によるTTX保有生物の多様化，分布広域化が危惧される。今後，食品衛生上の観点から，この点に十分に注意を払う必要があろう。

(2)巻貝によるTTX中毒

バイは日本では酒の肴として珍重されているが，1957年6月に新潟県寺泊でバイの摂取により5名が中毒し，うち3名が死亡した。患者の症状がフグ中毒のそれに似ていること，その後，1980年5月に福井県川尻湾で採取したバイからTTXが検出されたことから，原因物質はTTXと推定された。バイは腐肉食性で，死んだ魚の肉や内臓を食べる。1980年にバイのTTX毒化が認められた坂尻湾の位置する日本海沿岸の北陸および上越地域では，漁師は経験的にこの食性を利用し，死んだクサフグの内臓を餌としてバイを採取していた。中毒を起こした上越寺泊のバイも，同様の機構によりTTXで毒化したものと推察される(野口，1996)。

大型の肉食性巻貝ボウシュウボラは，一般の市場に出回ることはないが，特定の地域では食べることがある。1979年12月，静岡県清水市(現在の静岡県静岡市)でボウシュウボラの中腸腺を摂取し，男性1名が重篤な中毒に陥った。症状は口唇の麻痺と呼吸困難で，フグ中毒に典型的なものであった。食べ残しのボウシュウボラからTTXが検出され，原因物質はTTXと同定された(Narita et al., 1981)。1982年12月には和歌山県，1987年1月には宮崎県でも同様の中毒が発生し，計3名の患者が中毒している。ボウシュウボラはモミジガイ科の有毒ヒトデを捕食することにより毒化する。TTXは中腸腺に局在しており，筋肉を含むほかの組織はほとんど無毒である。ボウシュウボラ近縁のオオナルトボラやヨーロッパ沿岸で採取されたヨーロッパボラも有毒で(Noguchi et al., 1984a；Radriguez et al., 2008)，ヨーロッパボラでは2007年にスペインでヒトのTTX中毒が発生している。

中国や台湾では昔からアラレガイ，ハナムシロガイ類縁種などの小型巻貝類を食べる習慣があり，これによる食中毒が頻発している。公式記録として残っているだけでも中国本土で28件，台湾で9件の事例があり，両者を合わせると患者総数は233名，うち死者は24名に上ぼる(Arakawa et al., 2010)。2004年4月には台湾の東沙群島でキンシバイにより5名が中毒し，うち2名が喫食後30分で死亡するという深刻な事例が発生した。機器分析により，原因物質はTTXと同定された(Hwang et al., 2005)。

キンシバイによるTTX中毒は日本でも発生している(Arakawa et al., 2010)。2007年7月に長崎市でこの貝を食べた60歳の女性が，食後15分経過したころから四肢の熱感，顔面紅潮，腹痛，顔面浮腫などの症状を呈した。その後容態が悪化し，呼吸困難，全身麻痺(硬直)，瞳孔散大を呈したため救急病院に搬送された。患者は3日後に人工呼吸器が外され，4日後の朝食から食事を開始したが，意外なことに昼食後に症状が再発して呼吸停止となり再び人工呼吸器が装着された。その後容態は回復して約3週間後に無事退院した。事件直後に食べ残しの貝を入手して調べたところ，筋肉や中腸腺から最高4,290 MU/gのTTXが検出された。さらにその後の調査では，中毒検体と同じ海域で採取したキンシバイから中腸腺で最高10,200 MU/g，筋肉でも同2,370 MU/gに達する極めて高濃度のTTXが検出された(谷山ら，2009)。今回の中毒ではいったん回復した症状が数日後に再発している。この原因は明らかではないが，患者の消化器官内に残存していた未消化の猛毒中腸腺が食事再開にともない消化・吸収され，患者の呼吸中枢が再び高濃度のTTXに曝されたことによるものと推察された。2008年7月には熊本県でもキンシバイの喫食によるTTX中毒が発生している。

東沙群島や長崎，熊本県におけるキンシバイのTTX蓄積機構は明らかでないが，キンシバイも腐肉食性であるので，バイ同様，死んだフグの内臓が毒の起源の1つと考えられる。9～1月にかけて採取した長崎，熊本県産キ

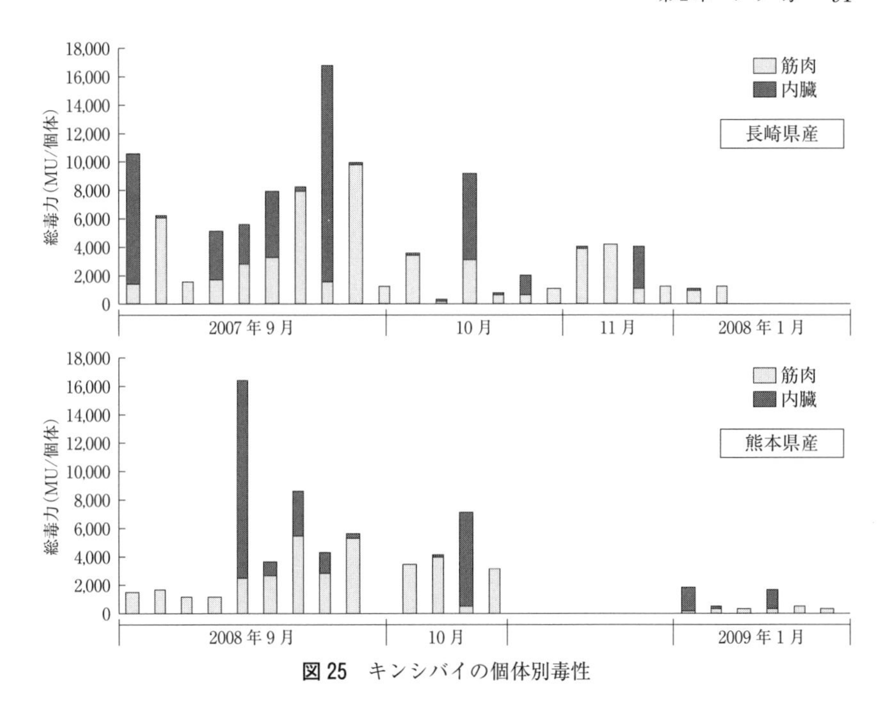

図25 キンシバイの個体別毒性

ンシバイの毒性は，9月に最も高く，1月にかけて次第に減少した(図25)。それ以外の月のデータはないが，長崎，熊本で起きた2件の中毒事件はともに7月に起こっており，この時期，キンシバイは既に高濃度のTTXを蓄積していたと推定される。日本では，6月にクサフグの大群が岸辺にやって来て産卵し，その後すぐに死亡する。クサフグの産卵時期は，キンシバイの毒化時期とほぼ一致しており，キンシバイは海底に残った大量のクサフグの死体を食べて毒化した可能性がある。

中国と台湾の小型巻貝による食中毒事例は，長崎，熊本のキンシバイ中毒より少し早い時期，春から初夏にかけて集中して発生している。一方，中毒発生地域の緯度は日本本土より低く，有毒フグが産卵のため集団で海岸にやって来る季節は日本より早い。したがって，中毒発生時期と有毒フグの産卵期はほぼ一致していると考えられる。中国や台湾で食中毒を起こしてきた小型巻貝は，いずれもバイやキンシバイと同じ腐肉食性であり，それらと同様の機構，すなわち産卵後に死んだ大量の有毒フグ内臓を食べて高濃度にTTXを蓄積するものと思われる。

フグにおいても巻貝においてもTTXは外因性で，彼らは有毒餌生物からそれを摂取し，特定の組織に蓄積していると考えられる。興味深いのは，生きているフグは腐肉食性の小型ないし中型巻貝から毒を摂取・蓄積するが，死後は逆にそれらの巻貝がフグから毒を摂取・蓄積していると推定されることである。すなわち，TTXは食物連鎖を介して上位の動物に一方向的に移行するだけでなく，一部は動物間で循環している可能性がある。

(3)そのほかの動物によるTTX中毒

日本でカブトガニを食べることはないが，タイやカンボジアなど東南アジアの一部の国では，カブトガニの卵を食材として利用している。20年ほど前，筆者はタイ滞在中に少し辛いカブトガニ卵入りサラダのようなものを食した経験があるが，独特の臭味があり，あまり美味ではなかったという印象が残っている。食用可能なカブトガニは尾の断面が三角形であるのに対し，尾の断面が円い種(マルオカブトガニ)は有毒で，それによる食中毒がときおり発生する。1994～2006年にかけてタイのチョンブリ病院に入院したカブトガニ中毒患者は，280名(記録がある患者245名中5名死亡)に達したとの報告もある(Kanchanapongkul, 2008)。マルオカブトガニの卵と肝膵臓からはTTXと麻痺性貝毒が検出されており，これらのいずれか，もしくは両方が中毒原因物質と考えられる(Arakawa et al., 2010)。

石垣島や西表島の河口汽水域では，干潮時に容易にツムギハゼを見つけることができる。動きはそれほど速くないので，虫取り網などで比較的簡単に採取することが可能である。沖縄や奄美地方では，昔はこのツムギハゼの干物を"野ネズミ殺し"に使用していたという。ブタやニワトリに与えると短時間で死亡すると言い伝えられており，警戒しているのでヒトの中毒はないが，家畜の中毒事例はあったようである(野口，1996)。台湾ではツムギハゼの近縁種によるヒトのTTX中毒が発生しており，死亡例もあるという(Lin et al., 2000)。

ヒョウモンダコは後部唾液腺にTTXをもっており，前述のとおりこのタコに咬まれてヒトが中毒死することがある。ヒトの中毒ではないが，2009年7月から11月にかけて，ニュージーランドのハウラキ湾近隣のビーチで，突然，イヌの中毒が相次いで発生した。かかわった15匹はいずれも同様の症状を呈し，うち5匹が死亡した。事件後，McNabb et al.(2010)はビーチに近い潮だまりに点在するウミフクロウから非常に高いレベルのTTXを検出し，イヌたちはそれらと接したことでTTX中毒したものと推定した。ウミフクロウの毒の起源生物は不明であるが，本種を突然毒化させた有毒生物が，食物連鎖を介し，これまで安全であった食用魚介類を新たに毒化させる可能性は十分にありうる。イヌの中毒はヒトの公衆衛生に対する一種の警鐘といえるかもしれない。

(4)無毒養殖フグ肝臓の食用化

フグの毒化は有毒餌生物由来であるので，それらを完全に排除した環境下で無毒の餌を与えて飼育する方法(“囲い養殖法”)により内臓も無毒の養殖フグを生産することができる。“囲い養殖法”には網生け簀養殖と陸上養殖の2つの形態があるが(図26)，必ずしも特殊な養殖方法というわけではなく，日本で行われているトラフグ養殖のほとんどがこの形態に当てはまる。2000年以降，筆者らはフグの養殖や流通，販売などにかかわる複数の業者から相次いで「自分たちが扱っている養殖フグの毒性を調べて欲しい」との要請を受けた。彼らは経験的に養殖フグの肝(きも)が無毒であることを知っており，科学的な裏づけを得ることで，それらの販売を可能にしたいと考えていた。養殖トラフグの肝は大きく，体重の2～3割を占める。費用をかけて焼却処分しなければならないこの部位を有効利用することができれば，低迷が続く関連業者の経営が大きく改善される。筆者らは，前述の業者らと共同で日本の主要なフグ養殖地から“囲い養殖法”で養殖されたトラフグ当歳～3年魚計約5,000個体を集め，おもに肝臓の毒性を調査した。その結果，いずれの個体からも毒性は検出されず，“囲い養殖法”により肝も無毒のフグが生産可能であることが示された(野口ら，2004)。

以上の成果に基づき，2004年6月，佐賀県と嬉野町(現，嬉野市)は内閣官房構造改革特区推進室に「佐賀・嬉野温泉ふぐ肝特区」構想を提案した。

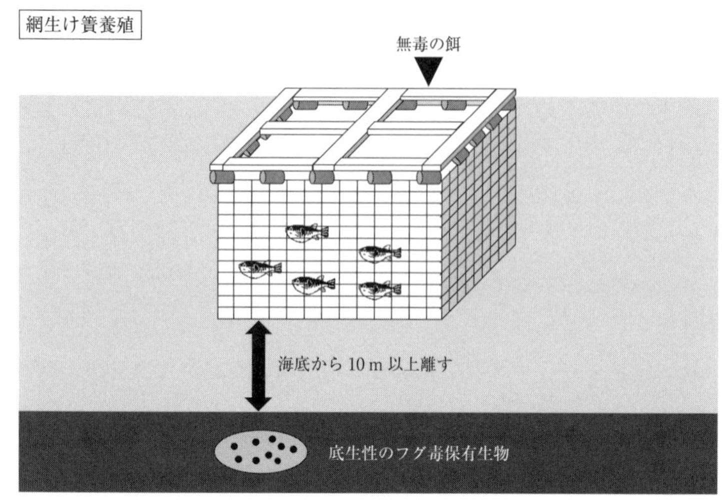

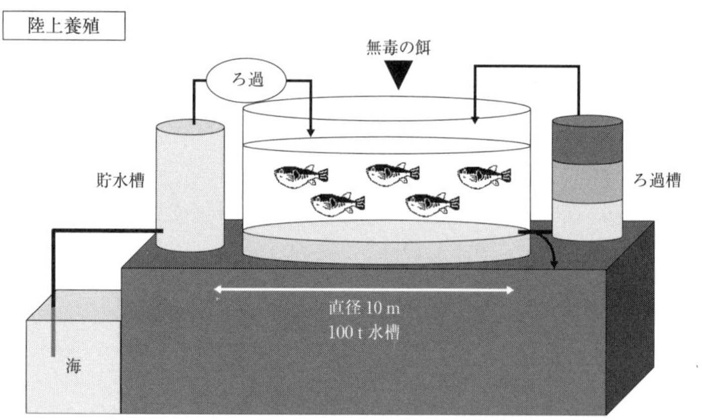

図 26　“囲い養殖法”の２つの形態

佐賀県嬉野温泉は，日本三大美肌の湯として知られ，さらに名物のお茶や温泉湯豆腐で内からも美しくなる温泉地であるが，観光客が年々減少しており，町興しの手立てを見出す必要があった。そこで，美肌に効果があるといわれるコラーゲンを多量に含むフグを新たな名物料理として提供し，さらに，栄養価が高いといわれるフグ肝の食用化により，嬉野温泉の知名度と集客の向上をはかろうとしたのである。また，フグは低塩分に強く温泉水でも飼えるので，陸上水槽を嬉野温泉に設置すれば，“温泉無毒フグ”を生産しながら，その現場を観光客に見学させることも可能となる。まさに一石二鳥の構想であった。

本構想では，マイクロタグによる生産管理システムを導入するとともに，中間の流通を排除し，特定の業者が養殖したトラフグの肝を嬉野町内の特定の飲食店に直接出荷し，そこでのみ消費するという形態をとることにより，有毒フグ肝の混入を防ぎ，フグ肝食の安全性を担保することとした。しかしながら，内閣府食品安全委員会の審議では，「餌生物以外の要因による毒化の可能性を否定できない」，「安全性を判断するには科学的データが不十分」などの意見が出され，特区申請は認められなかった。

その後，2005～2009年にかけ，東京と長崎でそれぞれ養殖トラフグ肝の試食会を実施した。そこでは，通常のフグ刺し，フグちりなどに加え，全個体検査による無毒の確認をして肝刺，肝の西京焼き，肝入り茶碗蒸しなどの料理(図27)を出し，参加者には状況を十分に説明し，同意の上でそれらを味わっていただいた(注：本試食会は，大学で厳密な毒性検査を行った上で試験的に実施したものであり，一般にはフグ肝の試食は認められていない。天

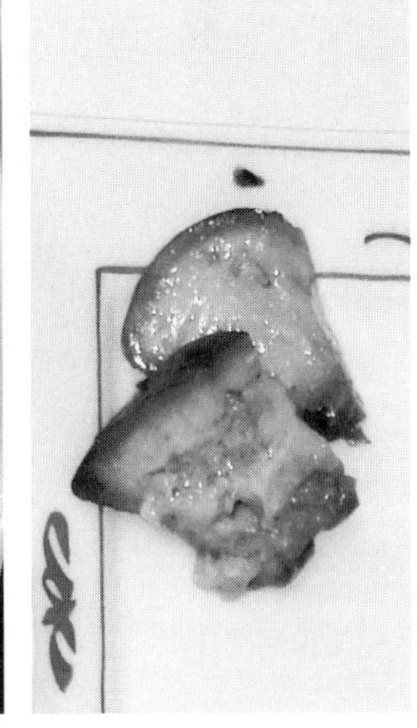

図27 フグ肝の刺身(左)と西京焼き(右)

然トラフグはもちろん，養殖トラフグであっても飼育方法によっては肝臓が有毒な場合があるので，決して真似をして食することのないようご留意いただきたい)。フグ肝はアンコウやカワハギの肝より濃厚で，調理法によっては若干臭味もあるが，参加者の方々からは肝料理に対する高評価，肝の食用解禁を期待する多くの声をいただいた。

現在，依然としてフグの肝臓を食べることは禁止されている。しかしながら，現行の規制において，「個別の毒性検査によりその毒力が概ね 10 MU/g 以下であることを確認した部位」は食用可能とされているので，佐賀県では陸上養殖した無毒トラフグの肝臓につき，全個体検査を実施しながら食品として提供することを検討し始めた。検査には肝臓の一部を使い，残りを調理に回すことになるが，そのためには肝臓中の毒性分布を明確にしておく必要がある。そこで谷口ら(2013)は，天然トラフグ肝臓を 10 分割して各部位の毒性を調べ，生の肝臓では右側中央下寄りの毒性が有意に高いことを明らかにした。さらに，その後，高度な統計学的手法を用いた検討を行い，本部位を用いて個別検査を実施することにより，食用を前提とした肝の毒性評価が可能であることを示した(未発表)。新しいフグ食の安全を確保するため，毒化しない環境で生産されたフグを取り上げてから，肝の採取，検査，調理，食品としての提供に至るまで厳密な管理手法を確立した上で，近い将来，日本で肝の食用化が実現し，さらに一段進歩したフグ食文化が確立されることを期待したい。

8. フグ毒としての麻痺性貝毒

海洋に有毒微細藻が発生すると，二枚貝などのろ過食性生物が毒化する。毒化した貝類を食べると中毒が発生する。このような現象は貝中毒と呼ばれ，症状によって複数のものが知られている。このうち麻痺性貝中毒は，症状が急性で致死率が高く，最も危険なものとされている。中毒の原因成分である麻痺性貝毒は TTX と同様，電位依存性ナトリウムチャネルをブロックし，神経や筋肉細胞内へのナトリウムイオンの流入をブロックする(Kao, 1986；Kao and Fuhrman, 1967)。麻痺性貝毒と TTX は薬理作用が同一であるので，中毒症状もTTXによるものと酷似する。すなわち食後短時間のうちに口唇や舌先，指先などが痺れ始め，やがて麻痺が体幹部に広がっていき，発語や歩行が困難となる。重症の場合には，食後数時間以内に呼吸が停止して死に至る。食後8時間以上経過した場合には回復し，後遺症はほとんど見られない。

麻痺性貝毒は，サキシトキシン(STX)とその類縁体の総称である。麻痺性貝毒は*Alexandrium*属，*Gymnodinium catenatum*および*Pyrodinium bahamense* var. *compressum*など数種の海産渦鞭毛藻によって産生されることが明らかにされている(Harada et al., 1982a；Oshima et al., 1977, 1987；Sommer et al., 1937)。これら渦鞭毛藻のほか，数種の藍藻類が麻痺性貝毒を生産することが明らかにされている(Carmichael et al., 1997；Humpage et al., 1994；Lagos et al., 1999；Mahmood and Carmichael, 1986；Soto-Liebe et al., 2012)。しかし，藍藻の発生によって二枚貝などのろ過食性生物が毒化した事例は，今のところ報告されていない。

先に述べたように，TTXとその類縁体は，さまざまな水生生物に見出されている。これらTTX保有生物の多くがしばしば，TTXのかわりに麻痺性貝毒を高濃度に蓄積していることが明らかにされており，フグ科魚類も例外ではない。実際にフグのもつ麻痺性貝毒による中毒事例がアメリカなどで確認されている(Landsberg et al., 2006；Quilliam et al., 2004)ので，本項ではフグ毒の，もう1つの本体である麻痺性貝毒の概要について紹介する。

(1) 麻痺性貝毒の化学的性状

二枚貝を食べると，ときに急性の麻痺症状をともなう致死率の高い食中毒が起こることは，北米沿岸部で古くから知られていた。二枚貝の食品としての安全性を確保することを目的として，Sommer and Meyer(1937)はマウスを用いて麻痺性貝毒(paralytic shellfish poison)と命名したこの貝毒の試験法を開発した。さらにSommer et al.(1937)は，渦鞭毛藻の*Alexandrium catenella*の発生にともなって貝類が毒化することを明らかにしている。その後Schantz et al.(1957)は，毒化貝から1 mg当たり5,500±500 MUという，当時知られていた有毒成分のなかでは極端に高いマウス毒性をもつ成分を2

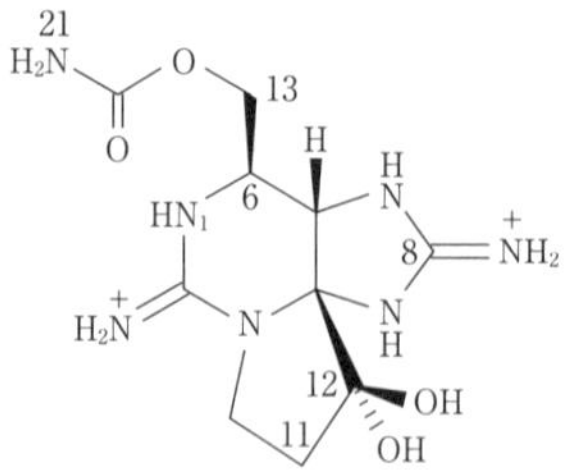

図 28　サキシトキシン(STX)の構造

塩酸塩の形で単離し，最初に本成分が確認された毒化貝アラスカバタークラム *Saxidomus giganteus* の属名に因んでサキシトキシン(saxitoxin，STX)と命名した。

STX は分子内の 2 つのグアニジノ基による強力な陽電荷をもち，酸性水溶液中では化学的に著しく安定であって，毒化貝の抽出液から Na^+ 型の弱酸性型陽イオン交換クロマトグラフィーと活性炭処理を組み合わせることにより比較的容易に単離することができた，天然物としては稀有な化合物の 1 つである。STX も TTX と同様に新しいタイプの化合物であり，その塩酸塩も結晶しなかったため，単一性の証明と構造の解析に手間取ったものの，Schantz et al.(1975)は STX のパラブロモベンゼン硫酸塩の結晶を作成し，最終的に X 線結晶解析を用いて図 28 に示す構造を決定した。

(2)麻痺性貝毒成分の多様性

Evans et al.(1970)は，毒化したイガイ(*Mytilus edulis*)に STX と薬理作用は似ているが，クロマトグラフィーの挙動の異なる毒成分を検出し，この毒がむしろ主成分であることを明らかにした。Shimizu et al.(1975)は，ニューイングランド沿岸で渦鞭毛藻の *Alexandrium catenella* の発生にともなって毒化した二枚貝と原因藻に，STX とは性状の異なる少なくとも 3 つの毒成分を認め，陽イオン交換(Bio-Rex 70)カラムなど数種のクロマトグラフィーを組み合わせてこれらの毒成分を単離した。引き続き Shimizu et al.(1976)は，原因藻の当時の学名 *Gonyaulax catenella* に因んでゴニオトキシン(gonyautoxin，GTX)群と命名したこれら成分のうち，GTX2 および GTX3 の構造を明らかにした。その後，毒化貝やこれら原因藻から次々とSTXの類縁体が分離され，その構造と比毒性が報告されている(Harada et al., 1982b；Kobayashi and Shimizu, 1981；Noguchi et al., 1981；Oshima et al., 1977；清水，1980；Shimizu and Hsu, 1981；Shimizu et al., 1978；図29)。STXを含めこれら麻痺性貝毒成分は，いずれも3環性の還元型プリン骨格と，従来の天然物には例のないgem-diol(抱水ケトン)をもつ特異的な構造を有する。毒化貝や有毒渦鞭毛藻には通常，これらのうちの複数が含まれており，STXはむしろ微量しか検出されないことが多い。いずれの成分も弱酸性溶液中では安定であるが，塩基性溶液中では速やかに分解されて毒性を失う。

これら一連の類縁体に加え，原因藻の *G. catenatum*(Negri et al., 2003)やオウギガニ科の毒ガニ(Arakawa et al., 1994；1995)，淡水フグ(Zaman et al., 1998)，中南米に生息するカエル *Atelopus zeteki*(Yotsu-Yamashita et al., 2004)などから，N21位あるいは11位が修飾された麻痺性貝毒の関連成分が見つかっている。Onodera et al.(1997)は藍藻の *Lyngbya wollei* が，STXやデカルバモイル

	略称	R1	R2	R3	電荷	比毒性(MU/μmol)
Carbamate型 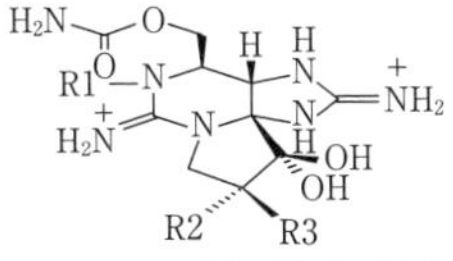	STX	H	H	H	++	2,483
	neoSTX	OH	H	H	++	2,295
	GTX1	OH	OSO_3^-	H	++−	2,468
	GTX2	H	OSO_3^-	H	++−	892
	GTX3	H	H	OSO_3^-	++−	1,584
	GTX4	OH	H	OSO_3^-	++−	1,803
Carbamoyl-N-sulfo型 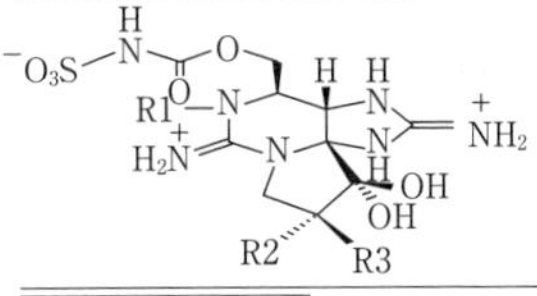	GTX5(B1)	H	H	H	++−	160
	GTX6(B2)	OH	H	H	++−	
	C1	H	OSO_3^-	H	++−−	15
	C2	H	H	OSO_3^-	++−−	239
	C3	OH	OSO_3^-	H	++−−	33
	C4	OH	H	OSO_3^-	++−−	143
Decarbamoyl型 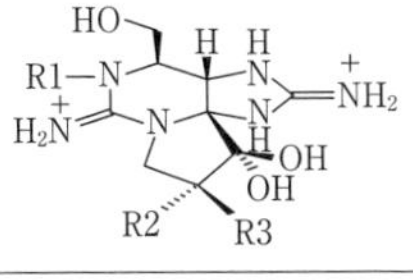	dcSTX	H	H	H	++	1,274
	dcneoSTX	OH	H	H	++	
	dcGTX1	OH	OSO_3^-	H	++−	
	dcGTX2	H	OSO_3^-	H	++−	1,617
	dcGTX3	H	H	OSO_3^-	++−	1,872
	dcGTX4	H	H	OSO_3^-	++−	

図29　代表的な麻痺性貝毒成分の構造と比毒性(Oshima, 1995bを一部改変)

STX（dcSTX），dcGTX3 などの既知成分に加え，これらの 12 位が還元された誘導体を生産することを報告している。一方，Lim et al.（2007）は渦鞭毛藻の *A. minutum* の培養藻体に GTX4 の 12 位が還元された誘導体が大量に含まれることを確認している。12 位の還元されたこれら麻痺性貝毒関連成分には，毒性はまったく認められていない。

(3) 麻痺性貝毒の成分変換

日本や北米，ヨーロッパなどの中高緯度海域で発生する *Alexandrium* 属や *G. catenatum* の渦鞭毛藻は 11 位に硫酸エステルをもつ GTX 群や，これらの N21 位にさらに硫酸が付加した C-toxin 群を主要成分として生産する。細胞分裂が活発な，すなわちこれら渦鞭毛藻が生きのよい状態では，硫酸エステルが 11β 位に結合した成分すなわち GTX3，GTX4 および C2 が，11α 硫酸エステル型の成分（GTX2，GTX1 および C1 など）に比べ卓越して生産される（Oshima, 1995a）。これらの渦鞭毛藻の天然細胞は，細胞当たりの毒含量が著しく高く，三陸沿岸で発生する *A. tamarense* は，赤潮よりもはるかに低密度の 100 cells/L 程度で養殖海域に発生した場合でも，貝類の毒化を引き起こすことがある。

貝類の毒成分は，渦鞭毛藻の発生期間中はそれを反映したものとなるが，原因藻の消失後，徐々に減少しながらその組成が変化する（Oshima, 1995a）。すなわち 11α 硫酸エステル型の成分が増加するとともに C-toxin 群は減少し，11 位および N1 位が還元された成分の比率が増加する。同様の麻痺性貝毒の成分変換は，無毒貝のむき身ホモジネート中（Shimizu and Yoshioka, 1981）や細菌の培養液中（Kotaki et al., 1985）に毒を添加した場合でも観察されており，生物界に普遍的に存在する，なんらかのメカニズムがこのような変換を引き起こしていることが推定されていた。

化学的にはそれぞれの毒成分の相互関係から，この経路は① N21 位硫酸の脱離，② 11 位硫酸エステルの立体異性化，③ 11 位硫酸エステルの還元的脱離，および④ N1-OH の還元，の 4 つが組み合わさったものと考えることができる（図 30）。これら 4 つの経路は，いずれもグルタチオンやヘムなどの生体常成分の存在下で，非酵素的に進行することがこれまでの研究で明らか

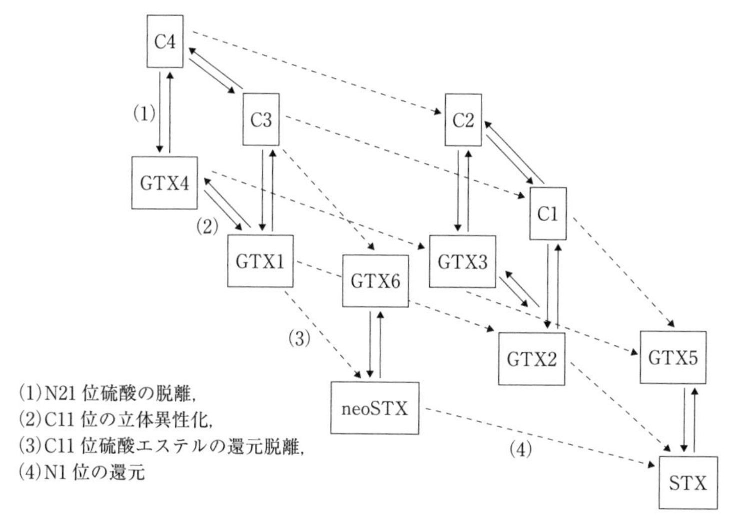

図 30 麻痺性貝毒の生物化学的変換

にされている(Hall et al., 1980；Laycock et al., 1995；Oshima, 1995a；Sato et al., 2000b, 2014)。TTX の場合と同様に，フグや毒ガニが自ら麻痺性貝毒を生産しているとは考えにくい。これら有毒生物あるいはその餌となる生物は，渦鞭毛藻や藍藻の生産する GTX 群や C-toxin 群を，このような経路で STX に変換し蓄積しているものと推定される。

(4)麻痺性貝毒の分布

TTX 保有生物であるオウギガニ科(Xanthidae)の毒ガニ(ウモレオウギガニ，ツブヒラアシオウギガニ，スベスベマンジュウガニ)，マルオカブトガニにはしばしば，高濃度の麻痺性貝毒が検出される(Fusetani et al., 1982, 1983；Koyama et al., 1981；Noguchi et al., 1969；Yasumoto et al., 1981)。また，麻痺性貝毒は沖縄産の 3 種の巻貝，ヤコウガイ(*Tarbo marmorata*)，チョウセンサザエ(*T. argyostoma*)，サラサバテイ(*Tectus nilotica maxima*)の毒の本体として見出されている(Kotaki et al., 1981)。これら有毒生物の生息海域では通常，麻痺性貝毒を生産する渦鞭毛藻の発生と，これにともなう二枚貝の毒化は報告されていない。Kotaki et al.(1983)は，沖縄産の石灰藻の *Jania* sp. に GTX1，GTX2,

GTX3などの麻痺性貝毒成分を検出しているが，含量は1 MU/g程度と極めて低く，ときに死亡事故を引き起こすこともある上記生物の毒含量を，石灰藻だけで説明することは困難である。

(5)フグ科魚類の麻痺性貝毒

Kodama et al.(1983)は，三陸沿岸で採取したヒガンフグ肝臓の毒成分を詳細に調べ，主成分のTTXのほかに，かなり高濃度のSTXが存在することを明らかにした。同様の結果は引き続きNakamura et al.(1984)によっても報告されている。Sato et al.(2000a)はフィリピン・ルソン島のマシンロック湾で漁獲したフグ類のうち，モヨウフグ属の*Arothron* sp.の大部分がSTXを主体とする麻痺性貝毒で高度に毒化していることを報告した。これらのフグに認められる毒成分はSTXやneoSTXを主体とし，同湾で発生している渦鞭毛藻の*P. bahamense* var. *compressum*の生産する毒成分(Harada et al., 1982b)と類似することを確認した。Quilliam et al.(2004)およびLandsberg et al.(2006)は，アメリカ東岸地域で発生しているヨリトフグ属のフグによる食中毒の原因成分として，STXを主成分とする麻痺性貝毒を確認し，*P. bahamense*の毒成分が餌を通じてこれらのフグに蓄積されているものと推定している。

一方，Kodama and Ogata(1984)およびSaitanu et al.(1991)は，タイで淡水フグ*Tetraodon* sp.による食中毒が頻発していること，およびこれらのフグ類がかなり高いマウス毒性を示すことを報告した。Kodama and Ogata(1984)は，バンコク近郊のチャオプラヤ河で採取した*T. leilurus*の毒の本体がTTXであることを報告している。その後，Saitanuらがタイ内陸のナコーンラーチャシーマー県で採取した*T. fangi*の毒成分を調べたところ，HPLC分析および質量分析法で高濃度のSTXが同定され，TTXはまったく検出されなかった(Sato et al., 1997)。引き続きKungsuwan et al.(1997)，Zaman et al.(1997)，Ahmed et al.(2001)により東南アジア産の*Tetraodon*属，および淡水域で採取したオキナワフグ(*Chelonodon patoca*)にもSTXを主成分とする麻痺性貝毒が確認されている。養殖海域で貝類の毒化を引き起こす有毒渦鞭毛藻は淡水域では認められておらず，これら淡水フグに認められる麻痺性貝毒の来源は解明されていない。前述のように数種の藍藻が麻痺性貝毒を生産することが明らかにされており，これらのなかには淡水産のものもある。淡水域のフグ類に認められる麻痺性貝毒は，これら藍藻類に由来する可能性が高い。

第 II 部

シガテラ毒をもつ魚類

シガテラ毒をもつ魚類の分類と生態

第3章

松浦　啓一

1. シガテラ毒魚と分類

シガテラ毒をもつ魚類は数百種に上るといわれている。日本でもシガテラ中毒は沖縄をはじめとした南日本から報告されており，日本産魚類のなかにもかなりの数のシガテラ毒魚がいる(表1)。ただし，シガテラ毒魚は常にシガテラ毒をもっているわけではなく，同じ種の魚であっても，地域によって，あるいは個体によって，シガテラ毒をもつ場合ともたない場合がある。表1に含まれる魚類が常に毒をもつわけではない。しかし，これらの魚類を扱う場合には，注意を要することは確かである。

分類学的に見るとシガテラ毒魚はウナギ目のウツボ科とスズキ目のハタ科，アジ科，フエダイ科，イシダイ科，ブダイ科，ニザダイ科およびカマス科の魚たちである。ウナギ目は魚類のなかでは祖先的なグループに属している。それに対して，スズキ目はかなり派生的な分類群である。そして，スズキ目に属するシガテラ毒魚を見ると系統的なまとまりは見られない。つまり，シガテラ毒魚を分類学的な視点から俯瞰すると，さまざまな分類群が入り乱れていて，何らかの分類学的な関係を見出すことはできないのである。フグ毒も系統的な関連のないさまざまな動物群に見られるが，シガテラ毒も同様ということになる。

表1　シガトキシンをもつ魚類

目	科	種の和名	学　名
ウナギ目	ウツボ科	ニセゴイシウツボ	*Gymnothorax isingteena*
		ドクウツボ	*Gymnothorax javanicus*
スズキ目	ハタ科	ユカタハタ	*Cephalopholis miniata*
		アカマダラハタ	*Epinephelus fuscoguttatus*
		ヒトミハタ	*Epinephelus tauvina*
		マダラハタ	*Epinephelus polyphekadion*
		オオアオノメアラ	*Plectropomus areolatus*
		オジロバラハタ	*Variola albimarginata*
		バラハタ	*Variola louti*
	アジ科	ギンガメアジ	*Caranx sexfasciatus*
		ロウニンアジ	*Caranx ignobilis*
		カンパチ	*Seriola dumerili*
		ヒラマサ	*Seriola lalandi*
	フエダイ科	イッテンフエダイ	*Lutjanus monostigma*
		クロホシフエダイ	*Lutjanus russellii*
		ゴマフエダイ	*Lutjanus argentimaculatus*
		ニセクロホシフエダイ	*Lutjanus fulviflamma*
		バラフエダイ	*Lutjanus bohar*
		イトヒキフエダイ	*Symphorus nematophorus*
	イシダイ科	イシガキダイ	*Oplegnathus punctatus*
	ブダイ科	ナンヨウブダイ	*Chlorurus microrhinos*
	アイゴ科	アイゴ	*Siganus fuscescens*
	ニザダイ科	サザナミハギ	*Ctenochaetus striatus*
		ニジハギ	*Acanthurus lineatus*
		ヒレナガハギ	*Zebrasoma veliferum*
	カマス科	オニカマス	*Sphyraena barracuda*

2. シガテラ毒魚の分布

シガテラ毒魚に系統的な関係がないとしても，何か共通性はないのだろうか。一見してわかるのは全種が熱帯の浅海に生息している魚類だということである(温帯にも分布する種もいる)。そして，多くのシガテラ毒魚はサンゴ礁をおもな生息場所にしていることに気づく。ウツボ科，ハタ科，フエダイ科，ブダイ科およびニザダイ科は典型的なサンゴ礁性魚類である(図1)。アジ科にはマアジやブリのように日本の温帯域を生息場所にする種もいるが，

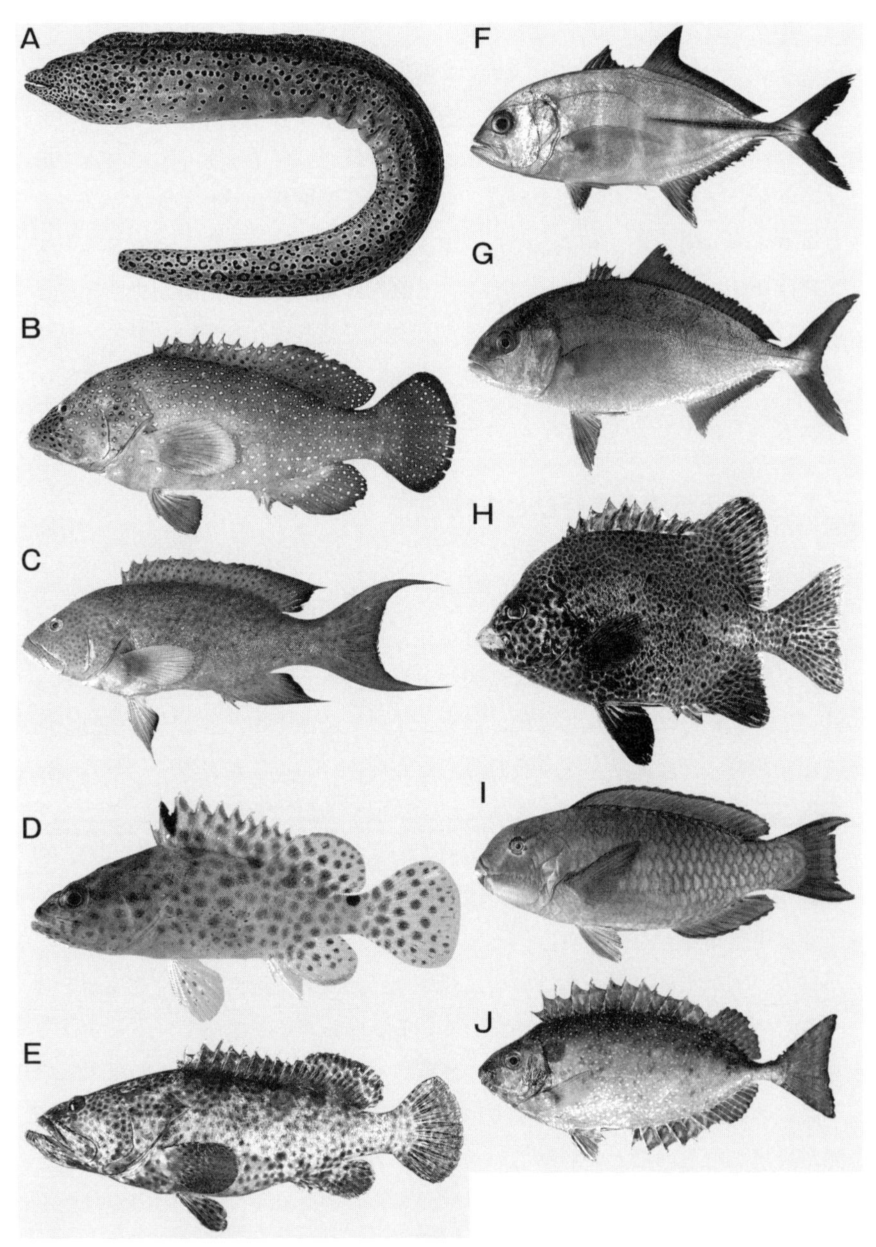

図1　シガテラ毒をもつ魚類（鹿児島大学総合研究博物館提供）。A：ニセゴイシウツボ，B：ユカタハタ，C：バラハタ，D：マダラハタ，E：ヒトミハタ，F：ロウニンアジ，G：カンパチ，H：イシガキダイ，I：ナンヨウブダイ，J：アイゴ

ギンガメアジやロウニンアジはサンゴ礁域にすんでいる。カンパチとヒラマサは日本の温帯域にも出現するが，熱帯域の沿岸にも生息している。ただし，サンゴ礁と特に深い関係をもっているわけではない。イシダイ科は日本ではイシダイによって代表されるため，岩礁域の魚と思われがちであるが，イシガキダイや外国のイシダイ類はサンゴ礁にも生息している。アイゴ科の大半の種はサンゴ礁に生息するが，アイゴは熱帯ばかりでなく，本州や四国などの温帯域の岩礁域にも出現する。また，藻場で見ることも多い。カマス科にはアカカマスのように温帯域に分布する種もいるが，多くの種はサンゴ礁域に生息する。オニカマスはサンゴ礁域にすむ大型の種である。

3. シガテラ毒魚の行動と食性

シガテラ毒をもつ魚類の生態について見てみよう。表1に含まれるウツボ科とハタ科に分類されている魚種は単独で生活している。群をつくることはない。また，これらの魚類は典型的な肉食魚であり，おもに魚類や甲殻類を食べる。アジ科に含まれる4種は群をつくって遊泳する。彼らも典型的な肉食魚である。また，フエダイ科の魚たちも群をつくることが多い。彼らも肉食魚であり，魚類や甲殻類を食べるが，幼魚や若魚の時代には動物プランクトンも食べる。イシダイ科の魚は数個体で泳いでいることはあるが，大きな群はつくらない。イシダイ科の魚は肉食魚で，固い殻をもったウニ類，貝類そして甲殻類などを食べる。

一方，ブダイ科の魚たちはおもにサンゴに共生する褐虫藻や付着藻類を食べる。サンゴ礁でブダイ類を観察しているとサンゴをかじっている姿をよく見かける。そして，サンゴそのものは消化できないので，ブダイ類は大量のサンゴの破片を肛門から排出する。サンゴ礁内部のサンゴ砂の多くはブダイ類が排出したものだといわれているほどである。ナンヨウブダイもほかのブダイ類と同様に大きな群をつくることはない。ナンヨウブダイの成魚はサンゴ礁の外縁にすみ，1個体の雄が数個体の雌を支配してハーレムをつくっている。食性もほかのブダイ類と同様で褐虫藻や付着藻類をおもに食べる。

アイゴ科には群をつくる種が多い。アイゴも群をつくる。アイゴは小型の糸状藻類や葉状藻類をおもに食べるが，小型の無脊椎動物も食べる。アイゴは雑食性の魚である。ニザダイ科には群をつくる種もいるが，数個体で行動する種もいる。表1に含まれている3種は大きな群はつくらない。これら3種はいずれも死んだサンゴの表面などから糸状藻類をはぎ取って食べる。また，小型の無脊椎動物も食べる。アイゴと同様に雑食性である。

カマス科の魚たちは大きな群をつくる。オニカマスも例外ではない。オニカマスは全長3mに達する大型魚であり，典型的な肉食魚である。魚類や頭足類，甲殻類を食べる。幼魚のときはマングローブ域などの汽水域に出現するが(図2)，成魚になるとサンゴ礁域にすむ。

整理してみるとシガテラ毒魚のおもな生息場所はサンゴ礁域であり，単独で生活するものがある一方で群をつくるものもいる。食性によって整理してみると，肉食性の魚類はウツボ科，ハタ科，アジ科，フエダイ科，イシダイ科およびカマス科である。ブダイ科，アイゴ科そしてニザダイ科は雑食性

図2　シガテラ毒をもつ魚類(鹿児島大学総合研究博物館提供)。A：サザナミハギ，B：ニジハギ，C：ヒレナガハギ，D：オニカマス(幼魚)

(藻類や植物を食べる割合が多い)である。おもしろいことに動物プランクトンをおもな餌としている魚は含まれていない。

シガテラ毒は付着性微細藻類がつくることがわかっているので，食物連鎖を介してさまざまな魚類に取り込まれると考えられる。藻類食の魚類の場合には，基質に生えている藻類に付着性微細藻類が付いていて，藻類といっしょに体内に取り込んでいる可能性が高いのではないだろうか。肉食性魚類がシガテラ毒をもつ場合には，ルートをたどることは難しくなる。付着性微細藻類から肉食性魚類に至るまでの食物連鎖には多くの生物が関与しているであろう。残念なことにシガテラ毒をもつ魚類の食性に関する詳細な研究は行われていない。シガテラ毒魚の食性分析が必要なことはいうまでもないが，藻類食の魚類から研究を始める方がよいであろう。なぜなら，肉食魚の場合には，食物連鎖をたどることは容易ではないからである。藻類食の場合には，餌としている藻類を大量に採取して分析することが可能である。

第4章 シガテラ毒

大城　直雅

1. 食中毒

「魚を食べて酔う」何とも奇妙な話であるが，筆者が沖縄で自然毒食中毒の検査業務を担当していたころ，保健所の食品衛生監視員に教えてもらった沖縄方言の直訳である。「酔う」と聞くと，食すれば酩酊感が味わえるのかと考えてしまうが，症状が軽い場合には節々の痛みや倦怠感といった「二日酔い」に似たものだという(安元，1972)。この「魚に酔う」と表現される食中毒が世界最大規模の魚類による食中毒，シガテラ(ciguatera)である。

シガテラの語源は，カリブ海に生息するciguaと呼ばれる巻貝による食中毒を指していたが，魚類による食中毒が含まれるようになった。さらに，熱帯・亜熱帯で発生する致死性の低い，自然毒を原因とする魚介類食中毒に総じて使われるようになった(安元，1972；Lehane and Lewis, 2000)。それから，シガテラに関する研究が進み，最近では原因物質であるシガトキシン類(ciguatoxins：CTXs)による魚類食中毒に限定されるようになり，英語ではciguatera fish poisoning(CFP：シガテラ魚類食中毒)と著されることが多い。

(1)発生状況

シガテラの主要な発生地域は太平洋からインド洋の熱帯・亜熱帯地域とカ

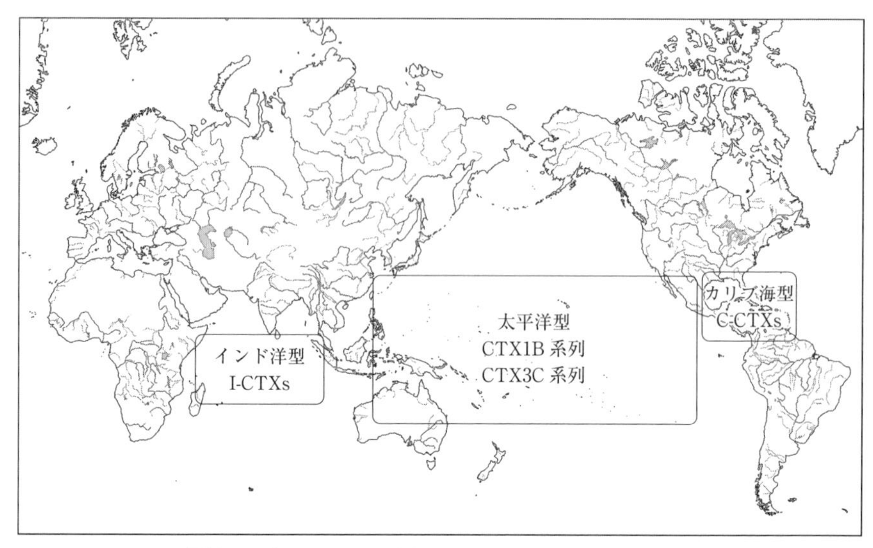

図 1　おもなシガテラ発生地域とシガトキシンのタイプ

リブ海である（図 1）。特にフィジー，フランス領ポリネシア，バヌアツ，キリバス，クック諸島，マーシャル諸島など南太平洋の島嶼国を中心に，毎年数万人の患者の発生が推定されている（Lehane and Lewis, 2000；Yasumoto, 2005；Friedman et al., 2008；Skinner et al., 2011）。

日本では，沖縄県と鹿児島県奄美地方が亜熱帯に属しており，南太平洋の島嶼国に比較して頻度は格段に低いものの恒常的に発生している地域である。特に，タンパク源として近海魚の占める割合が多いと考えられる，小さな離島に焦点を当ててみると，食中毒としての届出はないものの，比較的高頻度で発生している例もあり，注意が必要である（大城ら，2011）。

日本では，1989～2010 年の 22 年間に食中毒の届出に基づき厚生労働省へ報告されたシガテラは疑い事例も含めて 78 件で，毎年 1～8 件程度発生している（登田ら，2012）。一般に 5～10 倍の未報告事例が存在すると考えられているので，実態はかなり多いものと推測される。わが国でのシガテラ事例の 90％は沖縄県で発生しているが，本土での発生事例を見てみると，そのほとんどが熱帯・亜熱帯域で採捕され，もち込まれた魚によるものである。しかし，件数は少ないが本州から九州の太平洋沿岸で採捕されたイシガキダイ（*Oplegnathus punctatus*）による食中毒も散発的に報告されている。また，1967年に発生した，千葉県勝浦沖で漁獲された大型ヒラマサ（*Seriola lalandi*；*S. aureovittata*, 19.5 kg）による食中毒は，感覚異常や倦怠感，嘔吐，下痢などをともなうもので，患者らの症状や食品残品の動物実験の結果からシガテラとされている（Hashimoto and Fusetani, 1968）。原因となったヒラマサに加えて，同じ海域で採集したヒラマサの筋肉にも毒性が認められており，本州の沿岸域でも局所的に毒化している海域があるものと思われる。

(2)事例紹介

事 例 1

鮮魚店で購入したハタのあら汁と刺身（マグロとハマダイ）を夫婦2人で午後8時ごろに食べた。妻は食後30分ごろから唇の感覚に異常を感じ，翌日午前2時ごろから，嘔吐（4回），水様下痢（7回），脱力感，倦怠感などの症状が出たため，午前10時ごろに近くのクリニックを受診した。受診時に徐脈と血圧低下が認められたため，正午ごろに総合病院の救急センターへ搬送され入院となった。入院時の血圧は70 mmHg，脈拍は40回/分であった。夫は食後3時間半ごろから冷汗，水様性下痢（8回），腹痛（軽度），倦怠感，脱力感，温度感覚異常（ドライアイスセンセーション）などの症状が出ていたが，翌日には比較的軽い状態になっていた。夫も妻の入院時に，同じ医療機関で診察したところ血圧が低下していたため入院となった。夫婦ともに食後6日目に退院したが，7日目もドライアイスセンセーションと倦怠感の症状は継続していた。

この魚はバラハタ（*Variola louti*；体長40～50 cm，体重1.9 kg）で，患者は頭部と中骨などのあらを購入した。刺身を数人に販売したが，購入者からの苦情などは確認されなかった。あら汁に含まれていた魚肉を検査したところ，50 g程度食べると食中毒になる量（0.2 MU/g）のシガテラ毒が検出された（大城・佐久川，2009）。

事例 2

沖縄の離島にある居酒屋で女性とその夫，孫の 3 人が午後 7 時ごろに夕食を摂った。そこで魚のかまの煮付を注文し，夫と孫は一口程度で，ほとんどの部分を女性が食べた。帰宅後，特に異常も感じずに午後 8 時半ごろ 3 人は就寝した。翌日午前 3 時ごろ，女性は腹痛のため目を覚まし，トイレに行くが便は出なかった。しばらくすると再び腹痛があり，大量の水様便を排泄すると腹痛が治まったため就寝した。午前 6 時ごろ目覚めると，唇に我慢できる程度のしびれを感じ，それは日中継続していた。昨日のかまの煮付が美味しかったため，今度は女性一人で居酒屋に行き，かまの煮付を午後 7 時ごろ食べ，8 時ごろ就寝した。その翌日の未明に気分不良と吐き気で目が覚めたため，自ら吐こうとしたが，何も出なかったため就寝した。午前 6 時ごろ起床した際に，手，頭，唇のしびれを感じ，倦怠感やふらつきがあった。自宅で血圧を測定したところ，普段は高血圧であるにもかかわらず，100 mmHg 未満であった。また，冷水を口に含むと口のなかがジリジリとしびれ，入浴の際に頭や手が水に触れると痛みを感じた。そのため，島内の診療所を受診したところ，シガテラと診断，沖縄本島の総合病院へ紹介されたので，女性は飛行機とタクシーを乗り継いで，自力で総合病院の救急外来を受診し，入院となった。

原因となったバラフエダイ（*Lutjanus bohar*；11 kg）は島の港で漁獲されたもので，居酒屋で刺身とかまの煮付で提供された。居酒屋に残っていた頭部の肉から 100 g 程度で発症する量（0.1 MU/g）のシガテラ毒が検出された。摂食者は 27 人であったが，発症が確認されたのは女性一人だけで，かまの煮付を一口食べた女性の夫と孫，そして刺身を食べたほかの客から発症者は確認されなかった（大城・玉那覇，2007）。

事例 3

鹿児島の離島で，40 代と 70 代男性 2 名が島の近海に船で夜釣りへ出かけた。漁獲したハタ類やフエダイ類などを翌朝持ち帰り，ハタ類 1 尾とフエフキダイ類 1 尾は 40 代男性が，フエダイ類の 1 尾は 70 代男性が持ち帰った。

40 代男性は家族（妻と子供 2 人）とともに，ハタ類（55 cm）とフエフキダイ類のそれぞれ半身を調理し，刺身を各々10～15切れ，味噌汁を汁椀1杯程度摂食した。その2時間後から咽頭部に違和感があり，5～6時間後に下痢，嘔吐と四肢のしびれなどの症状が出てきた。男性は大量の発汗，全身の脱力感，血圧の低下(84/48 mmHg)と徐脈(36回/分)により自力で歩けない状態に陥ったため，救急搬送された。家族のなかでこの男性が最も症状が重かったが，妻は3日間の安静を必要とし，子供らは学校を1週間休んだ。全員に1か月程度ドライアイスセンセーションや四肢の脱力感，頭痛などの症状が継続した。マウス毒性試験の結果，ハタ類から50 g程度で発症する量(0.2 MU/g)のシガテラ毒が検出された。漁獲時に撮影された画像から，体表が黄色味をおびた赤色で，薄い青色の斑紋が一面にあり，ひれの縁が黄色であるなど，バラハタの特徴が確認され，ミトコンドリアDNA(mtDNA)の16SリボソームRNA(rRNA)後半領域の塩基配列もバラハタのそれと一致したことから，原因魚種はバラハタと同定した。

70代男性は，フエダイ類を刺身で摂食した。その5時間後から下痢と四肢の冷感が出てきたため，診療所を受診したところ，血圧の低下(94/40 mmHg)と徐脈(50回/分)が認められたため救急搬送された。3日間で下痢による脱水症状は改善したが，ドライアイスセンセーションや下肢の脱力感などの症状が1か月程度継続した。刺身の残品から12.5 g程度で発症する量(0.8 MU/g)のシガテラ毒が検出された。残されていた皮は橙色をおび，尾部に近い側線上に小さな黒班があることなど，イッテンフエダイ(*Lutjanus monostigma*)の特徴が確認され，mtDNAの16S rRNA後半領域の塩基配列もイッテンフエダイのそれと一致したことから，原因魚種はイッテンフエダイと同定された(大城ら，2011)。

2. シガテラ毒の化学と産生生物

(1)シガテラ毒の化学

シガテラの原因物質であるシガトキシン(ciguatoxin：CTX)は，ハワイ大学のScheuerのグループによるCTXの単離と化学的性状に関する報文のなかで命名された(Scheuer et al., 1967)。しかし，当時は，得られた量が少なく，部分構造として不純物由来と考えられる「脂質を含む四級窒素やカルボニル基の存在」を示唆するなど，精製度が十分とはいえず，長期にわたりその構造が解明されない状態が続いていた。CTXsは脂溶性で，毒性が強く，魚体中には極微量(～数ng/g程度)しか含まれていない。そのため，海洋天然物化学の父と呼ばれたSchererのグループでさえ，当時の技術で脂質に紛れたCTXsを単離精製するのは非常に困難であったことがうかがえる。

その後，安元らはタヒチの研究グループの協力を得て，10年以上の歳月をかけて南太平洋の島々でドクウツボ(*Gymnothorax javanicus*)を4t採集し，その内臓124kgから毒性物質を抽出・精製した(Legrand et al., 1989)。その結果，わずか0.35mgのCTX1B(図2)を単離し，当時の構造解析技術を駆使して，その構造を決定することに成功した(Murata et al., 1989；1990)。124kgの内蔵から得られたのが0.35mgであるので，2.8μg/kgの収率であり，精製の過程でのロスを考慮しても，いかに含量が少ないかおわかりいただけると思う。

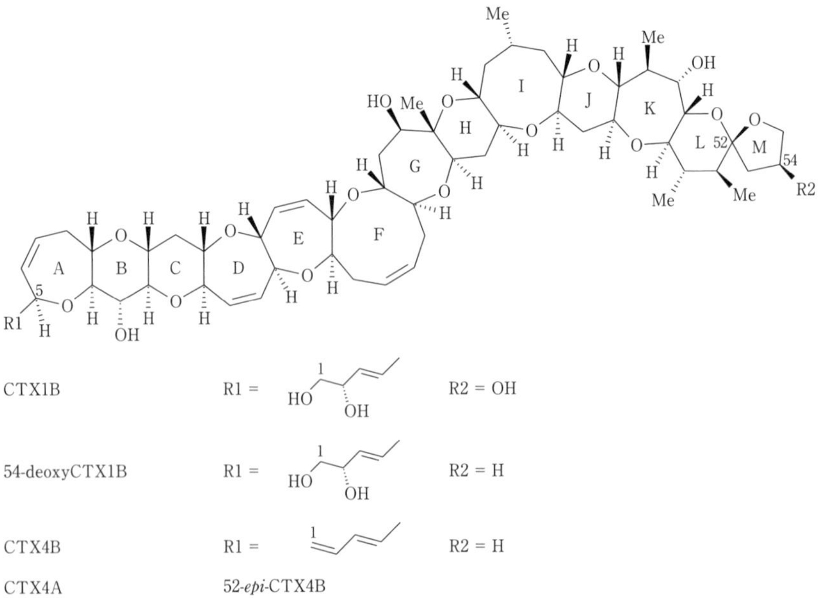

CTX1B　R1 =　HO, 1, OH　R2 = OH

54-deoxyCTX1B　R1 =　HO, 1, OH　R2 = H

CTX4B　R1 =　1　R2 = H

CTX4A　52-*epi*-CTX4B

図2　CTX1B系列の構造式

さらに，ブダイの仲間 *Chlorurus gibbus*（*Scarus gibbus*）や，シガトキシン類の産生者である付着性渦鞭毛藻 *Gambierdiscus toxicus* の培養藻体から CTX4A，CTX4B，54-deoxyCTX1B，52-*epi*-54-deoxyCTX1B，CTX3C，2,3-dihydroxyCTX3C，51-hydroxyCTX3C などの類縁体（図2，3）が次々と単離構造決定された（Murata et al., 1990；Satake et al., 1997；1998；Vernoux and Lewis, 1997）。現在，太平洋型の CTXs は基本骨格の違いにより，CTX1B 系列と CTX3C 系列の2タイプに分類され，20以上の類縁体が報告されている（Yasumoto et al., 2000）。なお，*G. toxicus* が産生する有毒成分として報告されていたガンビエールトキシン 4B（GTX4B：gambiertoxin-4B,）は，CTX1B の前駆体であることから CTX4B に名称が変更されている（Murata et al., 1990；Satake et al., 1997）。また，ブダイ類の有毒成分として報告されていたスカリトキシン（scaritoxin）は CTX4A と CTX4B の混合物であることが確認されている（Satake et al., 1997）。

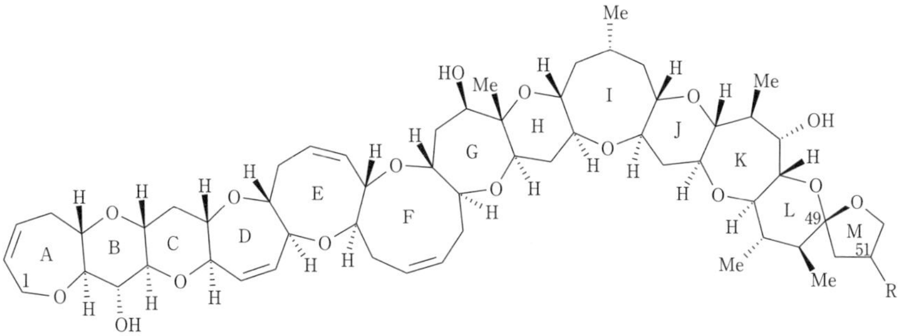

CTX3C　R = H
51-hydroxyCTX3C　R = OH
2,3-dihydroxyCTX3C　R = H
2,3,51-trihydroxyCTX3C　R = OH

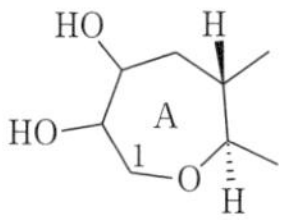

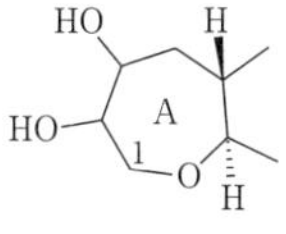

図3　CTX3C 系列の構造式

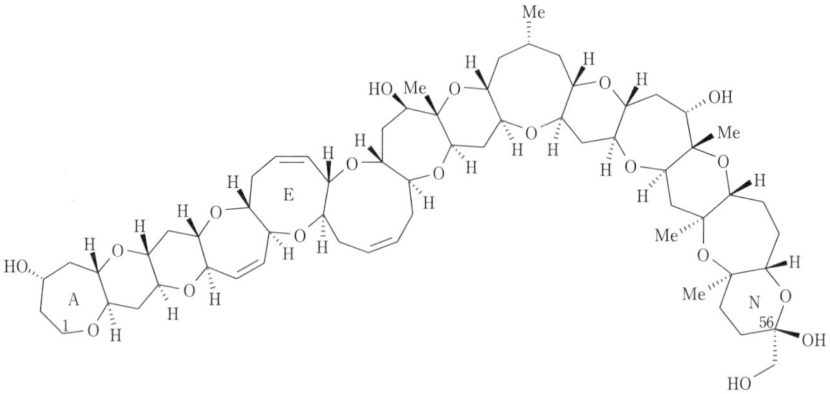

図 4　C-CTX-1 の構造式。C-CTX-2 は，56-*epi*-C-CTX-1 である。

一方，カリブ海からはカリビアン・シガトキシン（Caribbean ciguatoxin：C-CTX）-1～4，インド洋からはインディアン・オーシャン・シガトキシン（Indian Ocean ciguatoxin：I-CTX）-1～4 が報告されており，そのうち C-CTX-1 と C-CTX-2 の構造（図 4）が明らかにされている（Lewis et al., 1998）。

CTXs の名称は，研究者によって異なることがあるが，本章では Yogi et al.（2011；2014）に準じた表記とし，そのほかの名称については異名として表 1 にまとめた。この命名法では，CTX の後の数字は逆相クロマトグラフィーの溶出順位を示し，数字の後の A と B は M 環の立体配置を示している。CTX1B の場合，1 番目に溶出し，M 環を構成する酸素（O）が手前にくるような環の配置になっている（図 2）。また，CTX4A の場合は 4 番目に溶出し，CTX1B（または CTX4B）とは M 環が連結の向きが異なり，酸素が奥側になるような配置になっている（図 2）。

(2) シガテラ毒の産生生物

シガテラの原因となる魚は，後述のとおり海域や大きさによって毒性が異なり，また個体差も大きいため，その原因は外因性の物質によるもので，食物連鎖によって伝搬されるものと考えられてきた。いくつかの生物が産生者の候補として挙げられたが，フランス領ポリネシアのガンビエール諸島

表1　代表的なシガトキシン類。名称は Yogi et al.(2011；2014)に従った。スカリトキシン(scaritoxin)は，CTX4A と CTX4B の混合物である。

化合物名	異　名	分子量	マウス致死毒性	文　献
CTX1B		1110.6		Satake et al. (1997b)
	CTX		0.5 mg/kg	Scheuer et al. (1967)
			0.4 μg/kg	Legrand et al. (1989)
			0.35 μg/kg	Murata et al. (1990)
	CTX1		0.25 μg/kg	Lewis et al. (1991)
	P-CTX1			Vernoux and Lewis (1997)
54-deoxyCTX1B		1095.5		
	CTX-3		0.9 μg/kg	Lewis et al. (1991)
	P-CTX3			Vernoux and Lewis (1997)
52-*epi*-54-deoxyCTX1B		1094.5		
	CTX-2		2.3 μg/kg	Lewis et al. (1991)
	P-CTX2			Vernoux and Lewis (1997)
CTX4A		1060.6	2 μg/kg	Satake et al. (1997a)
	P-CTX4A			Vernoux and Lewis (1997)
	scaritoxin			
CTX4B		1060.6		Satake et al. (1997b)
	GTX4B		4 μg/kg	Murata et al. (1990)
	P-CTX4B			Vernoux and Lewis (1997)
	scaritoxin			
CTX3C		1022.6	1.3 μg/kg	Satake et al. (1993)
	P-CTX3C			Vernoux and Lewis (1997)
51-hydroxyCTX3C		1038.6	0.27 μg/kg	Satake et al. (1998a)
2,3-dihydroxyCTX3C		1056.6	1.8 μg/kg	Satake et al. (1998a)
Caribbean ciguatoxin-1 (C-CTX-1)		1140.7	3.6 μg/kg	Vernoux and Lewis (1997)
Caribbean ciguatoxin-2 (C-CTX-2)		1140.7	～ 1 μg/kg	Vernoux and Lewis (1997)
Indian Ocean ciguatoxin-1 (I-CTX-1)		1140.6		Hamilton et al. (2002a)
Indian Ocean ciguatoxin-2 (I-CTX-2)		1140.6		Hamilton et al. (2002a)
Indian Ocean ciguatoxin-3 (I-CTX-3)		1156.6		Hamilton et al. (2002a)
Indian Ocean ciguatoxin-4 (I-CTX-4)		1156.6		Hamilton et al. (2002a)

(Gambier Islands)沿岸にある高度に毒化した海域で，シガテラの主要な原因魚種であるサザナミハギ(*Ctenochatus striatus*)の消化管内にディスク状の微細な藻類が多く含まれていることが確認された。さらに，同海域では港の造成のために浚渫され，サンゴ礁が破壊された跡に石灰藻 *Jania* sp. が繁茂していた。その表面にはサザナミハギの消化管から発見されたものと同じ微細藻が表面を覆うように付着しているのが確認され，シガテラ毒の産生生物である

と推測された(Yasumoto et al., 1977)。後にこの微細藻は新種の付着性渦鞭毛藻であることが明らかにされ，*G. toxicus* と命名された(Adachi and Fukuyo, 1979)。この *G. toxicus* の大量培養物には CTXs と化学的挙動が類似した有毒物質が含まれることが明らかになり，ガンビエールトキシン(GTX4A および GTX4B)と仮称された。この抽出物の精製を進め，単離し，解析した結果，CTX1B の前駆体と考えられる構造を有することが明らかになり，CTX4A(GTX4A)および，CTX4B(GTX4B)と改称された。このことにより，*G. toxicus* が産生した CTXs(GTXs)が食物連鎖によって魚類に伝搬されることが証明された(Murata et al., 1990)。*Gambierdisucus* 属は形態や遺伝子配列を基に分類が検討され，これまでに *Gambierdiscus belizeanus*，*Gambierdiscus yasumotoi*，*Gambierdiscus polynensis* など 10 種以上が記載されており，そのうち *G. polynensis* などは CTXs を産生することが確認されている(Chinain et al., 2010)。

渦鞭毛藻が産生した CTX4A および CTX4B は，食物連鎖の過程で A 環側鎖が酸化されそれぞれ，52-*epi*-54-deoxyCTX1B，54-deoxyCTX1B に変換される。さらに M 環部分が酸化されると CTX1B になる(図 2)。同様に CTX3C は，2,3-dihydroxyCTX3C，51-hydoroxyCTX3C，2,3,51-trihydroxyCTX3C に変換される(図 3)。これらの CTXs は酸化されるとともに，毒性が強くなり，たとえば CTX4A に比べ CTX1B では 10 倍程度も毒性が強くなる(表 1)。

(3) シガテラ毒(CTXs)の分析法

これまで，シガテラ毒の分析法(検査法)として一般的に使われてきたのがマウス毒性試験法(マウス法)で，日本でも公定法に準じる方法として位置づけられている(佐竹，2005)。これは，魚肉試料などから，有機溶媒による抽出，液・液分配などの操作を経て調製した抽出物をマウスの腹腔内に投与して，24 時間以内の生死で「シガテラ毒」の有無を判定するものである。マウス法は，試料中に含まれ毒性の異なる CTXs を毒性の総量(「シガテラ毒」)として分析するものであり，結果は MU(mouse unit：マウス単位)で表される。シガテラ毒の 1 MU は，体重 20 g のマウス(雄)を 24 時間で死亡させる毒量として定義されており，1 MU は CTX1B 7 ng に相当する。マウス法は感度が悪く(0.025 MU/g：CTX1B に換算すると 0.175 ng/g)，大量(120 g 以上)の試料を使用するため，食中毒の残品や小型の魚類など試料量が少ない場合には，分析に必要な量が確保できないことも多い。また，時間を要する(判定までに2日以上)，選択性が悪い(ほかの共存物質の影響を受ける)，結果にばらつきが多いことなどに加えて，動物実験に対する倫理上の問題があることなどから，代替法の開発が望まれている。

マウス法の代替法として，これまでCTXsの作用に基づいた毒性を測定する方法，抗体を用いた免疫学的手法による方法，そしてHPLC(高速液体クロマトグラフィー)による方法が検討されてきた。

毒性(生理活性)を測定する方法としては，ナトリウムチャネル毒を特異的に検出することが可能な細胞毒性試験法とCTXsが特異的に結合するナトリウムチャネルの特定部位(site 5)に対する結合を見るレセプターバインディング法がある。細胞毒性試験法は，マウス神経芽腫由来の Neuro2A 細胞を用いたもので，Na^+/K^+-ATP アーゼ阻害剤であるウアバインと，ナトリウムチャネルの活性化剤であるベラトリジンを添加した際の細胞死によって，チャネル毒の毒性を測定する(Yasumoto et al., 1995；Manger et al., 1995)。この方法は感度よくCTXs検出できるが(数 pg/mL)，分析に備えて細胞を維持する必要があるため，専門機関での分析には向いているが，一般的な検査施設などへの普及は困難と思われる。レセプターバインディング法は，CTXsの作用が電位依存性ナトリウムチャネルの site 5 に特異的に結合し，チャネルを活性化するという作用に基づくものである。ラット脳から調製したシナプトソームにはナトリウムチャネルが多く発現しており，これに分析試料と標識化したCTXs(またはブレベトキシン)を反応させる。試料中に含まれるCTXsと標識化物質がチャネルへの結合で競合するため，チャネルに結合した標識化物質の量によって試料中に含まれるCTXsの総量を測定するものである(Poli et al., 1997；Bottein Dechraoui et al., 2005)。この方法は感度を得るために放射性同位体を使用しており，極めて限定された施設でしか実施できないため，蛍光誘導体化による高感度検出法開発の取り組みがなされている(McCall et al., 2014)。

抗体を用いた簡易分析法としてキットが開発され販売されていたが，その妥当性が証明できなかったこともあり，現在では販売中止となっている。複雑で巨大な構造をもつCTXsだが，2000年代に入ってCTX3C，51-hydroxyCTX3C，CTX1Bの有機化学合成が達成された(Hirama et al., 2001；Inoue et al., 2006)。これらの反応中間体を用いての左側(A～E環)部分と右側(I～M環)部分をそれぞれ特異的に認識する抗体が調製された。左側を認識する抗体として3G8と10C9，右側を認識する抗体として8H4と3D11があり，CTXsを両側から挟むような形で結合する。左右の抗体の組み合わせにより，CTX1B，54-deoxyCTX1B，CTX3Cおよび，51-hydroxy-CTX3Cの4物質をサンドイッチELISA法によって検出することができる。この方法でCTX1B，CTX3Cおよび51-hydroxyCTX3Cをそれぞれ0.28，0.8および0.01 ng/mLまで検出でき(Tsumuraya et al., 2014)，実用化のための開発に期待がかかっている。

HPLCによる方法としては，HPLCで分離したものを質量分析計(MS)で検出するLC-MSによる分析が主流になりつつある。Lewis et al.(1999)はトリプル四重極型，Wu et al.(2011)はQTRAP型のLC-MSを用いたCTX1Bの分析法を検討し，0.05～0.1 ng/g程度までの高感度分析を達成した。一方，Yogi et al.(2011；2014)は，トリプル四重極型のLC-MSを用いたCTXs 13物質の一斉分析法を開発した。この分析法の感度は，検出限界が0.004～0.01 ng/mL，定量限界が0.02～0.04 ng/mLであったが，試料の濃縮や前処理を検討することで，より高感度化が期待できる。

今後はマウス法の代替法として，細胞毒性試験法，レセプターバインディング法，ELISA法，LC-MS法が目的に応じて使用されることとなると考えられるが，すべての分析法に共通する最重要課題が標準品供給体制の構築である。現在，CTXsで市販されているのは，研究的に合成されたCTX3Cだけで，おもに天然試料から抽出・精製されたものが使用されている。そのため，研究室による標準品の純度や値付けにばらつきがあることが予想されるため，基準として位置づける標準物質の作出が必要である。

3. シガテラ毒の性状，作用

シガトキシン類は，分子量が1,000を超える脂溶性の梯子状ポリエーテル構造をもつ天然物有機化合物である(図2～4，表1)。アセトンや，ジエチルエーテル，クロロホルム，メタノールなどの有機溶媒によく溶けるが，ヘキサンや水にはほとんど溶けない。また，比較的安定な化合物なので，通常の調理による加熱や，冷凍などによる長期保存でも毒性に変化はない。

CTXsは，電位依存性ナトリウムチャネルの受容体(site 5)に特異的に結合し，チャネルを活性化する。そのため，細胞へのナトリウムイオンの流入が促進され，膜電位，神経伝達物質の放出などに影響を及ぼす。CTXsの毒性はチャネルの受容体への親和性に依存するものと考えられており，チャネルをブロックするテトロドトキシンと拮抗することが知られている(Nicholson et al., 2006；Caillaud et al., 2010)。なお，CTXsが結合するsite 5には，神経性貝毒のブレベトキシン群も特異的に結合し，チャネルを活性化することが知られている(Lombet et al., 1987)。

シガテラの致死率は極めて低いが，多彩な臨床症状をもたらし，それらは消化器系，循環器系，神経系に大きく分けられる。軽症例では通常1週間以内に症状が治まるが，重症例では数か月または年単位で症状が継続することもある(Friedman et al., 2008；比嘉ら，1999；仲里ら，2013)。

消化器系の症状は，いわゆる食あたりのようなもので，吐き気，腹痛，嘔吐，下痢などが，比較的短時間(食後数時間)で現れる。重症例では，数か月にわたり不調をともなうこともある。

循環器系の症状は，発症率は低いとされているが重篤な症状であり，救急診療の受診や救急搬送される患者に占める割合は高い。血圧低下や徐脈により，意識が朦朧とし，ショック状態に陥る例や，失神をきたす事例もあり，アトロピンやカテコラミン製剤による治療が必要となることもある(比嘉ら，1999；徳田・雨田，1999；仲里ら，2013)。

神経系の症状はシガテラに特徴的であり，長く継続するもので，温度感覚の異常，疼痛，掻痒，倦怠感，関節痛，歯痛，しびれなどが挙げられる。なかでも温度感覚異常はシガテラを特徴づける症状で，「冷たい」刺激に対して，電気的刺激のような痛みや，「ビリビリ」と感じるため，ドライアイスセンセーションとも呼ばれる。しかし，冷たいものに触れるまで気づかないこともあるため，シガテラが疑われる際には，冷水や氷を口に含ませたり，口唇に触れさせたりするなどして，温度感覚異常の発症を確認する必要がある（比嘉ら，1999）。

4. シガテラ毒の分布

(1)原因魚種

シガテラの原因となった魚は，外見やにおい，味に異常は認められず，摂食前に毒性を判断するのは困難である。また，毒性は個体差が大きく，たとえ小さな島でも採取海域によって毒性が異なる。実際に沖縄の離島で漁師へ聞取りを行うと，「島の西側の根は危ないが，南側は大丈夫だよ」などという話がよく聞かれる。また，「やっぱり，あそこの魚はダメだな。この前食べたら，あたったよ」という話もたまに聞こえてくる。このように，同じ魚種でもすみついている海域によって，毒性が大きく異なることから，これらの魚種の生活範囲はある程度限られているものと推定される。

シガテラの原因となる魚種は400種以上にも及ぶとされているが，食中毒の原因となる頻度が高いのは，その一部である。最も毒性が強いと認識されているのが，ドクウツボで，前述のとおり原因物質（CTXs）探索の際に材料とされた（Scheuer et al., 1967；Legrand et al., 1989；Lehane and Lewis, 2000；Yasumoto, 2005）。主要な原因魚としては，カマス科（Sphyraenidae）のカマス属（*Sphyraena*），ブダイ科（Scaridae）のアオブダイ属（*Scarus*），ハタ科（Serranidae）のマハタ属（*Epinephelus*），バラハタ属（*Variola*），スジアラ属（*Plectropomus*），フエダイ科（Lutjanidae）のフエダイ属（*Lutjanus*），アジ科（Carangidae）のブリ属（*Seriola*），サバ科（Scombridae）のサワラ属（*Scomberomorus*）などに属する種が挙げられる。食中毒はおもに筋肉部の摂食で発生しているが，内臓や頭部，舌などの毒性が高いとされている（Lehane and Lewis, 2000；Yasumoto, 2005；Friedman et al., 2008）。

日本で食中毒として届出(1989～2010年)があったシガテラの主要な原因魚種はハタ科のバラハタ，フエダイ科のイッテンフエダイ，バラフエダイであり，この3種で全体の5割を占める(登田ら，2012)。これら3種を含めて，食中毒事件として届出があった魚種を表2に示したが，ここで気をつけないといけないのは，種同定の正確さである。食中毒事例においては，原因食品の残品が残っていないことも多い。また，たとえ残っていたとしても，同定

表2　日本で発生したシガテラの原因魚種(疑いも含む)(登田ら，2012を改変して作成)。追加した魚種の出典は備考欄に記載している。太字は代表的原因魚種。この3種で全体の半数を占める。

科　名	和　名	学　名	備　考
フエダイ科	**バラフエダイ**	***Lutjanus bohar***	
	イッテンフエダイ	***Lutjanus monostigma***	
	ゴマフエダイ	*Lutjanus argentimaculatus*	
	ニセクロホシフエダイ	*Lutjanus fulviflamma*	
	フエダイ(ホシフエダイ)	*Lutjanus stellatus*	
	ヒメフエダイ	*Lutjanus gibbus*	
ハタ科	**バラハタ**	***Variola louti***	
	オジロバラハタ	*Variola albimarginata*	
	アカマダラハタ	*Epinephelus fuscoguttatus*	
	マダラハタ	*Epinephelus polyphekadion*	
	ヒトミハタ	*Epinephelus tauvina*	Fusetani et al. (1987)
	アズキハタ	*Anyperodon leucogrammicus*	
	オオアオノメアラ	*Plectropomus areolatus*	
	コクハンアラ	*Plectropomus laevis*	
	アオノメハタ	*Cephalopholis argus*	
	イトヒキフエダイ	*Symphorus nematophorus*	Hashimoto et al. (1975)
イシダイ科	イシガキダイ	*Oplegnathus punctatus*	
アジ科	ロウニンアジ	*Caranx ignobilis*	推定
	ヒラマサ	*Seriola lalandi*	Hashimoto and Fusetani (1968)
	カンパチ	*Seriola dumerili*	山中(1986)
ウツボ科	ゴマウツボ	*Gymnothorax flavimarginatus*	
	種不明		
ブダイ科	カンムリブダイ	*Bolbometopon muricatum*	
ニザダイ科	種不明		

に必要な外部形態の特徴が確認できない例がほとんどである。調理前の魚の画像などが残されていれば，それをもとに，魚類分類の専門家に同定を依頼することも可能であるが，それもできない場合には，図鑑などを用いた患者への聞取り調査に基づいて，魚種を同定(推定)する。正確な種同定は，シガテラに限らず自然毒食中毒の対策をはかる上で重要であるが，同定について正確さが十分でない場合は「疑い」として処理される。「疑い」としての処理は大まかな魚の種類を把握する上で意義のあることであるが，近縁種との鑑別や，新たな魚種の出現などを見逃す恐れがある。そのため，最近では，外部形態による種同定が困難な事例においては，遺伝子学的手法が用いられるようになってきた(大城ら，2011；與儀ら，2013)。

(2)魚の有毒率

さて，シガテラ魚と呼ばれる魚種やその関連種の毒性はどの程度なのだろうか。筆者らはCTXsの分析法を検討するに当たり，有毒試料を確保するために，フエダイ科4種とハタ科3種の合計612個体について，マウス毒性試験法による毒性評価を行った(表3)(Oshiro et al., 2010)。シガテラの代表的原因魚種であり，漁師の間でも危険性が高いと認識されているバラフエダイ，イッテンフエダイ，バラハタおよびアカマダラハタ(*Epinephelus fuscoguttatus*)

表3　沖縄近海魚のシガテラ毒性試験の結果

和　名	学　名	試料数(個体)	有毒数(個体)	有毒率(%)
フエダイ科				
バラフエダイ	*L. bohar*	168	20	11.9
ゴマフエダイ	*L. argentimaculatus*	35	0	0.0
イッテンフエダイ	*L. monostigma*	226	73	32.3
クロホシフエダイ	*L. russellii*	74	2	2.7
ハタ科				
バラハタ	*V. louti*	49	7	14.3
オジロバラハタ	*V. albimarginata*	36	1	2.8
アカマダラハタ	*E. fuscoguttatus*	24	5	20.8
合　計		612	108	

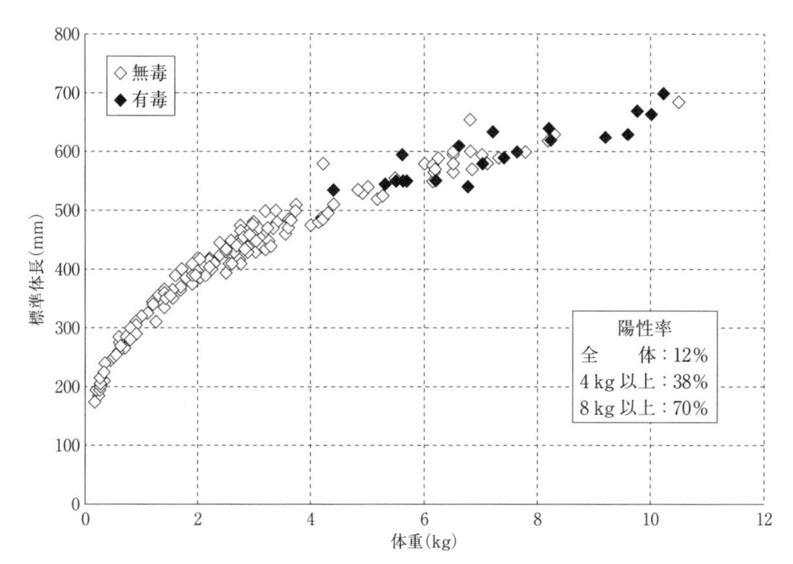

図5　沖縄近海産バラフエダイの標準体長－体重の相関とシガテラ毒性(Oshiro et al., 2010を一部改変)

は有毒率が11.9～32.3%と高い割合を示していた。一方で，これらの近縁種であるゴマフエダイ(*Lutjanus argentimaculatus*)は35個体すべてが無毒であり，クロホシフエダイ(*Lutjanus russellii*；2.7%)とオジロバラハタ(*Variola albimarginata*；2.8%)の有毒個体の割合は低かった。

また，成長とともに有毒率が上がる傾向があり，たとえばバラフエダイの場合，4 kg未満の個体はすべて無毒であった。逆に4 kg以上に限定したときの有毒率は38%に上昇し，さらに8 kg以上に限定すると70%に及んだ(図5；Oshiro et al., 2010)。同様の傾向はイッテンフエダイおよびバラハタにも認められ，有毒個体が確認されたのは，それぞれ0.6 kg以上および1.5 kg以上であった(図6，7；Oshiro et al., 2010)。これらの結果は，大型肉食魚の危険性が高いとされてきたことを裏づけている。

(3)海域によるCTXs組成の違い

CTXsは海域によって，太平洋型，カリブ海型，インド洋型と海域によってタイプが異なることが示されており(Lehane and Lewis, 2000)，そのうち太平

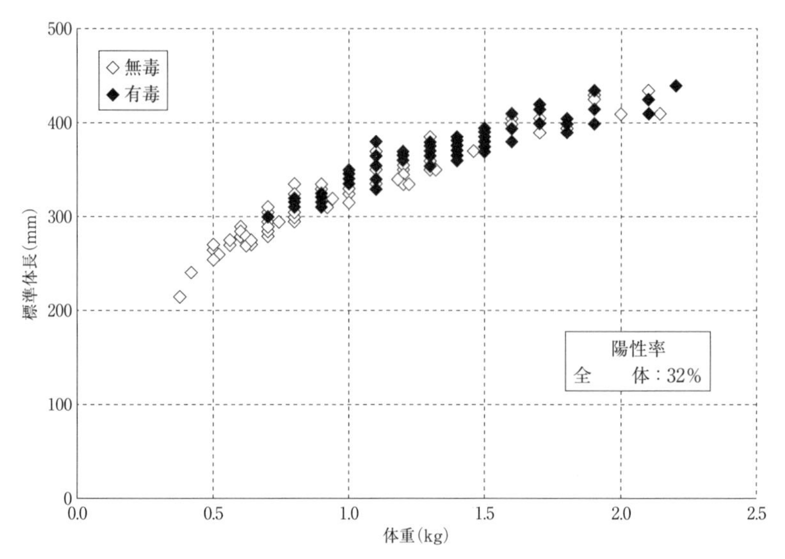

図 6 沖縄近海産イッテンフエダイの標準体長－体重の相関とシガテラ毒性(Oshiro et al., 2010 を一部改変)

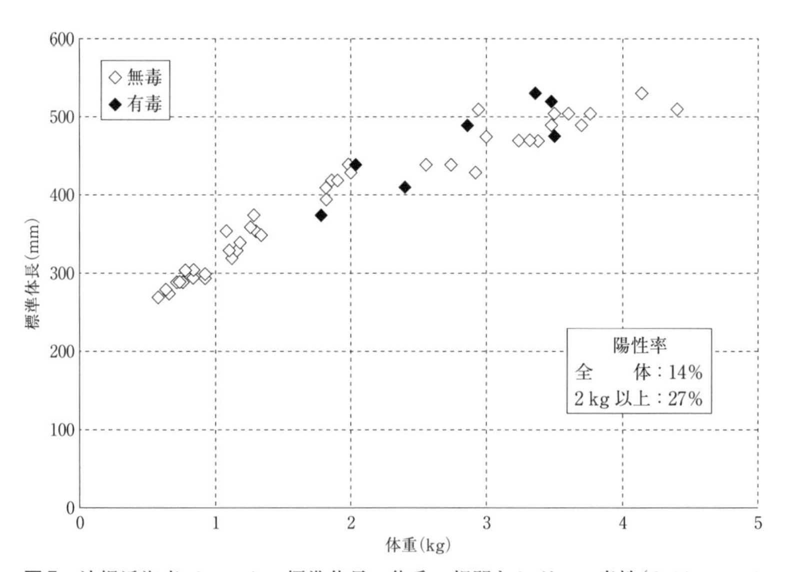

図 7 沖縄近海産バラハタの標準体長－体重の相関とシガテラ毒性(Oshiro et al., 2010 を一部改変)

洋型にはCTX1B系列とCTX3C系列が存在する(図1)。

渦鞭毛藻が産生したCTX4AやCTX4Bは，食物連鎖の過程で代謝(酸化)され，最終的にドクウツボなどの食物連鎖の頂点にいる魚の体内ではCTX1Bという最も毒性の強い物質として存在すると考えられてきた。では，実際にシガテラ魚と呼ばれる魚に含まれるCTXsはどのような形態なので

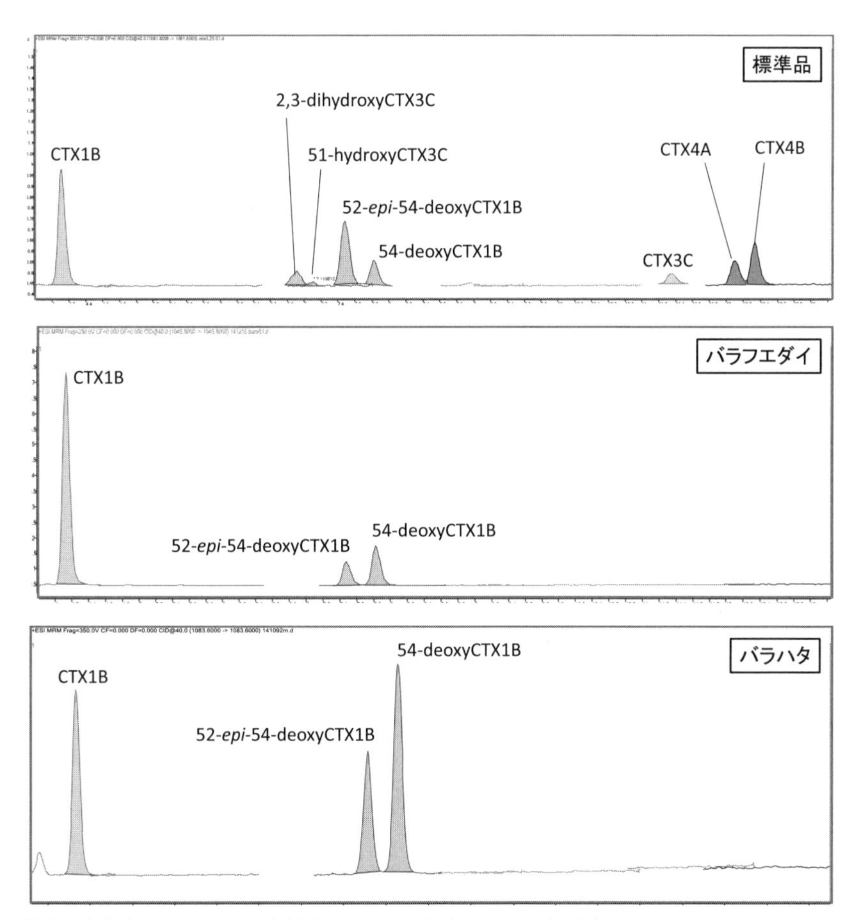

図8　沖縄産バラフエダイ(中)とバラハタ(下)のCTXs組成(LC-MS/MSクロマトグラム)。検出されたのはCTX1B系列だけで，CTX3C系列は検出されない。また，渦鞭毛藻が産生するCTX4AおよびCTX4Bの溶出位置(クロマトグラムの右端)にピークは認められない。

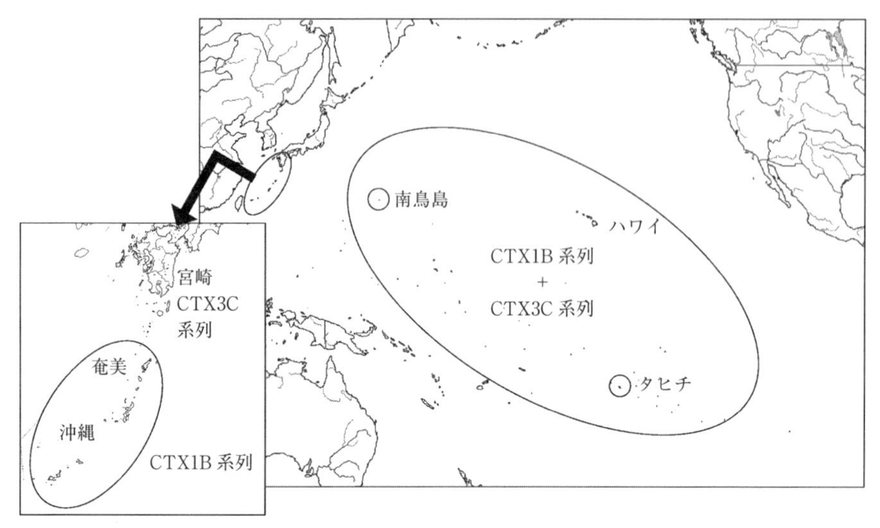

図 9　太平洋型シガトキシンの地域による組成の違い

あろうか。有毒魚に含まれる CTXs の量は 0.1～数 ng/g(ppb)と極微量で，標準品の入手が極めて困難なこともあり，分析に支障をきたしていたが，最近になって分析機器の性能の向上もあり CTXs の機器分析が可能となってきた。沖縄産のシガテラ魚を分析したところ，含まれるのは CTX1B や 54-deoxyCTX1B などの CTX1B 系列だけであり，CTX3C 系列は検出されなかった(図 8)。一方で，宮崎産のイシガキダイからは CTX3C 系列のみが検出され，南鳥島産のバラフエダイからは両系列の CTXs が検出された(Yogi et al., 2011；2014)。さらに，仏領ポリネシア産の *G. toxicus* や魚類(*C. gibbus*，バラフエダイ，ドクウツボ)試料(Yasumoto et al., 2000)や，ハワイで食中毒の原因となったカンパチ(*Seriola dumerili*)試料(Yogi et al., 2014)からも南鳥島産試料と同様に CTX1B 系列と CTX3C 系列の 2 系列が検出されている(図 9)。

CTX1B 系列と CTX3C 系列は基本骨格が異なっており，このことから，沖縄近海の渦鞭毛藻は CTX4A および CTX4B(CTX1B 系列)だけを産生し(沖縄型)，宮崎沿岸の渦鞭毛藻は CTX3C(CTX3C 系列)だけを産生していることが推定される(宮崎型)。また，南鳥島やハワイ，仏領ポリネシアでは沖縄型と宮崎型の渦鞭毛藻が共存，あるいは，CTX1B系列とCTX3C系列の両方を産生する渦鞭毛藻が生息していることが推定される（Yogi et al., 2014）。これらのことから，太平洋におけるシガテラについても，地理的に沖縄型（CTX1B系列主体），宮崎型（CTX3C主体），そしてCTX1B系列とCTX3C系列の混合型の3つに分かれる可能性が示唆される。

(4)魚種によるCTXs組成の違い

沖縄産のシガテラ魚を分析するなかで，魚種によるCTXs組成の特徴が明らかになりつつある。フエダイ科のバラフエダイやイッテンフエダイではCTX1Bが主要なCTXs成分として検出されているが，ハタ科のバラハタでは代謝の一段階手前の54-deoxyCTX1Bや52-*epi*-54-deoxyCTX1Bの占める割合が多くなっており，毒性への寄与も大きいと考えられる（図8）。これらの肉食魚からは渦鞭毛藻が産生するCTX4AやCTX4Bは検出されなかった（図8）。また，イシガキダイの場合では，渦鞭毛藻が産生するCTX4AやCTX4BがCTX1Bや54-deoxyCTX1B，52-*epi*-54-deoxyCTX1Bとともに検出されている（Yogi et al., 2014）。

イシガキダイがCTX4AやCTX4Bを保有するのは，貝類やウニ類などの藻食性の動物を餌とするため，つまり食物連鎖の代謝のなかで，より渦鞭毛藻に近い生物を（もしくは間接的に渦鞭毛藻自体を）摂食しているからだと推測できる。では，フエダイ科やハタ科の場合はどうであろうか。大きさや生息域の似通った近縁種であっても，有毒であったり無毒であったりと，毒の保有状況が異なる（表2）。その要因としては，餌となる生物種，魚自身の代謝あるいは蓄積能の違いなど，いくつかの可能性が考えられる。

前述のとおり，沖縄で発生するシガテラの原因魚種はほとんど肉食魚である。シガテラが多発しているフランス領ポリネシアでは，サザナミハギやブダイといった藻食魚がシガテラの代表的な原因魚として位置づけられている。この違いは，原因となる渦鞭毛藻の生息密度の違いによるものと考えることができる。すなわち，沖縄（阿嘉島）での*G. toxicus*の分布密度が最高で51 cell/g（Koike et al., 1991）であるのに対し，フランス領ポリネシアのガンビエール諸島では最高で41,820 cell/g（Yasumoto et al., 1979）にも及ぶ。そのため，沖縄の藻食魚は食中毒をもたらすだけのCTXsを保有していないのであろう。一方で，頻度は低いもののニザダイやブダイの仲間といった藻食魚による食中毒が発生しているのは，何らかの要因で，ホットスポット的に渦鞭毛藻の生息密度が高い海域があり，そのような海域の個体が食中毒を引き起こしたと考えることができる。

では，肉食魚の場合はどうであろうか。食物連鎖によりCTXsは渦鞭毛藻－藻食動物－肉食魚へと伝搬・蓄積すると考えられており，肉食魚がもつCTXsの総量は藻食魚に比較して高くなっていると考えられてきた。一方で，藻食魚がもつCTX4AやCTX4Bに比べて肉食魚がもつCTX1Bは毒性が約10倍高いことを考慮すると，CTX1BはCTX4AやCTX4Bの10分の1の量で食中毒を引き起こすということになる。つまり，藻食魚中のCTXsは毒性の低い類縁体であるため毒力としては低いので摂食しても発症しないが，食物連鎖で肉食魚に移行する間に(たとえ蓄積がないとしても)代謝が進み毒性が強い酸化型の類縁体に変換され，食中毒の原因となるということも考えられる。また同様に，近縁種による毒性の違いについても，CTXs組成が影響していることも考えられ，各魚種におけるCTXs組成と毒性との関係は興味深いところである。

Scheuer et al.(1967)がシガテラの原因物質をシガトキシンと命名してから約半世紀を迎え，分析技術の進歩によってCTXsの成分分析が可能となってきた。これまでは，マウス毒性試験法に代表されるように，CTXsを「毒性」(または「毒量」)として評価してきたため，物質の数量としてとらえることはできなかった。分析化学と生物の分類，生態，生理の研究者が協力して，シガテラの産生，伝搬にかかわっていると思われる生物に含まれるCTXsの分析を進めることによって，シガテラの全容が少しずつ我々の目にも見えるようになることを期待する。

第Ⅲ部

パリトキシンもしくは
パリトキシン様毒
をもつ魚類

パリトキシンまたはパリトキシン様毒をもつ魚類の分類と生態

第5章

松浦　啓一

1. パリトキシンまたはパリトキシン様毒をもつ魚類の分類

パリトキシンまたはパリトキシン様毒による食中毒は日本でも発生している。過去の発生状況を見ると九州が多い。しかし，四国や本州中部でも食中毒の例は見られる。日本と外国でパリトキシンまたはパリトキシン様毒による食中毒を起こしたおもな魚類を表1にまとめた。この表を見ると系統的にまったく異なる分類群が含まれている。目という大きな分類群のレベルで見ると，ニシン目，スズキ目そしてフグ目という系統的に離れた3つのグループが存在する。ニシン目は魚類のなかで最も祖先的なグループの1つである。それに対して，フグ目は最も派生的なグループである。スズキ目はフグ目と比べると祖先的なグループといえるが，ニシン目よりはるかに派生的な棘鰭魚類の一群である。スズキ目内部の系統関係には不明な点が多いが，表1に含まれているハタ科，アジ科，チョウチョウウオ科およびブダイ科のいずれも系統的に近縁とはいえない。つまり，分類学的にはまとまりが見られない。フグ毒やシガテラ毒も系統的関係のないさまざまな魚類や海洋動物に見られるが，パリトキシンまたはパリトキシン様毒をもつ魚類も同様といえる。

表1　パリトキシンおよびパリトキシン様毒をもつ魚類

目	科	種の和名	学　名
ニシン目	ニシン科	ミズン	*Herklotsichthys quadrimaculatus*
スズキ目	ハタ科	クエ	*Epinephelus moara*
		マハタ属の1種	*Epinephelus* sp.
	アジ科	モロ	*Decapterus macrosoma*
	チョウチョウウオ科	ゴマチョウチョウウオ	*Chaetodon citrinellus*
		セグロチョウチョウウオ	*Chaetodon ephippium*
		ミカドチョウチョウウオ	*Chaetodon baronessa*
		トゲチョウチョウウオ	*Chaetodon auriga*
	ブダイ科	アオブダイ	*Scarus ovifrons*
		ブダイ	*Calotomus japonicus*
フグ目	モンガラカワハギ科	クロモンガラ	*Melichthys vidua*
	カワハギ科	ソウシハギ	*Aluterus scriptus*
	ハコフグ科	ウミスズメ	*Lactoria diaphana*
		ハコフグ	*Ostracion immaculatus*
		ハマフグ	*Tetrosomus reipublicae*
	フグ科	ミドリフグ属の1種	*Tetraodon* sp.

2. パリトキシンまたはパリトキシン様毒をもつ魚類の分布

パリトキシンまたはパリトキシン様毒をもつ魚類を見渡すと，ほとんどの種が熱帯域の浅海に生息していることがわかる。表1に含まれている魚類のなかで温帯域の海に生息しているのはクエとハコフグのみである。また，フグ科のミドリフグ属の1種はバングラデシュで食中毒事件を起こした淡水性のフグである。

クエ，ハコフグ，そして淡水性のフグを除くと，表1のニシン科，ハタ科，アジ科，チョウチョウウオ科，ブダイ科，モンガラカワハギ科，カワハギ科およびハコフグ科に属する種はインド洋や西部太平洋の熱帯域のサンゴ礁やその周辺に生息している。

3. パリトキシンまたはパリトキシン様毒をもつ魚類の行動と食性

パリトキシンまたはパリトキシン様毒をもつ魚類の行動と食性について見てみよう。表1に含まれる魚類のなかで群をつくるのはニシン科のミズンとアジ科のモロのみである(図1)。ほかの魚類は単独か数個体で行動する。モンガラカワハギ科のクロモンガラはときとして小さな群をつくることがあるが，通常は単独で行動する。カワハギ科のソウシハギ(図2)は単独で行動する。ハコフグ科のウミスズメは幼魚や若魚のときには表層を群で泳いでいるが，成魚になると海底に下りて単独で生活するようになる。ハコフグも単独で行動する。ハマフグもサンゴ礁や藻場を単独で行動する。バングラデシュから報告された淡水フグについては，種名が不明なため判断が難しいが，淡水フグ類は単独あるいは数個体で行動することが多い。

次に食性はどうであろうか。ミズンとモロは動物プランクトンを食べる。ハタ科のクエとマハタ属の1種は肉食性で魚や甲殻類などを食べる。彼らは典型的なハンターである。チョウチョウウオ科の4種はサンゴのポリプや小型の無脊椎動物を食べる。ブダイ科のアオブダイとブダイは付着藻類をおもに食べるが小型甲殻類なども食べる。クロモンガラはウニ類，小型甲殻類，貝類そして海藻も食べる。ソウシハギはイソギンチャク類，ヒドロ虫類そして海藻などを食べる。ハコフグ科の3種は小型甲殻類などの無脊椎動物を食べる。淡水フグについては種名が不明なため食性はわからない。淡水フグ類は小型甲殻類などの無脊椎動物をおもに食べていると思われるが，オタマジャクシを食べる種もいることがわかっている。

4. パリトキシンまたはパリトキシン様毒の由来

アオブダイのパリトキシンは渦鞭毛藻由来であることがわかっているし，ソウシハギの場合にはイワスナギンチャクに由来することが判明している。イワスナギンチャクはいうまでもなく，海底の基質に付着する無脊椎動物である。アオブダイの場合には，藻類に付いていた渦鞭毛藻を体内に取り込ん

図1　パリトキシンまたはパリトキシン様毒をもつ魚類(A・C：鹿児島大学総合研究博物館，B：神奈川県立背名の星地球博物館・瀬能宏氏提供)。A：ミズン，B：クエ，C：モロ

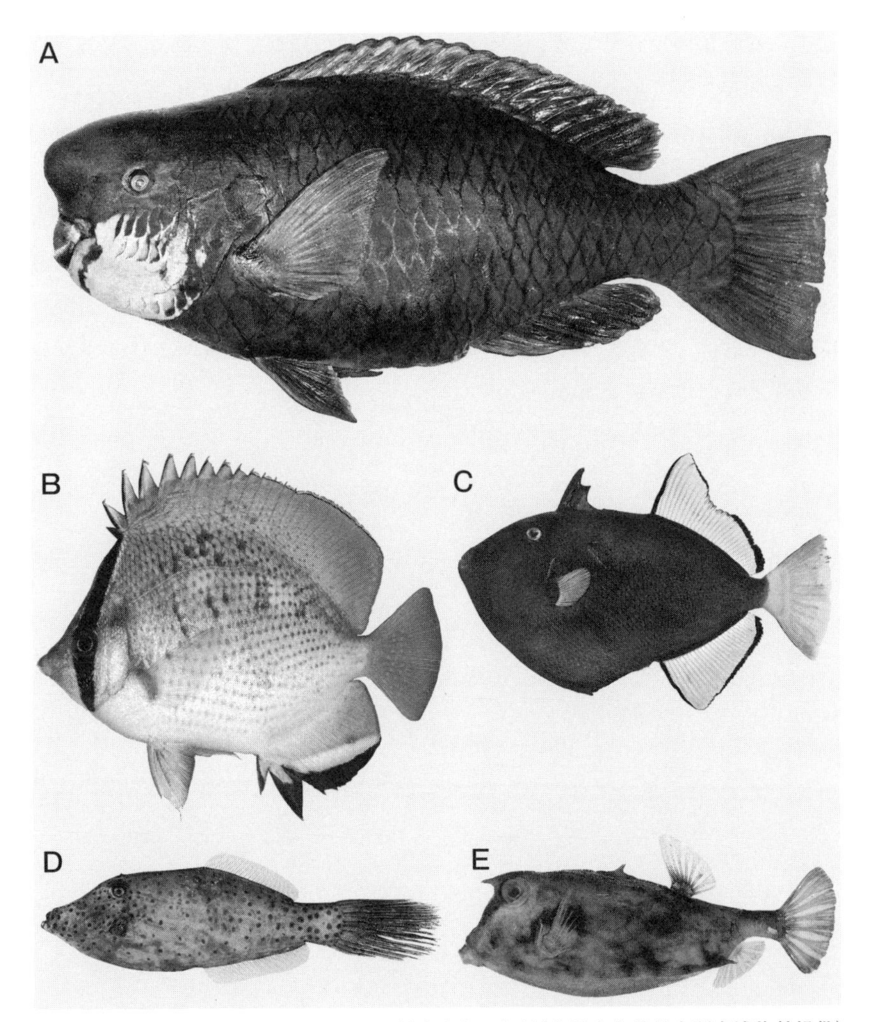

図２　パリトキシンまたはパリトキシン様毒をもつ魚類(鹿児島大学総合研究博物館提供)。
Ａ：アオブダイ，Ｂ：ゴマチョウチョウウオ，Ｃ：クロモンガラ，Ｄ：ソウシハギ，Ｅ：ウミスズメ

だ可能性が高い。海底の付着生物を食べる魚類はパリトキシンやパリトキシン様毒をもつ渦鞭毛藻を付着生物といっしょに体内に取り込んでいるのかもしれない。

そのような観点から表１に含まれる魚類について検討してみよう。表１に

含まれる魚類のなかでミズンとモロは水中を群で活発に泳ぎ回り，動物プランクトンを食べているが，ほかのすべての魚類は海底付近で生活している。そして，彼らが食べるのは海底やサンゴの表面や隙間にいる小型無脊椎動物，または基質に付着している藻類である。したがって，アオブダイのように基質に付いている藻類や小型無脊椎動物からパリトキシンやパリトキシン様毒を体内に取り込む可能性は高そうである。しかし，海中を群で泳ぎ回り，動物プランクトンを食べるミズンやモロの場合には，付着生物を食べる可能性は極めて低い。どのような食物連鎖を通じてパリトキシンやパリトキン様毒を取り込んだのか謎である。

第6章 パリトキシン

高谷　智裕

1. 食 中 毒

パリトキシン(palytoxin)は過去50年間において，ヒトの健康を脅かす猛毒として恐れられており，実際にパリトキシンによると思われる食中毒が熱帯・亜熱帯地域を中心に報告されている。しかし，パリトキシン中毒が正確に断定できたケースは非常に少なく，そのため臨床徴候や中毒症状とパリトキシン量の関係性がはっきりしておらず，ほとんどのケースが事例報告にとどまっている。これまでパリトキシンによる食中毒と決定できたケースは，オウギガニ科(Xanthidae)のカニ類の喫食による食中毒の事例とニシン科(Clupeidae)の魚であるミズン(*Herklotsichthys quadrimaculatus*)の喫食による食中毒(クルペオトキシズム)の事例だけしかない。

ここでは，カニによる中毒とクルペオトキシズムに加え，そのほかパリトキシンによると思われる中毒について紹介する。

(1)オウギガニ科のカニによる食中毒

1960年代初期ごろからフィリピンのネグロス島において数種のオウギガニ科のカニの喫食による食中毒が起こっている。これらのカニ中毒では，当時，報告されていた同じオウギガニ科のウモレオウギガニ(*Zosimus aeneus*)の喫食による食中毒の原因となる麻痺性貝毒サキシトキシン(STX)やフグ毒テトロドトキシン(TTX)とは明らかに中毒症状が異なるものであった(Teh and Gradiner, 1974)。デマニア属のカニでは，*Demania toxica* やヒラアシウロコオウギガニ(*D. cultripes; D. alcalai*)，*D. reynaudii* などが中毒原因種としての記録にあり，その中毒症状は，口のなかに異常な金属味が残ることや吐き気，目まい，倦怠感，下痢，手足の痙攣，嘔吐とされている。さらに病院での患者の医療記録には，徐脈(毎分30回)や急速で浅い呼吸，口のまわりと手にチアノーゼが認められ，腎不全，乏尿を起こしたとの記録がある(Alcala et al., 1988)。一方，ヒロハオウギガニ(*Lophozozymus pictor*)も中毒原因種として古くから知られている。中毒症状は嘔吐や筋肉痛，顔の紅潮と硬直，目まいなどで，食後2〜10時間後に死亡している。また，死亡直前には下肢のしびれや背中の痛み，顔や手，足の痙攣を起こし，次いで呼吸困難になったと報告されている(Alcala, 1983)。

東北大学の安元健教授らは，ヒロハオウギガニ4個体と *D. alcalai* 2個体をフィリピンのネグロス島で入手し，毒の精製を行い，HPLCや質量分析(FAB Mass)による毒の分析結果からこれらのカニの毒がパリトキシンであることを決定した。また，毒はほぼすべての組織に見られ，特に甲羅や鰓，内臓，卵に高濃度に分布することを報告した(Yasumoto et al., 1986)。

先にも述べたように，オウギガニ科のカニはパリトキシンを保有する種だけでなく，ウモレオウギガニやスベスベマンジュウガニ(*Atergatis floridus*)のように麻痺性貝毒やフグ毒をもつ種など毒を保有するタイプが多いことから，食用には適さないと考えられる。

(2) クルペオトキシズム

ハワイやフィジー，フィリピン，マダガスカルなど熱帯域の島では，古くからマイワシやニシンなどの近縁種を原因として，非常に致死率の高い食中毒が発生することが知られている。ニシン科(Clupeidae)を原因とする中毒であったことから，クルペオトキシズム(clupeotoxism)と呼ばれ，その死亡率が高い(約42%)ことで同じ熱帯性のサンゴ礁海域で多発する魚類食中毒のシガテラと区別された。中毒症状は，摂取後直ちに起こる異常な金属味とその後に吐き気，口の乾燥，嘔吐，不快感，腹痛，下痢がすぐに続き，消化器系の異常が脈拍微弱，頻拍，悪寒，寒冷皮膚，目まい，血圧低下，チアノーゼなどとともに起きる。そして非常に短期間内に神経過敏，瞳孔散大，激しい頭痛，麻痺，刺痛，唾液分泌過多(流涎症)，筋肉痛，呼吸困難，進行性の筋肉麻痺，痙攣のようなさまざまな神経障害が起こり，昏睡の後，死亡する。早い場合は15分で死亡するともいわれている。クルペオトキシズムの発生は突発的，散発的であったために中毒検体の入手が困難で，原因毒と毒化機構は長らく未解明であったが，安元教授らのグループは，1994年にマダガスカルで起こったマイワシの近縁種であるミズンの喫食による食中毒(親子で焼き魚にして1尾ずつ食べ，母親が死亡，子供は異常なし)の際の中毒検体の残品(未調理の頭部2個)を分析した結果，1個の頭に強い細胞毒性や遅延性溶血(赤血球をゆっくり溶血する性質)が見られ，さらに種々のカラムクロマトグラフィー特性がパリトキシンのそれとすべて一致したことや抗パリトキシン抗体により溶血活性が特異的に中和されたことから，この中毒の原因毒がパリトキシンまたはその類縁体であると同定した(安元・佐竹，1997)。

(3)ニシン科以外の魚による食中毒

パリトキシンによる食中毒として中毒検体からパリトキシンやその関連成分が確認されているものは，先に述べたオウギガニ科のカニによるものおよびイワシ類のもの(クルペオトキシズム)しかないが，モンガラカワハギの仲間であるクロモンガラ(*Melichthys vidua*)やアジの仲間のモロ(*Decapterus macrosoma*)などでもパリトキシン中毒に類似した症状をともなった食中毒が起こっており，これらの魚は後に別個体でパリトキシンの保有が確認されたことから，当時の食中毒の原因がパリトキシンであった可能性が考えられた(Fukui et al., 1987; Kodama et al., 1989)。

2. 食中毒以外のパリトキシン中毒

魚介類の喫食による食中毒ではないが，パリトキシン保有生物の接触により毒が手などの傷口から侵入したり皮膚吸収を起こしたケースや，大気中に飛散したパリトキシンやパリトキシン保有生物の断片を気管内へ吸入したケースなど異なるルートから毒を取り込んだことによるヒトの健康被害が起こっている。

(1)傷口からの侵入や皮膚吸収による中毒

パリトキシンの保有生物として知られるスナギンチャクに近縁な軟質サンゴ(zoanthid coral)を取り扱った際に中毒症状を呈したケースがいくつか報告されている。ドイツのハイデルベルグで起こったケースでは，32歳の男性が家庭の水槽を掃除中，水槽のなかにいたスナギンチャクの仲間 *Parazoanthus* sp. と接触した際に右手の指を怪我し，2時間後に震えや筋肉痛，四肢の脱力感を訴えた。その後，腕の傷口のまわりの腫れや感覚異常，しびれ，目まい，四肢の脱力感および筋肉痛，言語障害をともないその場に倒れた。病院での診察を受けたところ，臨床検査において心電図の不規則性を示したことやクレアチン・キナーゼ(CK)や乳酸脱水素酵素(LDH)，C反応性タンパク(CRP)がわずかに上昇するなどパリトキシン中毒の際に見られる横紋筋融解症の徴候が見られた(Box記事参照)。中毒症状を訴えた男性は対症療法により3日以内に回復した。水槽に残っていたスナギンチャクの毒を分析したところ，極めて高濃度のパリトキシン(2～3 mg/g)が含まれており，このことから，本中毒はスナギンチャクに含まれるパリトキシンが手の傷口を通して体内に入り中毒症状を発症したと考えられた(Hoffmann et al., 2008)。

また，同様のケースで，手に傷を負っていなくても中毒した例も報告されている。この場合，家庭の水槽でサンゴを取り扱った直後，口の周囲の知覚異常と金属味を呈する味覚異常の神経症状が現れ，数日間局所的な皮膚毒性が続き，胴と四肢にじんましんが現れた。患者は健康で手に傷もなかったことからパリトキシンが皮膚吸収により取り込まれ，発症したものと考えられた(Nordt et al., 2011)。

(2)エアロゾル吸入による中毒

毒が水蒸気(エアロゾル)を通じて吸入によってヒトの体内に取り込まれ，中毒を起こしたと思われるケースが報告されている。水槽のなかのサンゴを

Box　臨床検査

医師が病気を診断し，治療を行っていくためには患者の体の状態を知る必要がある。問診や視診など，医師が主観的に判断する診断に加え，科学的な数値に基づく客観的な裏づけを与える検査を「臨床検査」と呼ぶ。臨床検査は患者から採取した血液や尿，便，細胞などを調べる「検体検査」と，心電図や脳波など患者を直接調べる「生理機能検査」の2つに大きく分けられる。

CK(creatine kinase)はエネルギー代謝に関与する酵素で，骨格筋に最も多く存在し，ほかに脳などにも多量に含まれる。そのため骨格筋や平滑筋または脳に損傷があると，血中にクレアチンキナーゼが漏れ出て，値が高くなる。

CRP(C-reactive protein)は炎症，腫瘍および組織破壊など起きたとき，血液中には「急性期反応物質」と呼ばれる特殊なタンパク質が出現する。CRPはその代表で，炎症が起きると2〜3時間で急速に増え，2〜3日で最高値を示し，その後炎症が治まると消える。組織障害を敏感に反映するため，炎症マーカーとして最も広く利用されている。

LDH(lactate dehydrogenase)は，肝臓，腎臓，心筋，骨格筋，赤血球などほとんどの臓器に含まれ，血液中のLDH値を調べることで，肝臓などの臓器の異常が無いかを確認できる。もし，肝臓などの臓器に異常が起きた場合，血液中にLDHが流れ出てLDH値が高い状態を示すことから，さまざまな病気を発見するスクリーニング検査として用いられている。

処理するために湯で洗った際に，不快なにおいを感じるとともに，嘔吐や発熱，低血圧，金属味，吐き気，頭痛，震え，ひどい筋肉痙攣などの中毒症状を起こした。病院で診察したところ，白血球の増加やLDHやCRP，CK値が上昇するなどパリトキシン中毒によく似た症状が確認されている。この中毒の特徴は，水槽を掃除していた人だけでなく，周辺にいた家族も類似した徴候を示している点である。これは湯でサンゴを処理した際に発生した蒸気(エアロゾル)が周囲に広がり，これを吸入して中毒症状を発症したと考えられた(Snoeks and Veenstra, 2012; Rumore et al., 2014)。

(3)イタリアで起こった*Ostreopsis ovata*による集団中毒

ヨーロッパの地中海ではとても奇妙で衝撃的な集団中毒事件が発生している。2005年の夏，イタリアのジェノヴァ周辺の沿岸海域のビーチを訪れていた約200名が鼻汁，咳，発熱，軽度の呼吸困難をともなう気管支収縮，喘鳴，結膜炎などの症状を訴え，医療機関を受診した。有症者のほとんどは数時間で回復したが，20名は入院治療を要した。地元の環境保護スタッフが大気と水のサンプルを分析したところ，原因として単細胞藻類の*Ostreopsis*属渦鞭毛藻が疑われた。その後の海水検体の調査で，海水中から大量の*Ostreopsis ovata*が検出され，最高で海水1L当たり数千細胞(赤潮検体1g中に数十万細胞)という高密度で検出された。また，海水やプランクトン，大型藻類を分析した結果，パリトキシンと考えられる毒が確認され，同時にパリトキシンの類縁体(ovatoxinと名づけられた)も検出された。このことから，本中毒はエアロゾル化した*O. ovata*の断片を吸引したことが原因ではないかと考えられた(Ciminiello et al., 2006)。Ciminiello博士らは，さらに，2009年と2010年にイタリアのトスカーナの海岸でエアロゾルの調査を行った結果，エアロゾル中に*O. ovata*の存在を確認するとともに，大気1Lにつき2.4 pgのovatoxinを検出した。この結果より，イタリアの海岸で多くの人が発症した謎の中毒の原因がエアロゾル中に存在した*O. ovata*とそれに含まれるovatoxinによるものであったと結論づけた(Ciminiello et al., 2014)。

このように，パリトキシンによる中毒は保有生物を誤って食べるだけでなく，保有生物を触ったり，エアロゾルとして吸入したりするだけでも中毒してしまう可能性があることから，パリトキシン保有生物の取扱いには十分注意する必要がある。

3. パリトキシンの化学，性状，作用

パリトキシンは，1971年にハワイ大学のMoore博士とScheuer博士によって腔腸動物のマウイイワスナギンチャク(*Palythoa toxica*)から単離された(Moore and Scheuer, 1971; Walsh and Bowers, 1971)。そして，パリトキシンの構造は名古屋大学の平田義正教授らのグループと，ハワイ大学のMoore博士らのグループによって1981年に決定された(Uemura et al., 1981; Moore and Bartolini, 1981)。また，1988年にはハーバード大学の岸義人教授らは，この複雑な化合物の全合成に成功している(Kishi, 1988)。

(1) "*Limu-make-o-Hana*"の伝説

パリトキシンの発見時にはハワイ大学の研究者らが経験した不思議な伝説が残っている。パリトキシンをもつ生物として確認されたイワスナギンチャク類はもともとハワイのマウイ島のHana地方では古くからハワイ語で"*limu-make-o-Hana*"(Hanaという土地にある死を招く海藻)として知られ，狩猟や戦闘の際に槍の先に塗って使っていた。

ハワイ大学海洋生物学研究所の研究者らは，シガテラの起源を探している際に"*limu-make-o-Hana*"に興味をもち，生息地を調査しようとした。しかし，この海藻のことやその生息場所について話をすることをマウイの先住民の人々はタブーとしていたため，その存在や生息場所を教えてもらえなかった。ようやく先住民の一人に海藻の生息地を教えてもらい，採集をしようとすると，今度は，立入を拒んでいる池を犯すと災いをもたらすと住民らは警告した。しかし，研究者らは笑って「私たちはそのような迷信は信じません」といい，1961年12月30日の午後に最初の採集を行った。すると，奇妙なことにその同じ日，調査をしているハワイ大学海洋生物研究所の主研究棟が原因不明の火事により焼失してしまった。こうしてマウイ島のHanaで"*limu-make-o-Hana*"をようやく手に入れることができ，それが海藻ではなく，新種の腔腸動物*P. toxica*であることがわかった(Moore and Scheuer, 1971)。

(2) パリトキシンの化学

パリトキシンは，分子式$C_{129}H_{223}N_3O_{54}$，分子量2,680のペプチドや糖を含まない非タンパク質の天然毒で，8つの二重結合と64個の不斉炭素原子，42個の水酸基，2つのアミド結合および環状エーテルをもつ複雑巨大分子である(図1)。熱には安定で，その溶解性は，水やピリジンやジメチルスルホキシドにはよく溶け，エタノールやメタノールには少し溶けるが，クロロホルムやエーテル，アセトンなどの低極性溶媒には溶けない。パリトキシンはその構造から，2つの発色団により，233 nmと263 nmに紫外(UV)吸収スペクトルのピークをもつ。

パリトキシンのほかにも類似した構造をもつ類縁体がこれまで少なくとも13成分が見つかっている(表1)。まず，静岡大学の上村大輔博士らにより腔

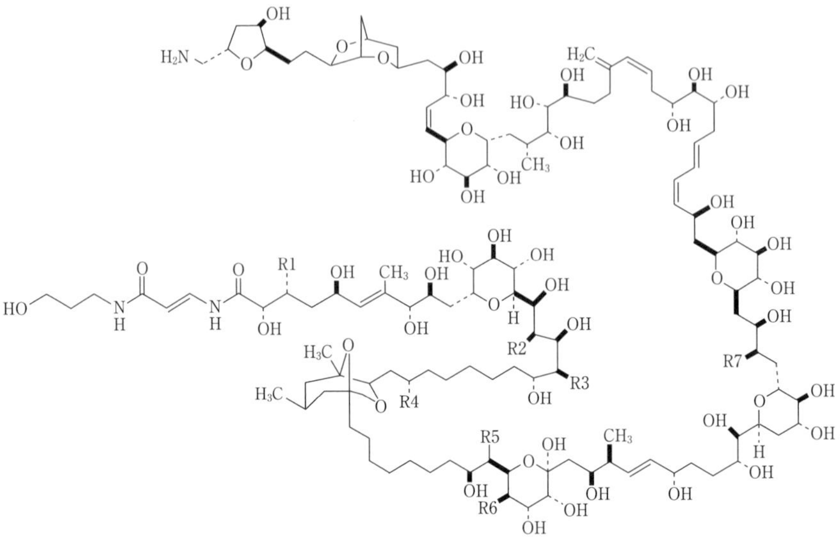

	R1	R2	R3	R4	R5	R6	R7
Palytoxin	CH_3	OH	OH	CH_3	H	OH	OH
Ostreocin-D	H	OH	H	H	OH	H	OH
Ovatoxin-a	CH_3	H	OH	CH_3	OH	H	H

図 1　パリトキシンおよび類縁体の構造

腸動物イワスナギンチャク(*P. tuberculosa*；図 2)からパリトキシンとともに副成分としてホモパリトキシン(homopalytoxin)，ビスホモパリトキシン(bishomopalytoxin)，ネオパリトキシン(neopalytoxin)，デオキシパリトキシン(deoxypalytoxin)の 4 成分が確認されていたが(Uemura et al., 1985)，最近になって Ciminiello 博士らは *P. toxica* から 42-ハイドロキシパリトキシン(42-hydroxypalytoxin)を単離している(Ciminiello et al., 2009)。さらに *Ostreopsis* 属の渦鞭毛藻からは，*O. siamensis* から主要成分としてオストレオシン-D(ostreocin-D: 42-hydroxy-3,26-dimethyl-19,44-dideoxypalytoxin)が単離されたのに続き，*O. mascarenesis* から mascarenotoxin が，*O. ovata* からオバトキシン-a(ovatoxin-a)がそれぞれ確認されている(Ukena et al., 2001; Lenoir et al., 2004; Ciminiello et al., 2008)。オストレオシン-D は NMR(Nuclear Magnetic Resonance：核磁気共

表1　パリトキシンおよびパリトキシン類縁体の代表的な保有生物および化学式

成分名	保有生物	化学式	文献
Palytoxin	イワスナギンチャク *Palythoa tuberculosa*, ヒロハオウギガニ *Lophozozymus pictor*, ヒラアシウロコオウギガニ *Demania cultripes (D. alcalai)*	$C_{129}H_{223}N_3O_{54}$	Uemura et al., 1985 Yasumoto et al., 1986
Homo-palytoxin	イワスナギンチャク *P. tuberculosa*	$C_{130}H_{225}N_3O_{54}$	Uemura et al., 1985
Bishomo-palytoxin	イワスナギンチャク *P. tuberculosa*	$C_{131}H_{227}N_3O_{54}$	Uemura et al., 1985
Neo-palytoxin	イワスナギンチャク *P. tuberculosa*	$C_{129}H_{222}N_3O_{53}$	Uemura et al., 1985
Deoxy-palytoxin	イワスナギンチャク *P. tuberculosa*	$C_{129}H_{223}N_3O_{53}$	Uemura et al., 1985
42-hydroxy-palytoxin	マウイイワスナギンチャク *P. toxica*	$C_{129}H_{223}N_3O_{55}$	Ciminiello et al., 2009
Mascarenotoxin-a	渦鞭毛藻 *Ostreopsis mascarenensis, O. ovata*	$C_{127}H_{221}N_3O_{50}$	Lenoir et al., 2004, Rossi et al., 2010
Mascarenotoxin-b	渦鞭毛藻 *O. mascarenensis*	ND	Lenoir et al., 2004
Mascarenotoxin-c	渦鞭毛藻 *O. ovata*	$C_{129}H_{221}N_3O_{51}$	Rossi et al., 2010
Ostreocin-D	渦鞭毛藻 *O. siamensis*	$C_{127}H_{220}N_3O_{53}$	Ukena et al., 2001
Ovatoxin-a	渦鞭毛藻 *O. ovata*	$C_{129}H_{223}N_3O_{52}$	Ciminiello et al., 2008
Ovatoxin-b	渦鞭毛藻 *O. ovata*	$C_{129}H_{223}N_3O_{53}$	Rossi et al., 2010
Ovatoxin-c	渦鞭毛藻 *O. ovata*	$C_{130}H_{223}N_3O_{54}$	Rossi et al., 2010
Ovatoxin-d	渦鞭毛藻 *O. ovata*	$C_{129}H_{223}N_3O_{55}$	Rossi et al., 2010

ND: 未検定

鳴装置)の解析結果からパリトキシンの類縁体で，パリトキシンよりも分子量が44小さく，パリトキシンのメチル基2個と水酸基1個がプロトンに置換した構造($C_{127}H_{219}N_3O_{53}$)となっている(図1)。Ovatoxin-aはパリトキシンより分子量が32小さく(酸素原子が2個少ない)，3個の水酸基をプロトンに，1個のプロトンを水酸基にそれぞれ置換した構造($C_{129}H_{233}N_3O_{52}$)となっている(図1)。その後，*O. ovata*からはさらに3種の類縁体(ovatoxin-b, c, d)も確認されている。

図2　イワスナギンチャク

(3)パリトキシンの性状

パリトキシンの毒の強さは，マウス腹腔内投与での半数致死量(LD_{50}) 0.45 μg/kgと，海産毒のなかではシガテラ毒素であるマイトトキシン(LD_{50}：0.05 μg/kg)やシガトキシン-1B(LD_{50}：0.25 μg/kg)に次ぐ毒性を示し，フグ毒テトロドトキシン(8.0 μg/kg)のおよそ20倍の強さとなっている(表2)。また，パリトキシンは表3のように投与経路によりその毒性が大きく異なり，静脈内投与が最も強い毒性を示す。経口投与における毒性は510～767 μg/kg(LD_{50}・マウス)と猛毒のイメージとは異なり，毒性は弱い。一方で，気管内投与の場合，2 μg/kgと腹腔投与に匹敵する強力な毒性を示す。地中海

表2　種々の海産毒の毒性の比較。*マウス腹腔内投与

毒　素	LD_{50}* (μg/kg)	保有生物	分子量	化学式
Maitotoxin	0.05	サザナミハギ，*Gambierdiscus toxicus* など	3,422	$C_{164}H_{256}O_{68}S_2Na_2$
Ciguatoxin-1B	0.25	バラフエダイ，ドクウツボなど	1,111	$C_{60}H_{86}O_{19}$
Palytoxin	0.45	イワスナギンチャクなど	2,680	$C_{129}H_{223}N_3O_{54}$
Tetrodotoxin	8	フグ，ツムギハゼ，カリフォルニアイモリなど	319	$C_{11}H_{17}N_3O_8$
Saxitoxin	10	ウモレオウギガニ，*Alexandrium* spp. など	299	$C_{10}H_{17}N_7O_4$
Brevetoxin A	190	*Karenia brevis*	867	$C_{49}H_{70}O_{13}$
Okadaic acid	200	クロイソカイメンなど	805	$C_{44}H_{68}O_{13}$
Domoic acid	3,600	ハナヤナギ，*Pseudo-nitzschia* spp.	311	$C_{15}H_{21}NO_6$

表3　投与経路によるパリトキシンの毒性比較

投与方法	LD_{50}(μg/kg・マウス)
静脈内投与	0.1～0.5
腹腔内投与	0.45
皮下投与	0.4～1.4
気管内投与	2.0
舌下投与	176～235
経口投与	510～767

沿岸で *O. ovata* が大量発生したとき，エアロゾルを吸引した多くのヒトが中毒症状を訴えたのに対し，当時，毒化した二枚貝などの喫食による食中毒が1件も起こらなかったのは，もしかしたら摂取経路の違いによる毒性の差が出たのかもしれない。

パリトキシンは，青酸カリ（シアン化カリウム）の20万倍の強さをもつ猛毒であるので，一時，毒素兵器として開発研究する動きがあった。実際にアメリカでは莫大な量のパリトキシンの原料を保有し，研究が行われていたようだ。しかし，1969年に当時のニクソン大統領が生物兵器の破棄を宣言した際に開発は終了し，保有していたパリトキシンの原料は平和的な学術研究のために大学へ譲渡された。結局，大量生産が難しいことなどから，どの国もパリトキシンの兵器としての開発研究を断念したらしい（Tu・比嘉，2012）。

(4) パリトキシンの作用機構

動物細胞において，K^+の細胞内濃度は細胞外に比べて高く，逆にNa^+の細胞内濃度は細胞外に比べて低い。このNa^+とK^+のイオン勾配を維持する役割をしているのがNa^+/K^+ポンプであり，生体の重要な機能の維持に関与している。通常，細胞膜のなかのNa^+，K^+-ATPaseは細胞内から3つのNa^+を引き出して，細胞外から取り込んだ2つのK^+と交換する。これは，神経伝達にとって不可欠な作用である。パリトキシンはNa^+，K^+-ATPaseに結合し，相互作用によりチャネルのような構造をつくり，Na^+/K^+ポンプのATPase活性を弱めてしまい，陽イオン透過性を増やす（Habermann, 1989；Hilgemann, 2003；Uemura, 2006）。この作用の結果，2次的にCa^{2+}チャネルを活性化し，細胞内のCa^{2+}濃度を増加させる。そして，冠動脈収縮作用や末梢神経の収縮，細胞組織の壊死につながる。

(5) パリトキシンの検出方法

パリトキシンの検出や毒力の測定には，これまでさまざまな試験法が行われている。最も一般的な方法は「マウス毒性試験法」である。これは，ほかの海産毒の毒性試験法としても一般的に使用されている方法で，通常，抽出液の1 mLを雄マウスの腹腔内に注射投与して行い，マウスの致死（時間）から毒力を計算しマウスユニット(MU)で表す。パリトキシン1MUは約9ngに相当する。この方法の場合，注射後のマウスの症状により含有する毒の種類をある程度判断できることや，もしパリトキシン以外の有害成分が入っていた場合にも安全性を確認できるなどの利点がある。しかし，近年欧米では，動物愛護の観点から動物を使用することに対する倫理的な問題により代替法の開発が進められている。動物試験法に代わる試験法のなかで最も有力と考えられるものが「液体クロマトグラフ質量分析(LC-MS/MS)法」である。HPLC法自体はUV検出器と組み合わせた方法で古くから行われていたが，検出感度が悪いため低濃度の試料分析にはあまり利用できなかった。LC-MS/MS法では，既知のパリトキシンおよび関連成分について個別に感度よく定量することが可能である。近年，その成分の分離技術や感度が向上したことにより，低濃度毒化試料や *Ostreopsis* の産生毒などの定量にも使用できるようになっている。しかし，既知の毒成分しか対応できないことや，標準品がないと試料の定量や毒性の評価が難しいという欠点も残されている。

このほか，動物の赤血球を用いた「溶血活性試験法」や神経細胞を利用した「細胞試験法」，抗パリトキシン抗体を使った「ELISA(酵素免疫化学)法」などもパリトキシンの検出には有効である。

4. パリトキシンの分布

パリトキシンがハワイで採取したマウイイワスナギンチャクから発見されて以来，ほかのスナギンチャク類からもパリトキシンが見出されている。日本の沖縄本島や石垣島で採取された *P. tuberculosa* からは *P. toxica* とほぼ同時期にパリトキシンが確認されたのに続き，ジャマイカの *P. caribaeorum* や，バハマの *P. mammilosa*(Moore and Scheuer, 1971)，ハワイの *P. vestitus*(Quinn et al., 1974)，トカラ列島の *P.*aff. *margaritae*(Oku et al., 2004)などからパリトキシンが主成分として確認されている。

最近，テレビや新聞でカワハギの仲間であるソウシハギ(*Aluterus scriptus*)が出現したことをよく聞くが，このソウシハギの毒についての調査・研究は古く，1967年に東京大学の橋本芳郎教授らは，サイパン島や石垣島では内臓を豚に与えると死ぬとの言い伝えがあったことから，シガテラ毒魚研究の一環としてソウシハギの毒性調査を始めている。石垣島，沖縄およびタヒチでソウシハギの試料を入手して調べたところ，肝臓および肝臓以外の内臓，消化管内容物にシガテラ毒とは異なる水溶性の毒(aluterin と命名)の存在を認めた。そして，消化管に残った内容物からイワスナギンチャクの破片を発見し，毒はソウシハギが摂取したイワスナギンチャクに由来すると考えた。その後の分析により，ソウシハギから得た aluterin とイワスナギンチャクの毒はパリトキシンであることが確認された。また，イワスナギンチャクは卵の毒性が強く，その毒性には季節変動があり，卵が成熟する時期に毒性が強くなる傾向があることがわかった(Hashimoto et al., 1969)。

魚類ではこのほかにもモンガラカワハギ科のクロモンガラやクルペオトキシズムのニシン科魚類やアジ科のモロからパリトキシンが検出されている。クロモンガラの胃内容物からはスナギンチャクは見つからなかったが，近年，reef fish(サンゴ礁にすむ魚)やウミガメがスナギンチャクを食べていることが報告されている(Stampar et al., 2007 ; Francini-Filho and Moura, 2010 ; Longo et al., 2012)ことから，クロモンガラもスナギンチャクの摂取により毒化していたのかもしれない。

魚類以外では，オウギガニ科カニ類の *D. toxica* や *D. reynaudii, D. cultripes*(*D. alcalai*)，ヒロハオウギガニ(*L. pictor*)などや主としてドウモイ酸をもつことで知られる紅藻ハナヤナギ(*Chondria armata* ; Maeda et al., 1985)，イソギンチャク(*Radianthus macrodactylus* ; Mahnir et al., 1992)などから見つかっている。

2005 年と 2006 年夏に地中海の海岸でエアロゾル吸引による集団中毒では，イタリア沿岸を中心に大量発生していた *O. ovata* の毒素(ovatoxin)が中毒原因として疑われたが，このとき，食用二枚貝類のムラサキイガイ(*Mytilus galloprovincialis*)やヒゲヒバリガイ(*Modiolus barbatus*)，ハマグリの仲間であるカブトノシコロ(*Venus verrucosa*)やタコ，ヨーロッパムラサキウニ(*Paracentrotus lividus*)などに毒化(33～971 μg PLTX eq/kg)が見られたが，幸いこれらの魚介類の喫食による食中毒は報告されていない(Aligizaki et al., 2011)。

5. パリトキシンの起源

前述のように，パリトキシンが海洋生物に広く分布することが知られてきたが，この毒の起源となる生物は長い間誰にもわからなかった。東北大学の安元教授らはシガテラ毒を産生する渦鞭毛藻 *Gambierdiscus toxicus* の採集の際に，同じように海藻に付着生育する近縁種である *O. siamensis* を採集し，この渦鞭毛藻が産生する毒を単離精製したところパリトキシンの類縁体(オストレオシン-D)であることを明らかにした。

O. siamensis は熱帯・亜熱帯地域で見られる底生性の渦鞭毛藻で，大型海藻に付着したり，海底の砂地や岩礁でマット状に生育したりすることで知られ，パリトキシンの類縁体であるオストレオシン-Dを生産することがわかった(Ukena et al., 2001)。こうして食物連鎖下位の渦鞭毛藻からパリトキシン類縁体の産生が確認され，パリトキシンの一次生産者の1つが *O. siamensis* であることが突き止められた。

スナギンチャク類のパリトキシンの起源に関しては未だ不明な点は多いが，パリトキシン類縁体を生産する渦鞭毛藻 *Ostreopsis* やスナギンチャク類がパリトキシンの起源となって分布拡大に関与していることが明らかになった。今後は，地中海の例でも見られたような *Ostreopsis* 属渦鞭毛藻が大量発生した際に起こる二枚貝などのプランクトンフィーダーや藻食性のウニや魚などの毒化に対しても注意するとともに，二枚貝類などのモニタリング方法や管理基準を定めておくことが必要である。

第7章 パリトキシン様毒

谷山　茂人

1. 食 中 毒

昨今，わが国では海洋性魚類の摂食を原因とするパリトキシン(PTX)様毒中毒がクローズアップされている。この中毒はフグ毒(テトロドトキシン：TTX)中毒やシガテラとは異なる特異な海洋性自然毒中毒として分類されている。そもそも原因となる海洋性魚類はアオブダイ(*Scarus ovifrons*)のみであったが，近年，本種以外でも同様の食中毒が相次いで報告されている。それらの原因毒は共通してPTX様毒と判断あるいは推定されていることから，PTX様毒中毒といわれるようになった。ここでは，このPTX様毒中毒について実際の中毒事例を交えながら述べることにする。

わが国沿岸に生息するアオブダイは通常無毒とされているが，ときとして毒化し，これを誤ってヒトが摂食して中毒することがある。筆者らは公的機関の食中毒資料，報道資料，学術論文(天野ら，1975；Fusetani et al., 1985；Noguchi et al., 1987, Okano et al., 1998；吉嶺ら，2001；Taniyama et al., 2004；谷山・高谷，2009)など，あるいは中毒発生地域での聞き取り調査から，アオブダイによる食中毒(以下，“アオブダイ中毒”とする)の発生状況を調べてきた。

アオブダイ中毒はこれまで西日本を中心に少なくとも28件発生し，死亡者6名を含む99名が中毒している(表1)。発生場所は長崎県が8件と最多で，

表1　日本におけるパリトキシン様毒中毒事例

事例 No.	発生年月	発生場所	原因魚種	喫食部位	患者数	死亡者数
1	1953年5月	長崎県	アオブダイ	不明	10	1
2	1962年5月	長崎県	アオブダイ	不明	3	1
3	1963年5月	長崎県	アオブダイ	不明	7	0
4	1963年5月	長崎県	アオブダイ	不明	2	0
5	1963年5月	長崎県	アオブダイ	不明	1	1
6	1972年10月	兵庫県	アオブダイ	肝臓	5	0
7	1972年11月	兵庫県	アオブダイ	筋肉・肝臓	5	0
8	1981年2月	兵庫県	アオブダイ	筋肉・肝臓	8	0
9	1983年2月	三重県	アオブダイ	肝臓	2	1
10	1983年4月	高知県	アオブダイ	肝臓	8	0
11	1986年11月	愛知県	アオブダイ	筋肉・肝臓	2	1
12	1987年12月	高知県	アオブダイ	肝臓	3	0
13	1988年12月	高知県	アオブダイ	不明	1	0
14	1989年12月	宮崎県	アオブダイ	肝臓	3	0
15	1989年12月	高知県	アオブダイ	不明	2	0
16	1990年10月	鹿児島県	ハコフグ(推定)	不明	1	0
17	1993年3月	長崎県	ハマフグ(推定)	不明	1	0
18	1993年4月	高知県	アオブダイ	筋肉・肝臓	1	0
19	1993年10月	長崎県	アオブダイ	筋肉・肝臓	2	0
20	1995年9月	三重県	アオブダイ	筋肉・肝臓	1	0
21	1997年9月	大阪府	アオブダイ	筋肉・肝臓	11	0
22	1999年4月	鹿児島県	アオブダイ	筋肉・肝臓	2	0
23	1999年12月	宮崎県	ハコフグ(推定)	筋肉・肝臓	1	0
24	2000年10月	高知県	ハタ類	筋肉・内臓	11	0
25	2001年1月	三重県	ブダイ	消化管を除く全て	1	0
26	2001年11月	三重県	ハコフグ類	内臓	1	0
27	2003年2月	宮崎県	ウミスズメ(推定)	筋肉・肝臓	1	0
28	2003年10月	宮崎県	ハコフグ	筋肉・肝臓	2	0
29	2004年4月	宮崎県	アオブダイ	筋肉・肝臓	2	0
30	2004年10月	長崎県	ハコフグ(推定)	筋肉・肝臓	3	0
31	2007年4月	長崎県	アオブダイ	筋肉・肝臓	2	0
32	2007年8月	長崎県	ウミスズメ(推定)	筋肉・肝臓	2	1
33	2008年10月	長崎県	ハコフグ	筋肉・肝臓	1	0
34	2009年3月	宮崎県	アオブダイ	肝臓	2	0
35	2009年3月	鹿児島県	アオブダイ	不明	5	0
36	2009年12月	宮崎県	アオブダイ	肝臓	1	0
37	2011年3月	宮崎県	アオブダイ	筋肉・肝臓	1	0
38	2011年10月	東京都	アオブダイ	頭部・内臓	4	0
39	2011年12月	福岡県	ハコフグ	肝臓	1	0
40	2012年4月	長崎県	アオブダイ	筋肉・肝臓	3	1
41	2013年11月	徳島県	ハコフグ(推定)	不明	2	0
42	2013年11月	熊本県	ハタ類	筋肉	2	0

続いて高知県と宮崎県で各5件，兵庫県で3件，三重県と鹿児島県で各2件，愛知県，大阪府，東京都で各1件となっている。筆者らが関係機関などの協力を得て聞き取り調査を行った事例のうち，事例21と事例22について詳細を以下に示す。

(1)事 例 21

1997年9月30日，大阪市で13名が同市の魚介類販売店から購入したアオブダイの刺身，鍋料理などを夕食として食べた。そのうち，11名が同日夜中から手足のしびれ，筋肉痛，呼吸困難を発症し，9名は同市内の医療機関に入院した。患者らの潜伏時間(原因食品を食べてから中毒症状が現れるまでの時間)は，最短で4時間，最長で35時間，平均で約14時間であった。主症状は横紋筋の融解による筋肉痛(横紋筋融解症)，それにともなうミオグロビン尿(黒褐色の排尿)症，筋力低下，呼吸困難であった。

また，患者らの生化学検査(Box 1参照)では血清クレアチンホスホキナーゼ(CPK)，グルタミン酸オキサロ酢酸トランスアミナーゼ(GOT)(アスパラギン酸アミノトランスフェラーゼ：AST)，グルタミン酸ピルビン酸トランスアミナーゼ(GPT)(アラニンアミノトランスフェラーゼ：ALT)および乳酸脱水素酵素(LDH)が発症後2～3日目に異常値を示した。特に，男性患者1名の血清CPK値は発症直後に48,000 IU/l と急激に上昇し，発症翌日には最高58,600 IU/l にまでに達した(成人男性の基準値は数十～200 IU/l 前後：検査方法や検査施設で異なる)。また，女性患者1名の血清CPK値も発症直後に10,200 IU/l，発症2日目に最高40,300 IU/l にまで達して(成人女性の基準値も数十～200 IU/l 前後：検査方法や検査施設で異なる)，一時，重篤に陥ったが，幸いにも死には至らなかった。

(2)事 例 22

1999年4月3日，鹿児島市在住の夫婦が同市の鮮魚店からアオブダイ(推定体長70 cm，推定体重4～8 kg)を購入し，翌日に親戚ら25名とともにその刺身を食べた。このとき，肝臓の煮付けも用意されていたが，食卓には出されなかった。同月5日夕方，アオブダイを購入した夫婦のみがこの肝臓の

Box 1　パリトキシン様毒中毒における臨床検査で測定される酵素活性の解説

本文で述べたように，パリトキシン様毒中毒では横紋筋融解症を主徴とする。横紋筋融解症は骨格筋の傷害の1つで，臨床検査で測定される患者の酵素活性のうち，CPK(CK)，GOT(AST)，GPT(ATL)LDH(LD)は，その傷害を判定するのに有効な酵素とされている。

酵素活性は，国際単位で(International unit)で表示される。これは，1964年国際生化学連合会の「国際単位」の定義に基づくもので，「至適条件下で，試料1L中に温度30℃で1分間に1 μmolの基質を変化させることができる酵素量を1単位とする」となっている。一般的には，検査室では酵素活性は自動分析機で測定されるので，日常検査としての活性は37℃における国際単位である。従来は，国際単位を略してIU/Lが用いられていた。現在では，日本臨床医学会(JSCC)の標準化委員会から，CK，AST，ATL，LD，アルカリホスファターゼ(ALP)，γ-グルタミルトランスフェラーゼ(γ-GT)，アミラーゼ(AMY)，コリンエステラーゼ(ChE)の8項目についてはJSCC標準化対応法での測定が提唱され，その国際単位としてU/Lが使用されるようになってきている(前川，2012)。なお，本文中では当時の測定単位であるIU/LをIU/lとして用いた。

以下に，本文中に記載しているCPK，GOT，GPT，LDHの酵素について概説する。

クレアチンホスホキナーゼ(CPK)

クレアチンキナーゼ(CK)ともいう。高エネルギーリン酸化合物を産生する役目を果たす酵素で，

クレアチン＋アデノシン三リン酸⇌クレアチンリン酸＋アデノシン二リン酸

の反応を触媒する。この反応は生体内では左方に傾斜しているが，これはクレアチンリン酸がアデノシン三リン酸より高エネルギーリン酸結合を有するからである。この高エネルギーリン酸化合物は筋肉の収縮に関与するエネルギー源として不可欠なものである。CKはM(筋肉型)とB(脳型)の2種のサブユニットからなる2量体で，分子量は約8万である。このため，細胞可溶性分画のCKはCK-BB，CK-MB，CK-MMの3種のアイソザイム(生化学的に同じ反応を触媒するにもかかわらず，タンパク質の1次構造が異なるもの)がある。CK-BBは主として脳に，CK-MMは骨格筋に存在し，CK-MBは混在型で心筋に多い。

血清CK活性測定は，心筋梗塞の早期診断や骨格筋疾患の指標として測定されている。総CK活性(JSCC標準化対応法)の基準範囲は男性で60～250 U/L，女性で50～170 U/Lである。CK-MBの基準範囲は25 U/L以下(免疫阻害UV法)または7.8 ng/L以下(臨床検査室改善法)で，電気泳動によるアイソザイム分画ではCK-MM＞94%，CK-MB＜5%，CK-BB＜1%となっている。

血清CK活性の上昇は骨格筋由来(おもにCK-MM)による骨格筋が崩壊する病態・疾患，進行性ジストロフィー，皮膚筋炎，多発性筋炎，甲状腺機能低下症，糖尿病，痙攣，外傷，血栓塞栓症，破傷風，先天代謝異常症，激しい運動，筋肉痛，筋肉注射，悪性高熱症，抹消循環不全が原因で認められる。そのほか，心筋由来(CK-MMとCK-MB)の急性心筋梗塞，心筋炎，心臓手術後，脳由来(おもにCK-BB)の脳血栓，脳梗塞，脳損傷，未熟児，腫瘍由来(CK-MMまたはCK-MB)の固形癌なども血清CK活性の上昇の原因として挙げられる(前川，2012)。

グルタミン酸オキサロ酢酸トランスアミナーゼ(GOT)

アスパラギン酸アミノトランスフェラーゼ(AST)ともいう。ASTは後述のALTとともに，アミノ基転移酵素である。このトランスアミナーゼは，1つのアミノ酸からアミノ基を奪い，そのアミノ基をほかのα-ケト基に移して別のアミノ酸を生成する酵素であり，補酵素としてピリドキサルリン酸を必要とする。ASTには，ミトコンドリア内(マトリックス)に存在するm-ASTとミトコンドリア外の細胞質に存在するc-ASTの2種類のアイソザイムが存在する。それらは，別々の染色体に座位する遺伝子産物であるが，アミノ酸レベルで50%ほどの相同性を有している。

ASTは，心臓，肝臓，骨格筋，腎臓，赤血球などに幅広く含まれ，臓器(細胞)特異的とはいえないため，血清AST値上昇からどこに傷害があるかどうかは判定できないが，どこかで傷害が発生していることがわかる。心臓，肝臓，骨格筋をはじめ，ほとんどすべての組織に広く分布しているため，血清AST値は種々の疾患，病態で上昇する。とはいえ，組織の大きさと含量から肝細胞傷害がまず考えられるため，より肝臓に特異性の高いALTとともにASTの検査はしばしば肝機能検査の1つと考えられている。

ASTの基準範囲は10～35 U/L(JSCC標準化対応法)である。肝炎では，時期や病態によってALTとのバランスが変化する。急性肝炎の初期や劇症肝炎ではAST>ALT，経過とともにAST<ALTとなる。ASTの半減期はALTよりも短いため，ASTが基準範囲に近づくころにはAST ≪ ALTとなる。このように，AST/ALT比は病態を識別するために有効である。AST/ALT比が0.87より高いと，急性肝炎の初期，劇症肝炎，アルコール性肝傷害，肝硬変，肝細胞癌，心疾患，骨格筋疾患(急性)，溶血性貧血などの赤血球の破壊，各種の悪性腫瘍が考えられる。AST/ALT比が0.87未満だと，急性肝炎，慢性肝炎，急性肝炎の回復期，非アルコール性脂肪肝が考えられる(前川，2012)。

グルタミン酸ピルビン酸トランスアミナーゼ(GPT)

アラニンアミノトランスフェラーゼ(ALT)ともいう。ALTもASTと同様にピリドキサルリン酸を補酵素とするアミノ基転移酵素である。肝臓，腎臓，心筋，骨格筋など比較的限られた組織や細胞に存在し，肝臓特異性が高いが，赤血球にも血清中の7倍程度は含まれており，ほかの組織にゼロというわけではない。活性を比較すると，肝臓においてもASTがALTよりも多い。ALTもASTと同様にミトコンドリア分画もあるが，肝臓の細胞質(ミトコンドリア外)に多く含まれているため，臨床意義としてのアイソザイムの概念がない。生体内で，L-アラニンおよび2-オキソグルタミン酸とL-グルタミン酸およびピルビン酸との間のアミノ基転移酵素として窒素や炭素の代謝に重要な役割を果たしている。アラニンはL-グルタミン酸と並び，血漿中で最も濃度が高いアミノ酸の1つで，肝臓ではピルビン酸の供給源になり，糖新生などに利用される。

ALTの基準範囲は5～30 U/L(JSCC標準化対応法)である。ALTは肝臓に多く含まれるため，肝細胞傷害のマーカーとしての意義が大きい。肝疾患の鑑別には，前述のとおりAST/ALT比が有効である。また，ALTがASTと同レベルに上昇する疾患として，慢性的な骨格筋疾患が挙げられる。すなわち，LD(後述)：AST：ALTが5：1：1に近い割合で上昇した場合，その原因が筋ジストロフィー，多発性筋炎など慢性的な骨格筋疾患を最初に疑い，CKを検査することが大切である。なお，急性の骨格筋傷害ではALTの上昇はほとんど見られない(前川，2012)。

乳酸脱水素酵素(LDH)

乳酸デヒドロゲナーゼ(LD)ともいう。解糖系最終段階に作用する酵素で，H(心臓型）とM（筋肉型）の2種のサブユニットからなる4量体である。Hサブユニットは心筋など好気的な条件で働く組織に多いため，ピルビン酸に対する親和性が高いこと，過剰なピルビン酸による基質阻害が生じ，嫌気的解糖からTCAサイクル（クエン酸回路）に流れるようにできていると考えられる。一方，激しい運動による虚血に耐えなければならない骨格筋にはMサブユニットが多く，高濃度のピルビン酸によっても阻害がかからず，嫌気的解糖が進むと考えられる。

LDはすべての組織・細胞に存在するため，その上昇は細胞傷害，なんらかの病態の存在を示すスクリーニング検査項目としては鋭敏であるといえるが，どこに異常があるかはそれだけではいえない。そこで，LDとASTなどほかの遊出酵素との比較（LD/ASTなど），1～5型のLDアイソザイム（LD-1～LD-5）のパターンが有効となる。LDは各細胞で発現しているH，Mサブユニットの量に依存して4量体を形成する。そのため，Hサブユニットが多く発現している心筋や赤血球ではLD-1が多い。逆に，Mサブユニットが多く発現している肝臓や骨格筋ではLD-5が多い。

LDの基準範囲は120～220 U/L（JSCC標準化対応法）である。LDアイソザイムパターンとLD/AST比の組み合わせのうち，5型が優位になるパターンは最も単純で，たとえばLDアイソザイムパターンが4型<5型，LD/AST比が5～10では，骨格筋に由来する急性の筋崩壊が考えられる（前川，2012）。

煮付け（夫7割，妻3割程度）を食したところ，6日深夜，突然，夫が腰から下肢にかけて激痛を訴え，しばらくするとまったく動けなくなり，医療機関へ搬送された。その後，夫に付き添っていた妻も激しい腰痛や全身の倦怠感を呈して入院した。

夫婦に共通した主症状は，横紋筋融解症やミオグロビン尿症であった。また，入院直後の夫の血清CPK値は75,700 IU/l，妻は52,100 IU/lにまで上昇した。夫婦ともに，これらの値が基準値付近にまで低下するのに2週間を，諸症状の回復には2か月以上を要した。

これまで記録のある事例によれば，アオブダイ中毒の潜伏時間は最短で3時間，最長で61時間（大半は12～24時間）と比較的長い。患者らに見られる主症状は横紋筋融解症で，ミオグロビン尿症，呼吸困難，歩行困難，胸部の圧迫，麻痺，痙攣などをともなうこともあり，初期症状の発症から数日で血清CPK値が急激に上昇する。これらの症状の全回復には数日～数週間，長いときには数か月かかる。なお，アオブダイ中毒では最悪の場合には死に至ることもある。事例2の女性患者は喫食から13時間で呼吸困難，全身の筋肉の硬直，胸部の激痛を呈したのち42時間後に死亡(致死時間：55時間)，事例5の男性患者は同様に8時間で筋肉痛や黒褐色の排尿が認められたのち54時間で死亡(致死時間：62時間)，事例9の女性患者の潜伏時間は5時間で呼吸困難や全身のしびれを発症し，111時間後に死亡(致死時間：116時間)，事例11の女性患者は17時間の潜伏時間を経て筋肉痛やミオグロビン尿症を呈し，さらに血清CPK，GOT，GPT，LDHが異常値を示し，発症から97時間後に死亡した。これらの死亡事例から，本中毒の致死時間は数十時間～数日間と広範囲であることがわかる。

このように，アオブダイ中毒は概ね12～24時間の長い潜伏時間があり，急激な血清CPK値の上昇をともなう横紋筋融解症やミオグロビン尿症を主症状とし，かつ回復時間や致死時間が長い点が主徴である。これらはTTXやシガテラなどとは一致せず，現在ではアオブダイ中毒は特異な海洋性自然毒中毒の1つと認識されている。

アオブダイは定置網やエビ刺し網により混獲されるが，そもそも市場価値はほとんどなく，漁獲海域の周辺地域で消費される程度であった。長崎県福江島では，アオブダイの筋肉は磯臭く不味で，カマボコの原料として利用される程度であったが，肝臓は脂肪分に富んで美味で好んで食べられていた。逆に，宮崎県沿岸のアオブダイは肝臓よりも筋肉が美味といわれている。また，徳島県から高知県にかけての太平洋沿岸地域や鹿児島県種子島でも地元で漁獲されたアオブダイが消費されていた。そのため，アオブダイ中毒の多くは，各発生地域周辺の海域で漁獲されたものが原因となっている。一方で，かつては稀に体重が5 kgを超える大型魚が都市部の市場に出荷されていたこともある。兵庫県の3件(事例6～8)，大阪府の1件(事例21)の事例は徳島県から高知県にかけての四国太平洋沿岸で，愛知県の1件(事例11)は三重県沿岸で，東京都の1件(事例38)は宮崎県沿岸で獲れたアオブダイが原因であった。

現在，アオブダイは事例21の発生直後に出された厚生省(現，厚生労働省)通知(厚生省生活衛生局乳肉衛生課長通知「アオブダイの取扱いについて」，平成9(1997)年10月7日，衛乳第281号)により販売や消費が自粛されている。さらに，地方自治体などもアオブダイ中毒の危険性について周知を繰り返している。

しかしながら，1999年の事例22では，販売自粛のはずのアオブダイが鮮魚店で販売され，それが中毒を引き起こしていた。また東京都福祉保健局によれば，2011年の事例38では，原因となったアオブダイは都内業者を通じて「ブダイ」として宮崎県内から飲食店(原因施設)に直送で仕入れられており，これを調理・喫食した従業員は有毒魚であるという認識はなかったという。そのほかにも，自家消費などによるアオブダイ中毒は後を絶たない。

ところで，アオブダイ中毒は有毒なアオブダイのみによって引き起こされると考えられてきた。しかしながら，近年，本種以外の海洋性魚類でも，アオブダイ中毒と同様の中毒事例が相次いで報告されている。筆者らは2000年以来，関係機関などと連携をはかりながら，実際に起こったアオブダイ中毒と同様の中毒の調査・研究にかかわってきた。そのうち，事例24，事例25，事例27，事例32(表1)(Taniyama et al., 2002；谷山ら，2003；楠原ら，2005；谷山・高谷，2008；谷山ら，2009)の詳細を以下に示す。

(3)事 例 24

2000年10月29日，高知県宿毛市の漁師が同県柏島沖で獲った「クエ」と呼ばれる大型魚(体長1.3 m，体重32 kg)を9グループが購入し，分配した。同月30日から11月4日にかけて，高知市と土佐市の男女33名がその鍋料理などを食べ，そのうち11名が10月31日〜11月5日にかけて中毒した。本中毒では，原因食品であるハタ類の料理を同一患者が複数回喫食しており，中毒症状と考えられる肩こりや筋肉痛を感じながらも，さらに喫食している患者もいた。そのため，本中毒の潜伏時間を喫食時間から発症時刻までの時間とすることが困難であった。そこで，発症日時に最も近い喫食日時から発症日時までを潜伏時間相当として検討したところ，3〜43時間(平均潜伏時間19時間程度)となった。いずれの患者も首，肩，腕，腰，足などに筋肉痛を呈し，そのほかにミオグロビン尿症，呼吸困難，頭痛，目の充血，目の異常，熱感，吐き気，腹痛なども認められた。

以下は一部の患者の詳細である。

患者A(男性)は11月1日と2日に内臓全般を食べ，2日夕方から全身の筋肉痛を訴えた。患者B(男性)は11月2日夕方にエラの部分を中心に食べ，

3日に肩が痛み出し，翌日両上腕の筋脱力が現れ，腕が上がらないほどであった。患者C(男性)は11月2日と3日に肝臓を食べ，4日深夜から腰部の激しい筋肉痛を呈した。患者D(男性)は10月31日，11月1日と4日に筋肉とアラを食べ，5日昼前より背部から鼠径部にかけて痛みが現れた。その後，次第に悪化し，痛みとこわばりで動けないほどであった。また，患者E(女性)は11月2日に筋肉を食べ，4日の朝から腰痛を呈し，翌日には身動きがとれないほどとなった。患者A～Eは全員入院することとなった。患者らのおもな症状は，横紋筋融解症，激しい腰痛，ミオグロビン尿症で，血清CPK値は発症日から異常値を示した。特に患者Cの血清CPK値は発症日の翌日に23,800 IU/lと基準値の100倍以上の高い値であった。患者の血清CPK値が基準値付近まで下がるのに約1週間，諸症状の回復には1か月以上を要した。

本事例は，平均潜伏時間が約19時間と長く，血清CPK値の急激な上昇をともなう横紋筋融解症やミオグロビン尿症を主徴とし，回復時間も長い点でアオブダイ中毒と酷似していた。このことから，本事例はアオブダイ中毒と同一あるいは類似した毒(原因毒については後述)によるアオブダイ中毒と同様の中毒と考えられた。一方，本事例において，筆者らは患者宅に残されていた原因食品の一部である魚肉(中毒検体)を入手することができた。本中毒の患者らは原因魚種を「クエ」と証言していたことから，この中毒検体とクエ(*Epinephelus moara*)の魚肉から筋形質タンパク抽出液を調製し，等電点電気泳動分析にて比較検討した。その結果，中毒検体の筋形質タンパクの泳動パターンはクエに酷似していたが，完全には一致しなかった。ハタ類には体長や体色が似た種が多く，釣り人，漁師，市場関係者らがクエとは異なる魚種であっても外観が似たようなハタ類を「クエ」と呼ぶことは珍しくない。市場ではクエは高級魚として扱われ，冬場は1 kg当たり1万円を超える高値で取引されているため，本種以外のハタ類がクエの代用として，通称「クエ」として流通している場合がしばしばあるという。そのため，本中毒の原因魚種も魚体の特徴がクエに酷似した地元で通称「クエ」と呼ばれる本種とは別種のマハタ属の1種(*Epinephelus* sp.)であったと考えられた。

これまで標準和名クエの学名は*E. bruneus*とされていた。しかしながら，最近になり，同じマハタ属である *E. bruneus* と *E. moara* の形態学的，遺伝学的な新知見が明らかとなり，実は日本近海のクエは *E. moara* で，南シナ海の個体群が *E. bruneus* と報告されている(Liu et al., 2013)。そこで，本章では前述の魚種判別に用いたクエの学名として *E. moara* を用いている。

わが国では，ハタ類による中毒は南西諸島を中心にシガテラが知られている(シガテラについては第4章を参照)。シガテラは潜伏時間が概ね1～8時間で，口唇や舌，喉のひりひりとした痛み，嘔吐，金属的な味，下痢，関節痛，めまい，チアノーゼ，脱力感などが現れる。特徴的な症状としては，重症になると神経症状が著しくなり，温度感覚の異常(ドライアイスセンセーション)を呈する(橋本，1977)。高知県では，1971年12月～1972年1月にかけて，鮮魚店などで「クエ」として販売されていた小笠原海域産ハタ類による中毒が8件発生し，42名が中毒している。これらの中毒の発症時間はほぼ8時間以内で，主症状として麻痺や脱力感で，ドライアイスセンセーションを呈した患者もいた。そのため，いずれもシガテラが疑われたが，原因食品はすべて処分されていたため，原因魚種や原因物質の特定には至らなかったようである。

一方，事例24の中毒患者にはいずれもシガテラに特徴的なドライアイスセンセーションなどの症状はまったく認められなかったことから，本中毒はシガテラではないと判断した。ところで，高知県では1983年から1993年にかけて5事例の典型的なアオブダイ中毒の記録がある(表1)。いずれも高知県周辺の海域で獲れたアオブダイが原因であったため，同海域ではハタ類も有毒なアオブダイと同一あるいは類似した毒を保有する可能性が危惧された。

最近(2013年11月)では，熊本県でも事例24と類似したハタ類による中毒が発生している(表1，事例41)。熊本県の発表などによれば，鹿児島県宇治群島で釣られたハタ類の刺身や塩焼きを食べた3名のうち，2名が筋肉痛や倦怠感を訴えて中毒した。患者2名は「クエを食べた」と話したという。同県は患者の血液検査の結果などから，本事例をアオブダイによる中毒と同じ中毒と判断している。

(4)事 例 25

2001年1月19日，三重県紀伊長島町沖で獲れた「イガミ」と呼ばれる魚の煮付け(消化管を除くすべて)を男性1名が夕食として，さらに翌20日に朝食として食べたところ，同日昼前から四肢の脱力感を呈し，同日正午過ぎには座ることさえ困難となった。しかしながら，その男性は食欲があったため，同日同料理を昼食として再び食べた。同日午後，男性は一時的に脱力感が消失したものの，夕方に再び全身の筋肉に激しい痛みを訴えたため，医療機関へ搬送された。本中毒では事例24と同様，患者は中毒症状と考えられる四肢の脱力感を呈した後も，その原因食品(魚の煮付け)を食べていたため，発症日時に最も近い喫食日時から発症日時までを潜伏時間相当としたところ，それは3時間であった。

患者の主症状は筋肉痛(急性横紋筋融解症)であった。また，生化学検査において，その血清CPK，GOT，LDHは発症日(20日)から異常値を示した。特に，血清CPK値は発症日に21,800 IU/lと基準値の100倍以上もの高い値を示し，その後は徐々に低下した。これら諸症状の完治には約1週間を要した。

一方，原因魚類の残品は患者の家庭で廃棄されていたため，原因魚種そのものの同定には至らなかった。患者や中毒検体を販売していた店舗関係者によれば，原因魚類は「イガミ」でアオブダイではなかったと証言した。さらに，同店舗に残っていた同一ロットの魚類2検体を入手し，三重県水産技術センター(現，三重県水産研究所)にて同定したところ，いずれもブダイ(*Calotomus japonicus*)であった。そこで，患者に同写真を見せて確認すると，このブダイに間違いなくアオブダイではなかったことが判明した。なお，同店舗では本事例の発生時期に同じ魚類をほかにも販売していたとのことであったが，本事例以外の中毒は起こっていない。さらに，これまでわが国ではアオブダイ以外のブダイ類による同様の中毒事例は本事例のみである。

(5)事 例 27

2003年2月20日，宮崎県島浦島沖で釣り上げられた「ハコフグ」を同県延岡市の男性2名が食べた。そのうち，筋肉と肝臓の大部分を食した1名が約8時間後に発熱，後頸部痛，血尿が，約20時間後には無尿，項部硬直，全身の筋肉痛，呼吸困難が現れ，同市の医療機関に入院した。入院時，患者には意識清明，呼吸音清，項部硬直，全身の筋痛が認められ，第2病日に

CPK は最大値 80,540 IU/l を示していた。当初，本事例は TTX 中毒が疑われていたようであるが，患者の症状などからアオブダイ中毒と同様の食中毒と診断された。

患者らは，原因となった魚類は「ハコフグ」で，皮膚に六角形の紋様，前額部に“ツノ”があったと証言した。しかし，ハコフグ(*Ostracion immaculatus*)には前額部に“ツノ”はない。日本近海に生息するハコフグ類のうち，ハコフグに類似した外観で，皮膚に六角形の紋様，前額部に“ツノ”がある魚種として，ウミスズメ(*Lactoria diaphana*)が挙げられる。そこで患者らの証言と照らし合わせて，本事例の原因魚種はハコフグではなく，ウミスズメであった可能性が高いと考えられた。

(6)事 例 32

2007 年 8 月 25 日，長崎県福江島で男性 1 名が同島沖で獲れたハコフグ類の筋肉と肝臓のみそ焼きを食べ，約 13 時間後に腰痛とミオグロビン尿症を発症した。いずれの症状も軽症で，同月 27 日には回復した。一方，同月 26 日に獲れたハコフグ類を同様に調理して食べた男性 1 名は約 11 時間後に筋肉痛(横紋筋融解症)，起立困難，呼吸困難，ミオグロビン尿症が現れた。この患者は，初期症状の発症から約 48 時間後に急性腎不全などを併発して重篤となり，心肺停止，意識不明のまま約 2 週間後に死亡した。本事例では，問題となったハコフグ類は残っていなかったが，患者やその家族の証言から，いずれの原因魚種もウミスズメと推定した。

一般に，海洋性フグ類(フグ科魚類)による中毒としては TTX 中毒が知られている(フグ中毒については第 2 章を参照)。この中毒はしびれ，麻痺，嘔吐などを主症状とし，横紋筋融解症やミオグロビン尿症の症例はない。事例 26 と事例 32 は，いずれもハコフグ類が原因であったが，いわゆる“フグ中毒”ではなく，アオブダイ中毒に酷似していた。そこで事例 27 を機に，筆者らはハコフグ類を原因とする同様の中毒(以下，“ハコフグ中毒”とする)事例の実態を詳細に調査してきた。

その結果，1990～2013 年にかけて，少なくとも 11 事例(事例 26 と事例 27

を含む）の記録が見出された（表1）。ハコフグ中毒の患者総数は16名，そのうち1名が死亡している。発生場所は，長崎県が4件と最も多く，次いで宮崎県で3件，鹿児島県，三重県，福岡県，徳島県で各1件であった。また，これらの原因魚種は発生場所に近い海域で獲れたものが多かった。このうち，筆者らは事例28と事例33の中毒検体（図1）を入手し，それぞれの形態学的特徴からすべてハコフグと同定した。そのほかの事例の原因魚種は，ほとん

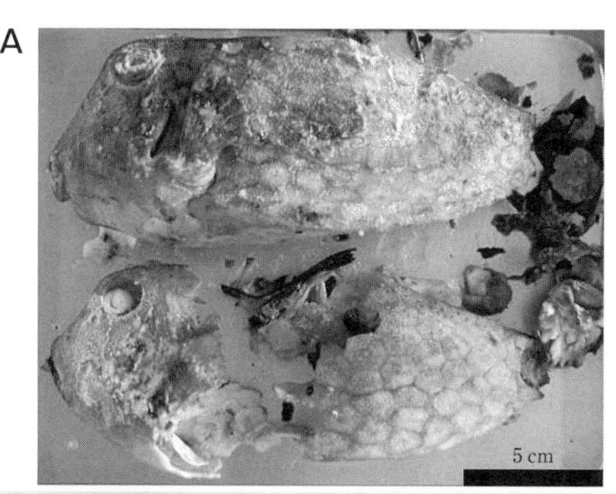

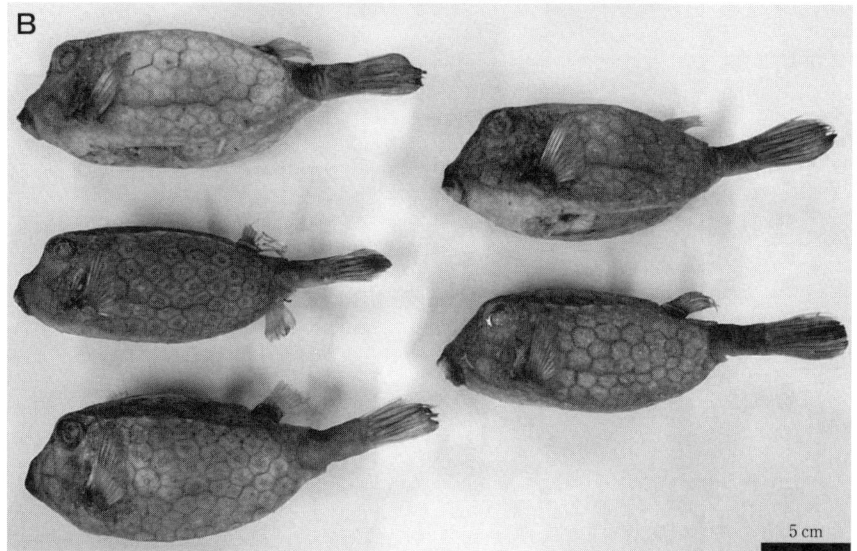

図1　ハコフグ中毒の中毒検体（谷山ら，2009より）。A：事例28，B：事例33

どがハコフグまたはウミスズメであったろうと推定されている。

アオブダイ中毒の多い長崎県では，五島列島を中心にハコフグを食材とした“かっとっぽ”(ハコフグの味噌焼き)と呼ばれる伝統的郷土料理があり，古くから食されている。宮崎県延岡市でも長崎県に倣った同様の料理が知られている。ハコフグ類による中毒は，このような食習慣のある九州での事例が多いようである。現在，厚生省環境衛生局乳肉衛生課長通知((昭和58年12月2日，環乳第59号)「フグの衛生確保について」，厚生省)により，ハコフグの筋肉と精巣のみが食品衛生上可食部として取り扱われている。しかしながら，ハコフグ中毒では肝臓を筋肉と併せて食べたことによる中毒が目立ち，アオブダイ中毒と同様，その発生は後を絶たない。また，肝臓を取り除いていないハコフグが誤って販売されているケースが散見され，本中毒は今もなお食品衛生上の問題となっている。

他方，日本以外でもアオブダイ中毒と類似した中毒事例がある。バングラデシュでは淡水フグ *Tetraodon* sp. による一般的な“フグ中毒”とは若干異なる特異な中毒(以下，“淡水フグ中毒”)が報告されている(Mahmud et al., 2000)。本中毒は，1988～1996年にかけて，少なくとも10件発生の記録がある(表2)。患者総数は55名で，そのうち21名が死亡している。そのうち，2事例の詳細を示す。

(7)事 例 Ⅱ

1990年4月10日，Munshiganjにて淡水フグを食べた7名が中毒した。本事例の潜伏時間は約1時間，主症状は筋肉痛，呼吸困難，麻痺，しびれ，悪心(嘔気)，嘔吐であった。患者7名中2名は2～3日後に回復したが，5名は約24時間後に呼吸停止により死亡した。

(8)事 例 Ⅵ

1994年12月7日，Bholaにて淡水フグを食べた10名が中毒した。本事例の潜伏時間は不明で，主症状は筋肉痛，呼吸困難，麻痺，ミオグロビン尿症であった。また患者らの血清CPK値は298～430 IU/lを示したという。患者10名中8名は約2週間後に回復したが，2名は約48時間後に死亡した。

表2　バングラデシュでの淡水フグの摂食を原因とする中毒事例(Mahmud, 2000より)

事例No.	発生年月	発生場所	患者数	死亡者数(致死時間)	潜伏時間(h)	回復時間(日)	CPK値(IU/l)	主症状
I	1988年4月	Shathkhira	3	0	2	5	不明	筋肉痛，めまい，頭痛，悪心(嘔気)，疲労，嘔吐
II	1990年4月	Munshiganj	7	5(24時間)	1	2〜3	55〜65	筋肉痛，呼吸困難，麻痺，しびれ，悪心(嘔気)，嘔吐
III	1991年7月	Netrokona	2	0	不明	3	不明	筋肉痛，めまい，唇のしびれ，悪心(嘔気)，嘔吐
IV	1994年2月	Chandpur	4	1(24時間)	3	3	不明	筋肉痛，呼吸停止，悪心(嘔気)，嘔吐
V	1994年3月	Manikganj	5	3(24時間)	3〜5	2〜3	不明	筋肉痛，呼吸困難，ミオグロビン尿症
VI	1994年12月	Bhola	10	2(48時間)	不明	14	298〜430	筋肉痛，呼吸困難，麻痺，ミオグロビン尿症
VII	1995年1月	Rajshahi	5	0	1〜2	5〜6	230〜450	呼吸困難，麻痺，重度の胸痛，排尿困難
VIII	1995年4月	Barisal	4	4(8〜14時間)	1	不明	不明	呼吸困難，麻痺，唇のしびれ，排尿困難
IX	1995年5月	Sylhet	7	2(2時間)	0.5	11	不明	唇と舌の麻痺，唾液分泌，低体温症
X	1996年5月	Chandpur	8	4(4時間)	1〜2	7	不明	呼吸困難，麻ひ，腹痛，悪心(嘔気)，嘔吐

この淡水フグ中毒では，麻痺，しびれ，嘔吐など一般的な“フグ中毒”の主症状が見られる事例がある。一方で，淡水フグの場合，TTXではなく，麻痺性貝毒(PSP)を保有する種が報告されている(Kungsuwan et al., 1997；Zaman et al., 1997；1998)。PSP中毒はTTX中毒とよく似ており，通常30分程度で

発症し，主症状は麻痺で，致死時間は12時間以内とされている(麻痺性貝毒中毒については第2章7節を参照)。バングラデシュの事例では，一般的なTTX中毒やPSP中毒の症状以外に，筋肉痛やミオグロビン尿症が見られ，致死時間は24〜48時間とかなり長く，アオブダイ中毒に類似している。これら中毒事例の公式記録は1報(Mahmud et al., 2000)しかないが，食糧事情に乏しい地方の村落では同中毒が頻発し，多数の死者が出ているともいわれており，食品衛生上，大きな問題となっている。

また，2010年8月に中国・江蘇省南京市ではザリガニの喫食による横紋筋融解症を主徴とする中毒(以下，“ザリガニ中毒”とする)が相次いで発生し，5名が中毒している(Zhang et al., 2012)。以下に典型的な事例を示す。

(9)事　例

水産市場で購入したザリガニを調理し，夕食として食べた女性が5時間後に広範囲にわたる筋肉痛，胸部の痛み，息切れ，全身のしびれ，筋硬直を呈し，医療機関に入院した。このとき，患者には吐き気，嘔吐，下痢，腹痛は認められず，理化学的検査にも異常はなかった。しかし，患者の血清CPK(8,487 U/l)，GOT(371 U/l)，LDH(866 U/l)，クレアチンキナーゼMB分画(CKMB，81 U/l)，ミオグロビン(1,000 μg/l以上)は異常値であった。これらの症状は5日後には回復し，患者は退院した。

このザリガニ中毒では，CPK値の異常をともなう筋肉痛や胸痛，背痛が患者全員に現れ，全身のしびれが2名，筋硬直が1名，呼吸困難が1名に見られたが，吐き気，嘔吐，下痢，血尿はまったくなかった。このようにザリガニ中毒の主症状はアオブダイ中毒と類似しているが，この中毒にかかわった研究グループは本中毒をHaff disease(ハフ病)と判断している。

ハフ病とは，ヒトが魚類を食べて24時間後に横紋筋融解症を発症する原因不明の疾病である(Zu Jeddeloh, 1939)。ハフ病では神経異常や発熱，脾腫，肝腫は認められず，患者の多くは後遺症もなく助かるが，数名が死亡しているという。本疾病は古にヨーロッパで報告されて以来，スウェーデン，ロシア(旧ソビエト)，アメリカ，ブラジルでの事例が知られている(Zu Jeddeloh, 1983；Buchholz et al., 2000；Lahgley and Bobbitt, 2007；Santos et al., 2009)。本疾病の発生は魚類の摂食が原因で，主症状が横紋筋融解症である点でアオブダイ中毒と類似している。しかしながら，ハフ病とアオブダイ中毒の関連性は不明で，今後の研究が期待される。

以上，これまでわが国で発生しているアオブダイ中毒を含むPTX様毒中毒は41事例あり，患者総数は129名，うち7名が死亡している。現在のところ，本中毒に対する解毒剤などの特効薬や治療方法はなく，横紋筋融解症に起因する二次的な腎不全の発症を防ぎ，初期段階での呼吸循環不全を乗り切ることが重要であろう。わが国では本中毒の発生は後を絶たず，その原因となる有毒種は新たな脅威となり，食品衛生上，警戒を強めていく必要がある。

2. パリトキシン様毒の性状

アオブダイ中毒は半世紀以上も前から報告され，本中毒の原因究明に多くの研究者が携わってきたが，その原因物質は長らく不明であった。この状況は今から20年ほど前，当時の東京大学　野口玉雄博士(現，東京医療保健大学教授)の研究グループにより打ち破られ，大きく前進した。その後，長崎大学で野口教授と出会い，弟子入りした筆者らは，アオブダイ中毒などPTX様毒中毒の原因究明に加わり，その研究を推し進めてきた。ここでは，これまでの成果を踏まえ，PTX様毒の性状について述べる。

(1)マウス毒性

筆者らは事例21に関連して，その中毒検体が採捕された徳島県牟岐町沖から同時期(1997年10月)に6個体のアオブダイを入手し，それらの毒性を調べた。すなわち，各個体の筋肉と肝臓から酢酸酸性75%エタノールで毒を抽出し，脱脂後の粗抽出液をマウス毒性試験(Box 2参照)に供したところ，すべての個体で筋肉と肝臓の両方，またはいずれかの部位が有毒であった。それらの毒力は0.5～2.0 MU/gと総じて低かった。これらの毒力と死者をともなった事例11の中毒検体の毒力が0.6～1.0 MU/g(Noguchi et al., 1987)であったことを併せ考えると，アオブダイの毒(粗毒)は0.5 MU/g程度であっ

Box 2 海洋性自然毒の毒力を表す単位

フグ毒や麻痺性貝毒，シガテラ毒素，パリトキシン様毒の毒力は，マウス単位(Mouse unit，MU)で表され，MUと略されることが多い。これらの毒力は，食品衛生検査指針理化学編に記載されている実験動物を用いた毒性試験により求められる場合がほとんどである。毒の種類によって1MUの定義は異なる。

以下に代表的な海洋性自然毒の毒力について概説する。

フグ毒(テトロドトキシン，TTX)

食品衛生検査指針理化学編ではマウス検定法が参考法として示されている。本法での毒性試験ではddY系の雄で体重が19～21gのマウスを用いる。1投与量に対しては，1群3～5匹のマウスを用い，検体から調製した粗抽出液(試験液)1mlを腹腔内に投与し，特有の症状である歩行困難，運動不能後横臥，呼吸困難などを経て呼吸停止(死)に至るまでの時間を秒単位で計測する。毒力の算出には，TTXの致死時間-MU換算表を用いる。

TTXの1MUは，体重20gのマウス1匹を30分間で死亡させる毒の量で，テトロドトキシン0.22μgに相当する。食品衛生上，毒力が10MU/g(検体1gでマウス10匹を死亡させる毒力)以下の場合は食用に供しても健康を害する恐れがないと判断される(児玉・佐藤，2005)。

麻痺性貝毒(PSP)

食品衛生検査指針理化学編では，TTXとほぼ同様のマウス検定法が示されているが，PSPの場合，本法は公定法と定められている。毒力の算出には，PSPの致死時間-MU換算表を用いる。PSPの1MUは体重20gのマウス1匹を15分間で死亡させる毒の量とされる。PSPはサキシトキシン(STX)同族体群の総称で，これまでに30近い同族体の存在が知られている。STXのマウス腹腔内注射による致死毒性は5,500MU/mgで，TTXに匹敵する。アメリカやカナダで採用されている規制値はSTX相当量で80μg/100gとされ，ほぼ4MU/gに当たる。わが国ではSTXの標準溶液が使用できないことから，同じマウスの系群(ddY)および性(雄)を使い，できるだけ感受性の差がでないようにしている(大島，2005)。

シガテラ毒素

食品衛生検査指針理化学編では，シガテラの毒についてはマウス毒性試験法が参考法として示されている。本法での毒性試験ではddY系の雄で体重が17～20gのマウスを用いる。1投与量に対しては，1群3匹のマウスを用い，試験液1mlを腹腔内に投与し，24時間後の生死を観察する。3匹ともすべて，あるいは3匹中少なくとも2匹のマウスが死亡する最小濃度を求める。本法の1MUは，供試マウス1尾を24時間で死亡させる毒の量とされ，シガトキシン7ngに相当する。食品衛生上，検体の毒力が0.025MU/gを超えた場合は食用に不適当と判定する(佐竹，2005)。

パリトキシン様毒

本毒の場合，食品衛生検査指針理化学編に記載がないため，筆者らは以下のように毒力を求めている。本毒の毒性試験は，前述のシガテラ毒素の場合に準拠して行っている。試験にはddY系の雄で体重が17～20gのマウスを用い，まず試験原液1mlずつを3匹のマウスに腹腔内投与する。次いで，試験原液を精製水で2，4，8倍に希釈したものにつき，同様にマウスに投与し，48時間以内に3匹中2匹もしくは3匹のマウスが死亡する最大希釈倍率を求める。毒力は，検体1g当たりのMU

で表示し，最大希釈倍率が１(原液)，２，４倍の場合をそれぞれ0.5，１，２MU/gとしている(谷山ら，2009)。
過去の中毒検体の毒力から，食品衛生上，0.6～1.0 MU/g，すなわち検体２g程度でマウス１～２匹を死亡させる毒力を有する場合，食中毒を引き起こす危険性がある。

ても，ヒトを中毒させる可能性があると考えられた。しかしながら，アオブダイの毒はマウスに対する致死活性が相対的に低いといえる。

致死量のアオブダイの粗毒を投与したマウスは，１時間ほどして徐々に呼吸困難や痙攣が現れて動けなくなり，嗜眠のような状態に陥り，その状態が長く続き，投与から概ね24時間以内に死亡するパターンが多く，特異的な症状は観察されない。

(2)生化学的性状

アオブダイ中毒では急激な血清CPK値の上昇をともなう横紋筋融解症を主徴とする。この点に着目し，致死量に満たないアオブダイの粗毒をマウスに腹腔内投与し，その血清CPK値を経時的に調べた。

その結果，通常のマウスの血清CPK値は23～160 IU/lであるのに対し，粗毒投与２時間後に300～1,100 IU/l，４時間後に430～2,400 IU/l，６時間後には1,500～3,700 IU/lと異常値を示し続けた後，24時間後に160～240 IU/lと通常の値と同程度となった。同様に，致死量に満たないPTX標品を投与したマウスでは，６時間後に2,700～4,300 IU/l，12時間後に2,400～3,500 IU/l，24時間後に1,200～1,900 IU/lの異常値を示した。このようにアオブダイの粗毒とPTX標品ともにマウスは血清CPK値が上昇し，横紋筋融解症を呈していたと考えられた。前述した致死量のアオブダイの粗毒を投与したマウスの死に至るまでの状態は横紋筋融解症に起因するものかもしれない。このようにアオブダイの粗毒がマウスの血清CPK上昇活性を示したことは，アオブダイ中毒における原因物質とヒトの症状(横紋筋融解症)の因果関係を示す証拠の１つといえよう。

薬理作用

Noguchi et al.(1987)は，事例11の中毒検体，すなわち未調理の筋肉，未調理の肝臓と思われるもの，その他の内臓，筋肉と肝臓の入ったみそ汁を愛知県衛生研究所から提供され，原因物質の探索を試みた。まず，それぞれの中毒検体から調製した75％エタノール(pH3.5)抽出液は，0.6〜1.0 MU/gのマウス毒性を示した。次に，ウサギ大動脈，モルモット気管，同盲腸紐の各平滑筋，イセエビ神経-標本に各抽出液を滴下して薬理作用を調べたところ，筋肉から調製した抽出液は各平滑筋を収縮させた。この収縮はPTXの特異的阻害薬である強心配糖体シマリンにより完全に抑制されるが，アトロピン(コリン作動性遮断薬)，トリペレナミン(ヒスタミン拮抗剤)，インドメタシン(プロスタグランジン合成阻害剤)の影響は受けない。また，イセエビ神経-標本では筋肉の膜電位を不可逆的に脱分極させるとともに，シナプス後膜電位を抑制した。これらの作用はPTXと一致または類似するもので，筋肉に含まれていた毒はPTXの可能性が強く示唆された。みそ汁から調製した抽出液も同様の作用が認められた。一方，肝臓と思われるものとその他の内臓を合一し，調製した抽出液も各平滑筋を収縮させたが，トリペレナミンと拮抗した。また，イセエビ神経-標本に対する作用もPTXとは異なっており，この抽出液に含まれる毒の本体はヒスタミン(様)物質と考えられた。そこで，筋肉から毒を部分精製した。この精製毒はウサギ大動脈平滑筋とイセエビ神経-標本に対してPTXに特徴的な薬理作用を示した。

化学的性質

前述の精製毒のUV吸収スペクトルはPTXと同様に233 nm付近にショルダーを，263 nm付近で極大を示すことが報告されている(Noguchi et al., 1987)。さらに，この精製毒を高速液体クロマトグラフィー(HPLC)分析(Box 3参照)に供したところ，測定波長263 nmにてPTX標品と保持時間がほぼ一致する主ピークと隣接して副ピークが検出された。異なる2種の展開溶媒を用いた薄層クロマトグラフィー(TLC)分析でも，アオブダイの毒とPTX標品のRf値は一致していた。

Box 3　海洋性自然毒の化学分析で使われる用語解説

高速液体クロマトグラフィー(HPLC)

HPLC の仕組みを図1に示す。固定相と呼ばれるカラムのなかで物質を移動させ，分析対象となる物質を相互に分離，あるいは夾雑成分と分離する分析法である。分析対象となる物質を移動させるために流す液体や気体を移動相という。本法は海洋性自然毒の化学分析で広く利用されている。

分析結果はクロマトグラム(図2)で表され，横軸は試料注入(インジェクション)後の時間，縦軸は検出した電気信号の強さを示す。試料注入から山のような形をしたピークが頂点に達するまでの時間を保持時間(リテンションタイム)という。保持時間はクロマトグラフィーの条件が一定なら決まった値となり，これを標準品の保持時間と比較して定性・定量を行うカラム内に導入されて移動した物質は出口に置かれた検出器に着いたものから順に電気信号を発生させる。HPLC によく使われる検出器は紫外・可視検出器で，波長を 210 nm 付近に設定することで幅広い化合物を検出できる。広い波長範囲を同時検出するフォトダイオードアレイ検出器をシステムに組み込むこともある。一般に，TTX や PSP の分析では目的化合物を適当な誘導体化試薬で蛍光誘導体にして蛍光検出器で測定する(津村，2009)。

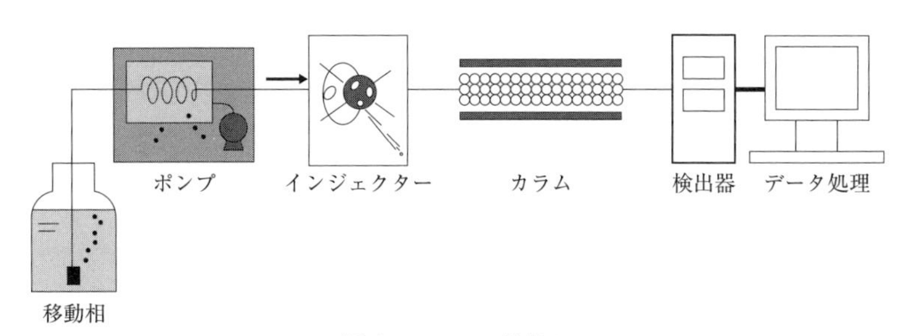

図1　HPLC の仕組み

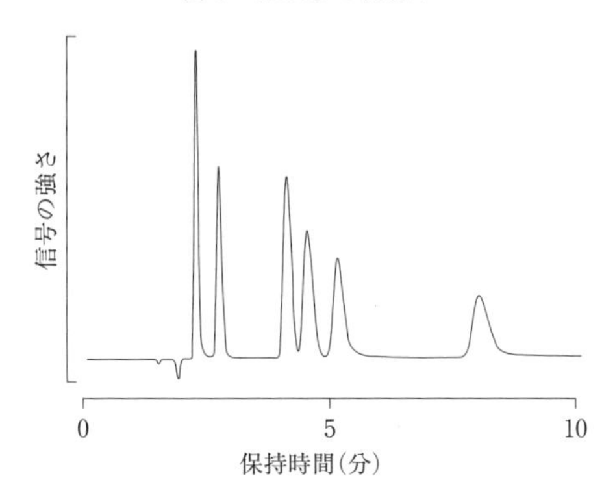

図2　HPLC 分析によるクロマトグラム

液体クロマトグラフ質量分析計(LC-MS)

HPLC に質量分析計(MS)を接続した装置で，MS にて原子や分子のレベルでソフトにイオン化して質量をはかる。

この MS を 2 台連結させたものがタンデム質量計(MS/MS 装置)で，1 台目の装置で 1 種類のイオンを選び，2 台目で生成したイオンのスペクトルを測定する。この測定法は特定のイオンの構造に関する情報が得られるので，分子量関連イオン以外の情報が得にくいソフトイオン化法にとって，その物質の構造を知る上で非常に有効である。

飛行時間型質量分析計(TOF/MS)では，一定の運動エネルギーを与えられたイオンは一定距離の自由空間を検出器に向かって飛行させると質量の小さいものから順に検出器に到着する。イオンを加速してから到着するまでの時間を測定すれば，そのイオンの質量が求められるのが特徴の 1 つである。TOF 型は分解能が高く，分子式推定が可能となる(志田ら，2001；津村，2009)。

薄層クロマトグラフィー(TLC)

TLC は HPLC のようにカラムを使うクロマトグラフィーではなく，薄層版(プレート)を使うクロマトグラフィー(図 3)である。

まず展開槽に展開溶媒を 0.5～1 cm 程度の深さになるように入れ，蓋をして溶媒蒸気で飽和させる。その間，鉛筆で薄層板上に開始線を引き，線上に毛細管を使って試料溶液を染み込ませ，展開槽にすばやく入れて蓋をする。展開溶媒は薄層板を上昇するので，その上端に達する手前で展開槽から取り出し，溶媒先端に印を付ける。色の付いたスポットは目視で，色のないスポットは暗箱内で UV ランプ照射または各種の発色試薬を使って位置を確認し，以下の式から Rf(rate of flow)値を算出する。

Rf 値＝開始線からスポットまでの距離÷開始線から溶媒先端までの距離

(図 3 では，Rf 値＝A/B となる)

Rf 値は物質に固有の値であるため，定性が可能である。TLC は天然物化学で物質の分離の確認や有機合成での反応の進行の確認に用いられる(津村，2009)。

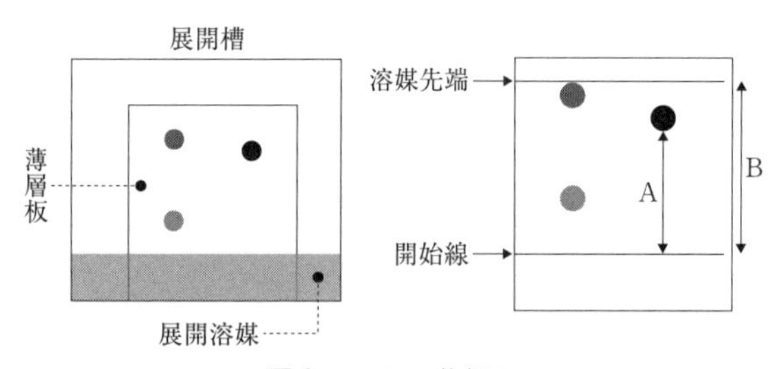

図 3 TLC の仕組み

(3)溶血活性

PTX 標品はマウスやヒトの赤血球に対して極微量で遅延性溶血活性を示すことが報告されている(Habermann et al., 1981；Habermann and Chhatwal, 1982；

Bignami, 1993；Gleibs et al., 1995)。そこで，筆者らは本活性を指標としてアオブダイの毒について検討した。まず，PTX標品を既報(Habermann et al., 1981；Gleibs et al., 1995)に準拠して溶血活性試験に供したところ，マウス赤血球に対して温度37℃(以下，溶血活性試験の温度条件は同じ)，インキュベーション1時間では濃度10^{1}ng/ml以下で5％未満，10^{2}ng/mlでも約40％の溶血率しか示さなかった。しかし，インキュベーション4時間の溶血率は，濃度10^{-1}ng/mlで約10％，10^{0}ng/mlで約90％，10^{1}ng/ml以上ではほぼ100％を示し(図2)，マウスの赤血球に対するPTX標品の遅延性溶血活性が確認された。

そこで，当時，アメリカBrandeis大学のLawrence Levine教授より提供された抗PTX抗体(Ra-633 D 20-24)を用いて，この遅延性溶血活性の抑制の可否について検討した。すると，インキュベーション4時間での濃度10^{0}ng/ml以上における溶血率は抗PTX抗体により抑制された(図3)。

次に，有毒なアオブダイの筋肉から調製した粗抽出液はインキュベーション1時間では濃度10^{-4}～10^{-1}g試料相当量/mlでいずれも極めて低い溶血率であった。インキュベーション4時間では濃度10^{-4}～10^{-2}g試料相当量/mlの溶血率はインキュベーション1時間と同程度であったものの，10^{-1}g試料相当量/mlで約50％の溶血率を示し，PTX標品と同様の遅延性溶血活性が認められた(図2)。さらに，この遅延性溶血活性は抗PTX抗体により特異的に抑制された(図3)。また，有毒なアオブダイの粗抽出液(濃度10^{-1}g試料相当量/ml)は，PTX標品と同様にヒト赤血球に対してもインキュベーション4時間で遅延性溶血活性を示すことが確認された。

PTX標品のヒト赤血球に対する活性は強心配糖体g-ストロンファンチン(ウワバイン)の存在下で特異的に抑制されることが報告されている(Habermann and Chhatwal, 1982)。前述の有毒なアオブダイの粗抽出液の活性は，PTX標品と同様にウワバインの存在下で特異的に抑制された(図4)。したがって，この溶血活性試験はアオブダイの毒の特定が可能であると判断された。

(4)中毒検体の毒性

筆者らはアオブダイ以外の魚類による中毒事例に関連して，中毒検体など

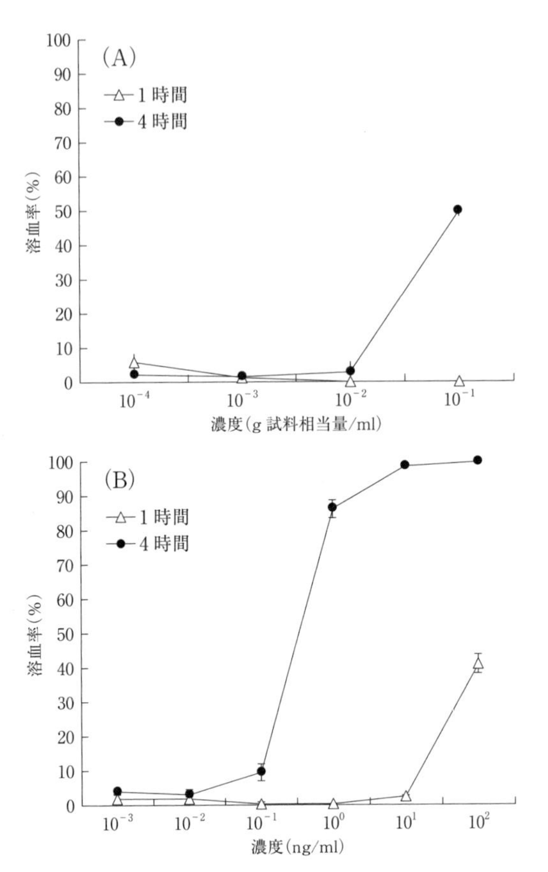

図2　有毒アオブダイの粗抽出液(A)とパリトキシン標品(B)のインキュベーション1時間と4時間におけるマウス赤血球に対する溶血率(Taniyama et al., 2004より)

を入手して，その原因物質について検討を加えた。

事例24では中毒検体(筋肉)を入手し，同筋肉から酢酸酸性75%エタノールで毒を抽出し，脱脂後，蒸留水：1-ブタノールによる溶媒分画に付し，1-ブタノール画分をマウス毒性試験と溶血活性試験に供した。1-ブタノール画分を投与したマウスは，アオブダイの粗毒の場合と同様の状態を呈した後，約24時間後に死亡した(0.5 MU/g)。さらに，本画分はマウス赤血球に対して，インキュベーション4時間で遅延性溶血活性を示し，本活性は抗PTX

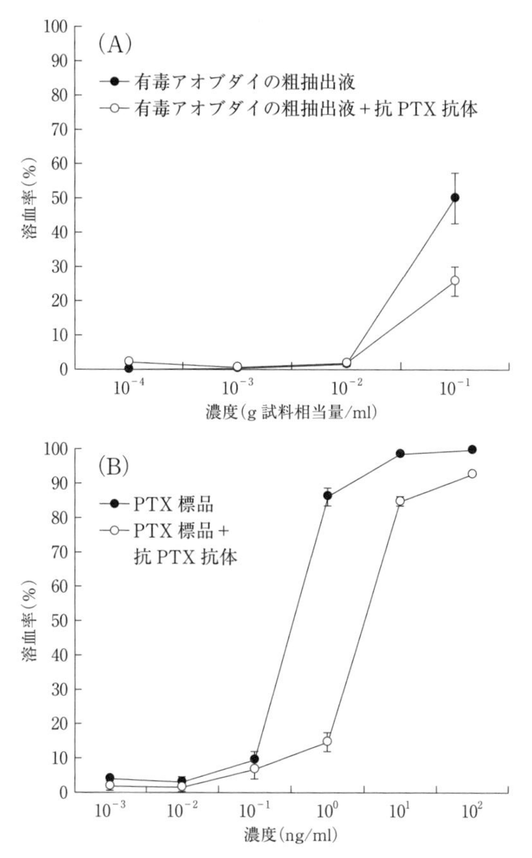

図3　有毒アオブダイの粗抽出液(A)とパリトキシン標品(B)のインキュベーション4時間でのマウス赤血球に対する溶血率と抗パリトキシン抗体によるその抑制(Taniyama et al., 2004 より)

抗体により特異的に抑制された。また，本画分はヒト赤血球に対してもインキュベーション4時間でウワバインにより特異的に抑制される遅延性溶血活性を示したことから，本画分の毒因子はPTX様毒と考えられた(Taniyama et al., 2002)。他方，熱帯や亜熱帯に生息するハタ類の一部は有毒でシガテラを引き起こすことが知られている。そこで，食品衛生検査指針理化学編シガテラ検査法(安元，1991a)に準拠し，筋肉からメタノール画分を調製して毒性を調べたが，毒性は認められなかった(シガトキシン換算で0.025 MU/g 未満)。

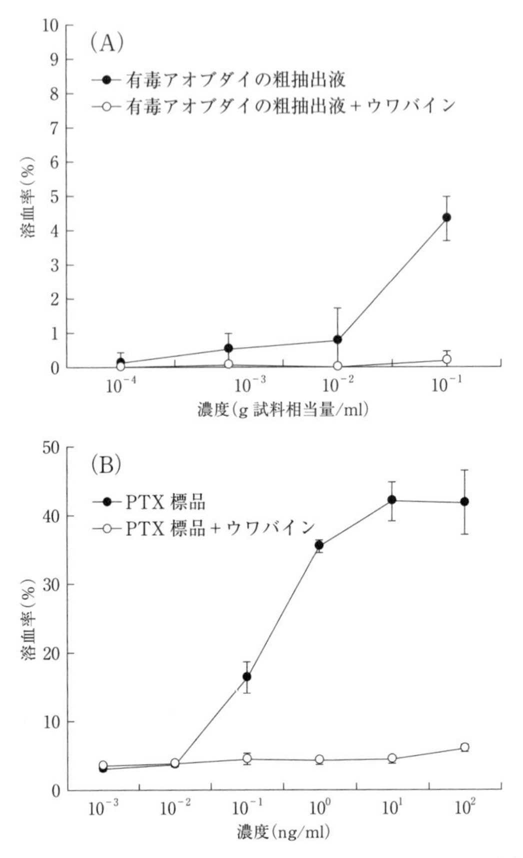

図 4　有毒アオブダイの粗抽出液(A)とパリトキシン標品(B)のインキュベーション 4 時間でのヒト赤血球に対する溶血率とウワバインによるその抑制(Taniyama et al., 2004 より)

したがって，事例 24 はシガテラではなく，アオブダイの毒と同じく PTX またはその類似物質による中毒と考えられた(Taniyama et al., 2002)。

事例 25 の原因魚類と同一ロットのブダイ(筋肉)，事例 26 の中毒検体(皮)，事例 27 の患者血清(発症 2 日目：CPK 値 80,500 IU/l)を用い，各事例の原因物質についても同様に検討を加えた。事例 25 のブダイの筋肉と事例 26 の中毒検体から調製した 1- ブタノール画分はマウス毒性試験に供したが，いずれも毒性を示さなかった。しかし，これらの画分と事例 27 の患者血清はマウス赤血球に対して抗PTX抗体で特異的に抑制される遅延性溶血活性を示した。なお，事例25のブダイ筋肉からは前述のシガテラ検査法によるマウス毒性は認められなかった(シガトキシン換算で0.025 MU/g未満)。また，事例26の中毒検体はハコフグ類の皮であったことから，食品衛生検査指針理化学編フグ毒検査法(安元，1991b)によるマウス毒性試験に供したところ，マウス毒性は認められなかった(2 MU/g未満)。そこで，事例25〜27もやはりPTXまたはその類似物質による中毒と推察された(谷山ら，2003)。

以上，筆者らはアオブダイ以外にもハタ類やブダイ類，ハコフグ類の摂食によりPTXまたはその類似物質を原因とする中毒が起こりうると結論した。現在では，この原因物質はPTXと薬理学的あるいは生化学的性状などが酷似するという意味で広くPTX様毒といわれている。

(5)バングラデシュ産淡水フグの毒性

筆者らはバングラデシュでの淡水フグ中毒に関連して，1999年5月に同国Kishorganjで採捕された同フグを入手して，その毒性についても検討を加えた。この中毒事例では一部に，主症状として麻痺，しびれ，嘔吐などが見られる。また，タイやバングラデシュに生息する*Tetraodon*属のフグには，PSP成分を主成分とする毒を保有する種の存在が明らかとなっている。

この淡水フグ*Tetraodon* sp.の部位別毒性を食品衛生検査指針理化学編麻痺性貝毒検査法(安元，1991c)に準じて調べたところ，PSP換算で皮に3.8〜5.9 MU/g，筋肉に1.7〜2.3 MU/g，肝臓に2.0〜2.5 MU/g，生殖腺に1.9〜4.9 MU/g，腸に2.1〜4.0 MU/gの毒力が認められた。さらに，同フグから塩酸酸性80%エタノールで毒を粗抽出，脱脂，蒸留水：1-ブタノールによる溶媒分画後，水画分を活性炭処理とBio-Gel P-2カラムクロマトグラフィーで部分精製してHPLC蛍光分析に供した。すると，その部分精製毒からは既知のTTX成分と保持時間が一致するピークは得られず，PSP成分であるサキシトキシン(STX)とデカルバモイルSTX(dcSTX)が検出された。したがって，水画分の毒(部分精製毒)はSTXとdcSTXを主成分とするPSPであり，TTX成分は含まれていなかった。

他方，1-ブタノール画分からはマウスに対して遅延性致死活性を示す毒

(0.5 MU/g)が認められた。そこで，本毒を前述の溶血活性試験に供したところ，マウスおよびヒトの赤血球に対してインキュベーション4時間で，いずれも遅延性溶血活性を示した。さらに，前者の活性は抗PTX抗体により，後者はウワバインにより特異的に抑制されたことから，本画分の毒因子はPTX様毒と考えられた。このように，バングラデシュ産淡水フグ *Tetraodon* sp.は，PSPとPTX様毒の複数の毒因子を保有していることが明らかとなった(Taniyama et al., 2001)。

しかしながら，PSPとしての毒力は1.7～5.9 MU/gとかなり低く，PSPの最少致死量は3,000 MU/gであることを考慮すると，それだけでは死者をともなう淡水フグ中毒を十分に説明できない。また，中毒患者の主症状に筋肉痛やミオグロビン尿症が見られ，その回復時間や致死時間はPSP中毒よりも相当に長い点を併せ考えると，淡水フグ中毒の原因物質はPTX様毒であろうと考えられている。

3. パリトキシン様毒の分布

(1)魚種間の分布

筆者らは，西日本沿岸を中心に1997～2006年にかけてアオブダイ，ハコフグ，ウミスズメの計231個体を採集し，マウス毒性あるいは溶血活性を指標とした毒性スクリーニングを実施した。その結果，アオブダイは84個体中6個体，ハコフグは129個体中47個体，ウミスズメは18個体中7個体が有毒であった。前述の中毒検体やバングラデシュ産 *Tetraodon* 属の淡水フグの毒性と併せ考えると，少なくともアオブダイ，ブダイ，マハタ属(*Epinephelus* sp.)のハタ類，ハコフグ，ウミスズメ，*Tetraodon* 属の淡水フグがPTX様毒を保有する可能性が高いといえよう。

(2)毒の体内分布と地理的分布

事例21に関連して，中毒検体が採捕された海域(徳島県牟岐町沖)で同時期(1997年10月)に採捕したアオブダイ6個体はすべて有毒であったことは前述のとおりである。その後も，1998年春季～2001年秋季にかけて同海域から採捕したアオブダイ78個体の毒性を調べた。しかし，マウスに対する遅延性致死活性，マウスとヒト赤血球に対して抗PTX抗体またはウワバインで特異的に抑制される遅延性溶血活性を示す個体はまったく認められなかった。また，牟岐町に隣接する海陽町の浅川湾で1997年11月に採捕したアオブダイ6個体の毒性も調べたが，1個体の肝臓とそのほかの内臓に遅延性の毒性(いずれも1.0 MU/g)が認められただけであった。一方，1983年4〜9月にかけて入手された長崎県五島列島，静岡県伊豆半島，三重県産アオブダイ，それぞれ47個体，15個体，11個体(計73個体)の毒性に関する報告がある。この報告は，試料魚の肝臓，卵巣，消化管，または同内容物から酢酸酸性75%エタノールで毒を抽出し，脱脂後の粗抽出液のマウス毒性を調べたものである。その結果は，五島列島産アオブダイの肝臓，卵巣，消化管，同内容物の大部分が有毒で，特に7月に採捕された個体の肝臓は最高値5 MU/gを示した。伊豆半島産アオブダイでは15個体中2個体，三重県産では11個体中1個体の肝臓にのみ0.25 MU/gの毒力が認められた。これら伊豆半島と三重県産アオブダイは4月に採捕されたものであるが，同時期の五島列島産14個体(肝臓)では，3個体に0.5 MU/g，3個体に0.25 MU/gの毒力が検出された(Fusetani et al., 1985)。このように，アオブダイの有毒部位は筋肉，肝臓，消化管，同内容物，卵巣など広範囲である。また，それらの毒性は個体差や地域差，季節変動も大きいようである。一方，過去に有毒個体が採捕された海域で，一定の周期で再び有毒個体の出現が繰り返されるとも限らず，その出現の予測は極めて困難である。

また，ハコフグ中毒に関連して，筆者らは中毒検体が採捕された海域を中心に日本近海産ハコフグ類の毒性調査を行ってきた。試料には2003〜2006年に，長崎県有川湾産ハコフグ21個体，宮崎県島浦島沖産ハコフグ20個体とウミスズメ14個体，徳島県牟岐町沖産ハコフグ25個体とウミスズメ4個体，山口県下関沖産ハコフグ63個体を用いた。各試料を筋肉，肝臓，肝臓を除く内臓に分け，それぞれから粗抽出液を調製し，マウス毒性試験に供した。ハコフグでは129個体中47個体，ウミスズメでは18個体中7個体にマウスに対する急性または遅延性の致死活性を示す毒(以下，前者を“急性毒”，後者を“遅延性毒”とする)が認められた。

急性毒を投与したマウスは，数分で激しく疾走または跳躍後，次第に運動性を失い，呼吸停止により死亡した。これらの様子から，この毒はTTXなどの麻痺毒である可能性が疑われた。しかし，この毒を含む粗抽出液を異なる希釈倍率で調製し，マウスに投与したときの用量と致死時間の関係は，既知のTTXやSTXの用量致死時間曲線(児玉・佐藤，2005；大島，2005)には当てはまらなかった。また，その抽出液をHPLC蛍光分析に供しても，既知のTTXやその関連成分は検出されなかった。

一方，遅延性毒を投与したマウスは，長時間にわたり痙攣や嗜眠，衰弱を誘起し，概ね18〜36時間で死亡した。有毒であったハコフグのうち，5個体の筋肉，1個体の肝臓，19個体の肝臓を除く内臓が急性毒(0.5〜1.0 MU/g)，9個体の筋肉，7個体の肝臓，18個体の肝臓を除く内臓が遅延性毒(0.5〜1.0 MU/g)であった(表3)。ウミスズメでは1個体の筋肉と肝臓，4個体の肝臓を除く内臓に急性毒(0.5〜1.0 MU/g)，2個体の肝臓を除く内臓に

表3　西日本産ハコフグ *Ostracion immaculatus* の有毒個体の部位別毒性（谷山ら，2009より）

事例No.	採捕場所	採捕年月	体重(g)	体長(mm)	毒性(MU/g)		
					筋肉	肝臓	肝臓を除く内臓
1	長崎県有川湾(五島列島)	2003年11〜12月	563	227	0.5 *	ND	ND
2			575	206	0.5 *	ND	ND
3			494	239	0.5 **	ND	ND
4		2004年11〜12月	220	153	0.5 *	0.5 *	1.0 *
5			115	145	0.5 **	0.5 *	1.0 *
6			270	160	ND	0.5 *	0.5 *
7			130	152	ND	0.5 *	0.5 *
8			358	188	0.5 *	ND	ND
9			634	235	0.5 **	ND	ND
10			205	153	ND	ND	0.5 *
11			455	195	ND	ND	0.5 *
12			410	187	NE	NE	0.5 *
13			279	178	ND	ND	0.5 **
14	宮崎県島浦島沿岸	2004年5月	300	133	0.5 *	ND	ND
15			191	145	ND	ND	1.0 **

事例 No.	採捕場所	採捕年月	体重 (g)	体長 (mm)	毒性(MU/g)		
					筋肉	肝臓	肝臓を除く内臓
16	徳島県牟岐町沖	2004年11月	267	158	ND	ND	0.5 *
17		2005年6月	237	160	ND	ND	1.0 *
18			259	160	ND	ND	0.5 *
19			315	183	ND	ND	0.5 **
20			190	146	ND	ND	0.5 **
21	山口県下関市沖	2004年12月	317	168	ND	ND	0.5 **
22			235	155	ND	ND	0.5 **
23		2005年4月	603	216	ND	ND	0.5 **
24			554	202	ND	ND	0.5 **
25		2005年7月	224	142	0.5 *	ND	0.5 *
26			627	209	0.5 *	ND	0.5 **
27			395	180	ND	ND	0.5 **
28		2005年7月	82.5	101	0.5 *	ND	0.5 *
29			153	127	ND	0.5 **	0.5 *
30			336	172	ND	ND	0.5 *
31			117	123	ND	ND	0.5 **
32			106	110	ND	ND	0.5 **
33			208	142	ND	ND	0.5 **
34		2005年8月	411	203	ND	ND	0.5 *
35			405	179	ND	ND	0.5 **
36		2005年10月	302	159	0.5 **	ND	0.5 *
37			552	204	0.5 *	ND	ND
38			861	215	0.5 **	ND	ND
39			469	187	ND	0.5 *	ND
40			288	174	ND	ND	0.5 **
41		2005年11月	535	192	ND	0.5 *	0.5 *
42			89.2	110	ND	ND	0.5 **
43			777	206	ND	ND	0.5 **
44		2005年12月	668	198	ND	ND	0.5 *
45		2006年5月	458	178	ND	0.5 *	ND
46			750	208	ND	ND	0.5 **
47			458	184	ND	ND	0.5 **

ND：未検出(<0.5MU/g)，NE：未試験，*：マウスに対して遅延性致死活性を示した毒，**：マウスに対して急性致死活性を示した毒

遅延性毒(0.5～2.0 MU/g)が認められた(表4)。前述のアオブダイの毒性と同じく，有毒なハコフグとウミスズメの毒性は総じて低かった。部位別毒性を比較すると，両種ともにすべての部位から毒性が検出され，肝臓を除く内臓

表4　西日本産ウミスズメ *Lactoria diaphana* の有毒個体の部位別毒性(谷山ら，2009 より)

事例 No.	採捕場所	採捕年月	体重 (g)	体長 (mm)	毒性(MU/g)		
					筋肉	肝臓	肝臓を除く内臓
1	宮崎県島浦島沿岸	2004 年 5 月	391	163	0.5**	ND	ND
2			711	240	ND	ND	0.5**
3			541	237	ND	ND	0.5**
4			272	190	ND	ND	0.5*
5	徳島県牟岐町沖	2005 年 6 月	439	235	ND	0.5**	2.0*
6		2006 年 3 月	NE	133	ND	ND	1.0**
7			NE	178	ND	NE	1.0**

ND：未検出(<0.5 MU/g)，NE：未試験，*：マウスに対して遅延性致死活性を示した毒，**：マウスに対して急性致死活性を示した毒

からの毒性の検出率は 3 割程度で筋肉や肝臓よりも高かった。一方，ハコフグとウミスズメの有毒個体の出現率はともに 4 割程度で両種は全個体が有毒というわけではない。また，両種の毒性に明瞭な地域差や季節変動は認められなかった(谷山ら，2009)。

(3)アオブダイの毒の起源

筆者らは，事例 21 の原因究明の一環として，アオブダイの毒の起源についても検討した。海洋性自然毒を保有する生物のうち，フグ科の有毒フグ類などは TTX 産生海洋細菌を起源として食物連鎖より毒化するという説が広く支持されている。そこで，この食物連鎖に着目して，事例 21 の発生直後に毒性を示した牟岐町沖産アオブダイの消化管内容物の検索を試みた。その内容物には砂やサンゴのかけらともに数種の海藻が含まれていた。

一方，香川県赤潮研究所・吉松定昭博士によれば，事例 21 が発生する直前の 1997 年 8 月に同海域の海藻上には底生性渦鞭毛藻 *Ostreopsis* 属を優占属とし，海藻 1 g 当たり最大 150,000 細胞に達する多量の渦鞭毛藻の付着が確認されたという。つまり，前述のアオブダイの消化管内容物から見出された海藻は渦鞭毛藻の付着基質となり，当該個体は海藻とともに *Ostreopsis* 属渦鞭毛藻を多量に捕食していた可能性が考えられた。

この *Ostreopsis* 属渦鞭毛藻は渦鞭毛植物渦鞭毛藻網ペリニジウム目に属する微細藻類で，これまで *O. siamensis*，*O. lenticularis* Fukuyo，*O. ovata* Fukuyo，*O. heptagona* など数種が知られている(Fukuyo, 1981；Norris et al., 1985)。このうち，*O. siamensis*，*O. lenticularis*，*O. ovata* の3種は，本来，ポリネシア，ガンビア諸島，ニューカレドニア諸島などの熱帯もしくは亜熱帯地域に生息しており，当時，わが国では南西諸島でのみ確認されていた(Fukuyo, 1981)。本属は比較的大型の底生性渦鞭毛藻であるため，赤潮となることはないが，このような日本沿岸の温帯海域での大量発生は初めてであった。さらに当時，ほかの研究グループにより，沖縄県沿岸で採取後，培養された *O. siamensis* が PTX 誘導体を産生するという論文が出された直後でもあった(Usami et al., 1995)。

このような状況から，アオブダイの毒化に *Ostreopsis* 属渦鞭毛藻の関与が強く疑われた。そこで，1997年10月に牟岐町沖で *Ostreopsis* 属を採取し，*Ostreopsis* sp.(未同定種)(図5)を分離して大量培養し，培養藻体の毒性を調べたところ，有毒であった。本藻の毒はマウスに対して1細胞当たり 1.0×10^{-4} MU の遅延性致死活性と血清 CPK 上昇活性が認められた。さらに，マ

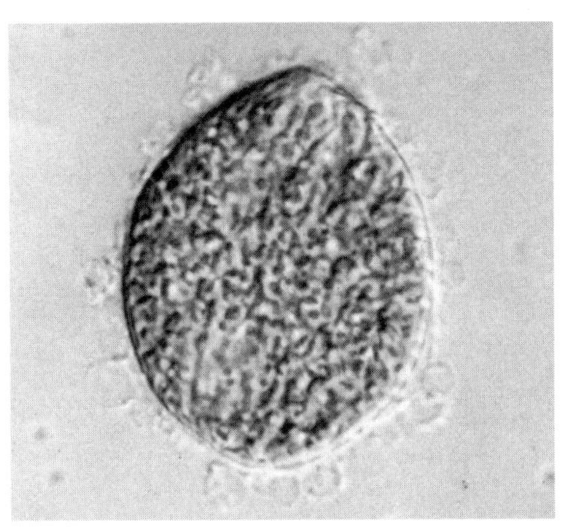

図5　1997年10月に徳島県牟岐町沖から分離した底生性渦鞭毛藻 *Ostreopsis* sp.(未同定種)の培養株(Taniyama et al., 2004 より)

ウスとヒトの赤血球に対して抗 PTX 抗体またはウワバインにより特異的に抑制される遅延性溶血活性も示した(Taniyama et al., 2004)。これらの毒の性状は，前述のアオブダイの毒と酷似していた。また 1998〜2001 年にかけて，牟岐町沖では *Ostreopsis* 属渦鞭毛藻の大量発生は認められず，アオブダイの有毒個体の出現もない。したがって，通常は無毒であるアオブダイは，その生息海域で *Ostreopsis* 属渦鞭毛藻が大量発生すると本藻を海藻とともに捕食し，PTX 様毒を蓄積して毒化するものと結論した。

一方，長崎県福江島では古くからアオブダイ中毒が頻発し，その発生は特に 5 月が多いことから，2001 年 5 月に同島沿岸で *Ostreopsis* 属渦鞭毛藻の分布調査を行った。その結果，同島富江町沖，戸岐湾，玉之浦湾にて，いずれも海藻 1 g 当たり約 20 細胞と低密度ながら，*Ostreopsis* 属渦鞭毛藻の分布が確認された。そのうち，玉之浦湾で採取，分離した本藻は吉田誠博士により，形態学的特徴から *O. siamensis* と同定され，その培養藻体は牟岐町沖産 *Ostreopsis* sp. と同様の毒の性状を示した。筆者らは 2005 年 4 月〜2006 年 12 月にかけて高知県室戸市(室戸岬)沿岸でも *Ostreopsis* 属渦鞭毛藻の出現動向を定期的に調査したところ，ほぼ全期間にわたって同海域の海藻に本藻の付着が確認された。また，2005 年の調査では 8 月に海藻 1 g 当たり最高 122 細胞，2006 年では 6 月に海藻 1 g 当たり最高 200 細胞の *Ostreopsis* 属渦鞭毛藻の付着が観察され，同海域では夏季に本藻の出現が増加すると示唆された(相良，2007)。さらに，長崎県沿岸から分離した *Ostreopsis* sp.(未同定種)の培養藻体の有毒成分について，タンデム質量分析計(MS/MS)および飛行時間型質量分析計(TOF/MS)分析(Box 3)から本藻の毒は PTX そのものではなく PTX と類似した構造をもつ物質であると推定されている(相良，2008)。これらの結果からも，中毒事例のあるアオブダイ，ブダイ，ハコフグ，ウミスズメ，マハタ属だけでなく，そのほかの魚類も有毒な *Ostreopsis* 属渦鞭毛藻が分布する海域では潜在的に毒化する可能性があるといえよう。

第Ⅳ部

棘に毒をもつ魚類

第8章 刺毒魚の分類と生態

本村　浩之

毒棘を有する魚は一般的に刺毒魚といわれる。刺毒魚は世界で千数百種いると考えられているが，毒棘の構造形態および毒の化学構造が研究されている種は限られている。ここでは，毒の性状と化学構造が詳しく研究されているおもな刺毒魚，特にエイ，ゴンズイ，ハマギギ，カサゴ，アイゴ，およびクロホシマンジュウダイの仲間の分類と生態を紹介したい。

1. 深刻な刺毒被害例が多いエイの仲間

一般的に“エイの仲間”といえば，ノコギリエイ目(Pristiformes)，シビレエイ目(Torpediniformes)，エイ目(Rajiformes)，およびトビエイ目(Myliobatiformes)に属する魚を指す。目と科の扱いは研究者によって異なり，体型もさまざま(図1)であるが，これらの分類群は呼吸を司る鰓と外部を繋ぐ鰓孔が腹面に開口するという特徴をもち，鰓孔が体側面に開口する近縁のサメ類と区別される。エイの仲間は上記4目で世界に722種が生息し(Eschmeyer, 2014)，日本周辺海域からは79種が報告されている。エイといえば尾部に強靱な毒針があり，危険な魚という印象があるが，日本産79種のうち，実際に尾部に毒棘を有するのはおよそ3分の1の26種のみである(図1G～Q)。のこぎり状の吻をもつノコギリエイ科(Pristidae：図1A)や発電器官をもつシビレエイ科(Torpedinidae：図1B)など，ほかに武器となるものをもっている魚に

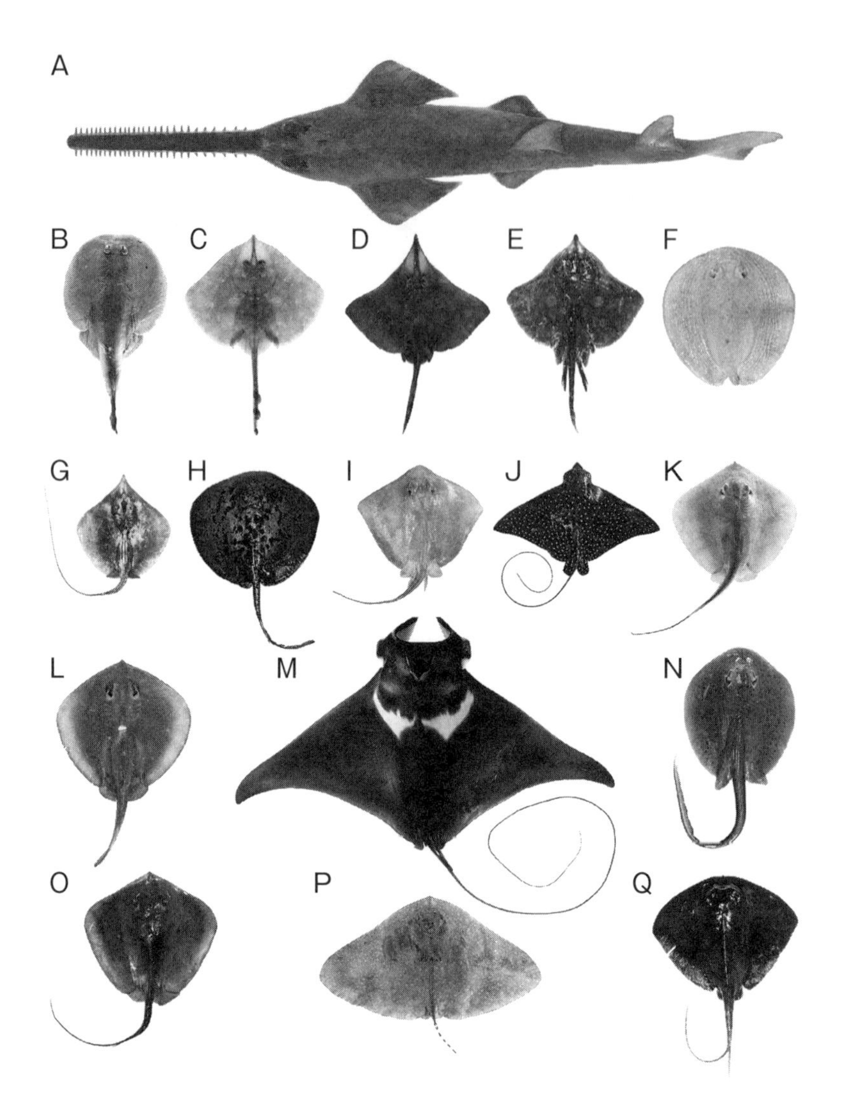

図1　さまざまな形のエイの仲間。A～F：毒棘がないエイ，G～Q：有毒の尾棘があるエイ。A：*Pristis zijsron*（CSIRO H 2758-01，オーストラリア，CSIRO Australian National Fish Collection 提供），B：シビレエイ *Narke japonica*（KAUM-I. 3419，鹿児島湾），C：モヨウカスベ *Okamejei acutispina*（KAUM-I. 58123，東シナ海），D：テングカスベ *Dipturus tengu*（KAUM-I. 46836，宇治群島），E：ガンギエイ *Dipturus kwangtungensis*（KAUM-I. 60818，鹿児島湾），F：イバラエイ *Urogymnus asperrimus*（KAUM-I. 22304，ボルネオ，尾部切断），G：ズグエイ *Dasyatis zugei*（KAUM-I. 12080，ボルネオ），H：マダラエイ *Taeniura meyeni*（KAUM-I. 53555，種子島），I：ヤッコエイ *Neotrygon kuhlii*（KAUM-I. 54956，種子島），J：マダラトビエイ *Aetobatus narinari*（KAUM-I. 23744，鹿児島湾），K：アカエイ *Dasyatis akajei*（KAUM-I. 3418，鹿児島県本土），L：ヒラタエイ *Urolophus aurantiacus*（KAUM-I. 13835，鹿児島湾），M：イトマキエイ *Mobula japanica*（KAUM-I. 22084，ボルネオ），N：アオマダラエイ *Taeniura lymma*（KAUM-I. 32743，タイ湾），O：ウシエイ *Dasyatis ushiei*（KAUM-I. 34130，鹿児島湾），P：ツバクロエイ *Gymnura japonica*（KAUM-I. 7432，鹿児島県本土），Q：カラスエイ *Pteroplatytrygon violacea*（KAUM-I. 34063，東シナ海）

は毒棘がないし，日本産だけで33種を擁するガンギエイ科(Rajidae：図1C～E)には毒棘をもつ種がまったくいない。

刺毒の研究が多く行われているのはアカエイ科(Dasyatidae)やヒラタエイ科(Urolophidae)，淡水性のPotamotrygonidae科などで(Halstead, 1988)，かれらの毒棘にはすべて“返し”があり，刺されると傷口が大きくなり被害も大きい。被害例が多い種の特徴は，浅い水域の砂泥底に生息していることである。完全に砂に潜っていることもあり，どんなに水が澄んでいても水上からエイの存在を認識することは難しく，誤って踏むことによって刺されてしまう。筆者は学生時代にアカエイ(*Dasyatis akajei*)をヤス(小型の銛)で突いて採集した。ヤスはエイの背面中央に刺さったのであるが，このエイは尾部を激しく振り，ヤスが刺さっている自身の背中に棘を何度も突き刺した。エイを踏んで刺されてしまう場合は偶然棘に刺さるのではなく，このように意図的に狙われて刺されているのであろう。

日本本土で刺毒被害が多いのはアカエイ(図1K)とヒラタエイ(*Urolophus aurantiacus*：図1L)の2種であろう。両種は日本沿岸の浅海域に広く分布し，個体数も多く，形態的にも棘が尾部の根元から離れた場所にあるので，棘が刺さりやすい。アカエイは北海道から九州にかけて分布し，種子島を南限とし，屋久島以南の琉球列島にはほとんど生息しない(本村, 2014)。本種は母体依存型の卵胎生で(佐藤, 2014)，体盤幅約10 cmの胎仔を5～10匹ほど産む(西田, 2009)。成魚では歯に性的二型が確認されており，繁殖時に雄が雌の胸鰭を噛む行動に関係があると考えられている(Taniuchi and Shimizu, 1993)。底生性の甲殻類や魚類などを好んで摂餌する(金澤, 2003)。ヒラタエイは新潟県と千葉県以南の南日本と朝鮮半島，中国沿岸，および台湾に生息する東アジアの固有種である。生態はアカエイと似る。

アカエイの毒棘は古来より狩猟具として利用されていたことが遺跡からの出土品や各地の民族品から明らかにされている(石川, 1963)。貝塚からも多数の尾棘が産出されており(石川, 1963)，石器時代にアカエイは魚肉として，また利用価値が高い尾棘を得るために多く漁獲されていたと考えられる。石川(1963)はアカエイ属の尾棘にまつわる世界各地の伝説や民話，さらには利用について詳述している。エイが古くから人と密接にかかわり利用されてい

図 2　大型のエイは尾棘を含む尾部が切断されて市場で扱われることが多い。2010 年 10 月バンコクの市場にて。

たことがわかる。一方，室町時代から現在までのエイの食習慣の遷移と地域性については冨岡ら(2010)の報告に詳しい。エイは現在でも東南アジアでは重要な水産魚である。大型のエイは毒棘がある尾部ごと切断されて取引されている(図 2)。

2. 海の毒ナマズ，ゴンズイとその近縁種

ナマズ目(Siluriformes)ゴンズイ科(Plotosidae)に属する魚類はインド・西太平洋域に広く分布し，現在 10 属 41 種が知られている。このうちのおよそ半数が淡水または汽水域に生息するが，日本周辺に分布する種は浅海域に生息する。2008 年まで国内に生息するゴンズイ科はゴンズイ属の *Plotosus lineatus* 1 種のみであると考えられていた。しかし，近年詳細な分類学的再検討が行われ，国内ではゴンズイ(*P. japonicus*：図 3A，E)とミナミゴンズイ(*P. lineatus*：図 3B，D)の 1 属 2 種が生息することが確認された。

Yoshino and Kishimoto(2008)は日本産ゴンズイ属 223 個体を調査し，2 種

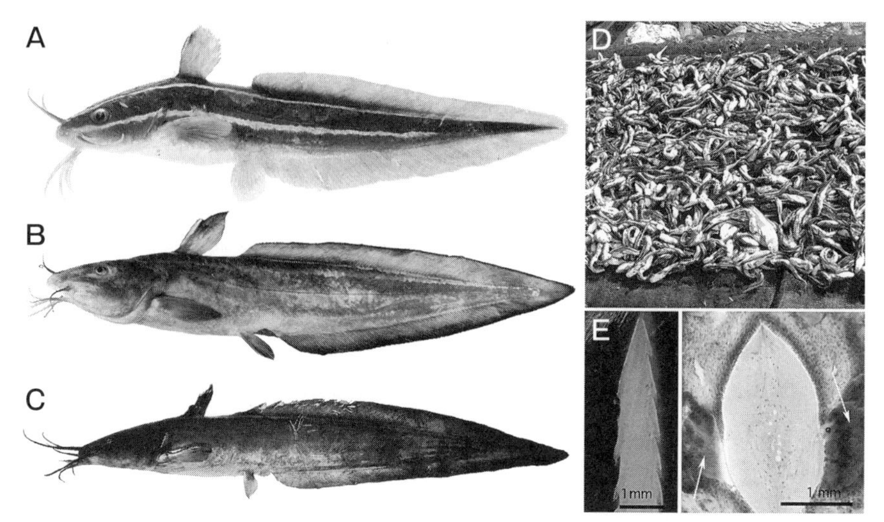

図3　ゴンズイ属魚類。A：ゴンズイ *Plotosus japonicus*（KAUM-I. 54205，全長 112.3 mm，鹿児島本土），B：ミナミゴンズイ *Plotosus lineatus*（KAUM-I. 32996，全長 258.2 mm，タイ湾），C：*Plotosus canius*（UPVMI 456，全長 453.9 mm，フィリピン），D：天日干し中の水揚げされたミナミゴンズイ（フィリピン，パナイ島，2006 年 12 月），E：ゴンズイの胸鰭棘（左）とその横断面（右）。矢印は毒細胞（清原貞夫氏提供）

に分類されることを明らかにした。2 種の分布域は重なっているものの，より北方系の種が *P. japonicus* として新種記載され，南方系でインド・西太平洋に広く分布する種には従来の学名である *P. lineatus* が適用された。標準和名と学名は連動しておらず，前者は安定性が求められる。そのため，岸本・吉野(2009)は日本本土でごく普通に見られる *P. japonicus* に対して，新種ではあるものの，従来から使用されていた「ゴンズイ」を標準和名として適用した。そして，*P. lineatus* には「ミナミゴンズイ」が新標準和名として提唱された。

ゴンズイとミナミゴンズイは，体側に 2 あるいは 3 本の黄色縦線が走り，そのうちの少なくとも 2 本は頭部側面にまで伸びることで，同属他種（6 種）と異なる。ゴンズイとミナミゴンズイの色彩と形態は互いに酷似しているが，前者は尾鰭鰭条と臀鰭鰭条の合計である総垂直鰭鰭条が 142～174 本（ミナミゴンズイでは 163～196 本），脊椎骨が 48～52 本（52～56 本），鰓耙が 21～26

本(27〜31本)とそれぞれ少ないことなどの相違がある(Yoshino and Kishimoto, 2008；岸本・吉野，2009)。因みに，ゴンズイ属の第2背鰭のように見える鰭は前方にまで及んでいる尾鰭である。さらにゴンズイでは，肛門と尾鰭起部の間に位置し浸透圧調整機能があると考えられている樹状突起の分枝数がミナミゴンズイのそれより多いこと，樹状突起の基底後部に1対の皮弁を有すること(後者では10 cmを超える成魚では皮弁がない)，尾鰭起部の鉛直線と臀鰭起部の間の距離が体長の平均約3%と短いこと(後者では約7%)などから識別される(Yoshino and Kishimoto, 2008)。上記のように，ゴンズイとミナミゴンズイには多くの形態的相違が確認されているが，いずれも標本がないと確認できない形質ばかりである。残念ながら，水中写真やフィールドでの同定は難しいといえる。

ゴンズイは秋田県以南の日本海と宮城県以南の太平洋沿岸から沖縄諸島にかけて分布し，最大体長20 cmほどであるが，ミナミゴンズイは九州と琉球列島を含むインド・西太平洋に広く分布し，体長30 cmに達する(Ferraris, 1999；岸本・吉野，2009)。ただし，筆者らが与論島で魚類相調査を行ったところ，採集されたゴンズイ属はすべてゴンズイと同定された(本村・松浦，2014)。今後，両種の日本国内における正確な分布範囲の把握が期待される。

ゴンズイの背鰭と胸鰭の棘は鋭く，毒細胞を有する(図3E)。棘には多数の“返し”があり，皮膚に刺さったら簡単には抜けない。棘のまわりには大型の毒細胞があり，皮膚に棘が刺さる際に毒細胞が破れて，そのなかのタンパク毒が皮膚内に流れ込む。刺された瞬間に激痛が走り，強烈な痛みが数時間続くこともあるという。傷口周辺の細胞が壊死するという重症の場合も報告されている。棘のほかに体表粘液中からも毒成分が検出されており，棘が刺さった際に体表粘液毒も皮膚内に入るのかもしれない。毒については，次節で詳しく述べる。

ゴンズイは発達した味覚系を有する魚として注目されており，魚類の味覚研究における中心的な実験動物である。最近，Caprio et al.(2014)はゴンズイの味覚系の電気的神経応答を解析する過程で，ヒゲや体表に分布する神経線維が環境水(海水)のpHの僅かな下降に鋭敏に反応することを証明した。ゴンズイは夜間海底を泳ぎ回り，底生生物を探して捕食する。餌生物が潜む周辺の水は，その生物の呼吸活動によって生じる水素イオンあるいは炭酸ガスによってpHが僅かに下がる。そのpHの下降にゴンズイが反応し，餌生物を見つけることができるというわけだ。ヒゲなどで餌生物に“直接触れる”ことのみで餌を探し当てるという従来の考えを覆す興味深い研究成果である。

ゴンズイのヒゲに分布する味蕾に関する研究も盛んに行われており，清原・桐野(2009)はゴンズイとヒメジ(*Upeneus japonicus*)のヒゲにおける味蕾の分布様式に相違があるとし，これは索餌行動と関連することに言及している。

ゴンズイは6〜8月に直径3 mmほどの沈性卵を400〜1,100個産む(清原, 2012)。水温24度の場合，約10日で孵化し，25日で卵黄が吸収される。卵黄が吸収されるまでは両親とも巣の掃除や死亡仔魚の排除などの保育行動をする。その後，稚魚は1つの群れを形成し遊泳するが，これは一般的に“ゴンズイ玉”と呼ばれる。ゴンズイの仔魚は粘液中に含まれるフォスファジルコリン系成分を中心としたさまざまな化学成分をまとめて1つの匂いとして記憶し，血縁者と非血縁者の区別をすると考えられている(Matsumura et al., 2007)。そのため，2つの群れを混ぜても元の2群にきちんと分れるのである。ゴンズイを含む多くの魚類には鼻孔が2対ある。匂いを含んだ水は前鼻孔から入り，後鼻孔に抜ける間に多数の嗅覚受容細胞に晒され，匂いが認識されるのである。

ゴンズイは夜釣りの外道として太公望には有名な魚である。「外道」といわれるように，国内で商業ベースの利用はされていない。しかし，東南アジアでは同属でゴンズイに近縁の*P. canius*(図3C)が食用として高値で取引されている。本種もゴンズイやミナミゴンズイ同様に背鰭と胸鰭の第1棘に毒を有するが，市場では棘を切断してから売買されている。*P. canius*はフィリピン，タイからインドネシア，ニューギニア，オーストラリア北部の熱帯浅海域に分布し，全長1.5 mに達する。*P. canius*の毒性については次節に詳述する。

ゴンズイ科に近縁のハマギギ科(Ariidae)の魚(図4)も同様に背鰭と胸鰭の棘に毒を有することが知られている。ハマギギ科の魚は日本国内では商業上の価値が低いものの，西太平洋の熱帯域では毎年5〜7万トンが水揚げされており，重要なタンパク源となっている。しかし，最大全長1.8 mに達する種もいるなど，大型種の標本の収集や保管が容易ではなく，分類学的研究は著しく遅れている(Kailola, 1999)。世界におよそ145種が生息するが(Eschmeyer, 2014)，日本からは3種が報告されているにすぎず，3種ともほとんど見ることができないほど個体数が少ない。したがって，国内における刺毒被害例は報告されていないが，海外では本科魚類の毒性に関する研究が進んでいる。本書で毒性の研究が紹介されるハマギギ科は次の2種である。オオサカハマギギ(*Netuma bilineata*)(最近まで *Arius bilineatus* と呼ばれていた：図4A)は，インド・西太平洋の海と汽水域に生息する体長60 cmを超える大型種である。日本近海では秋田県，新潟県，島根県からのみ記録されている。エンガンハマギギ(*Cathorops spixii*)はコロンビアからブラジルにかけての淡水，汽水域に生息する体長20 cm程度の中型種である。両種とも現地では水産上重要種で，市場で売買される。

3. 悪魔，鬼，蜂，蠍，おどろおどろしい名前が多いカサゴの仲間

いわゆる“カサゴの仲間”の多くは，最近まで1つの大きな分類群であるフサカサゴ科(Scorpaenidae)に帰属し，同科は8つの亜科に細分されていた(Nelson, 2006)。しかし，近年これら8亜科は科として扱われている。最新の分類体系である“カサゴの仲間”8科とそれに含まれる亜科および種とその特徴について以下に紹介する。なお，ダンゴオコゼ(*Caracanthus maculatus*)の仲間5種はダンゴオコゼ科(Caracanthidae；Nelson, 2006)あるいはフサカサゴ科のダンゴオコゼ亜科(Caracanthinae；Eschmeyer, 2014)と扱われ，分類学的位置づけが定まっていないが，ここでは亜科として扱う。最近のミトコンドリアと核DNAを用いた分子系統解析(Lautredou et al., 2013)では，“カサゴの仲間”を含む従来のカサゴ目とゲンゲ科やハタ科などスズキ目の一部が単系統群(共通の祖先種から分化した種をすべて合わせた一群)を形成することが示された。現在，これらをまとめてハタ目(Serraniformes)とすることが提唱されている。Lautredou et al.(2013)の解析ではミノカサゴ亜科とフサカサゴ亜科のイソカサゴ属(*Scorpaenodes*)が姉妹群を形成し，この一群とフサカサゴ亜科のマツバラカサゴ属(*Neomerinthe*)などが姉妹群関係にある。さらに，これらの

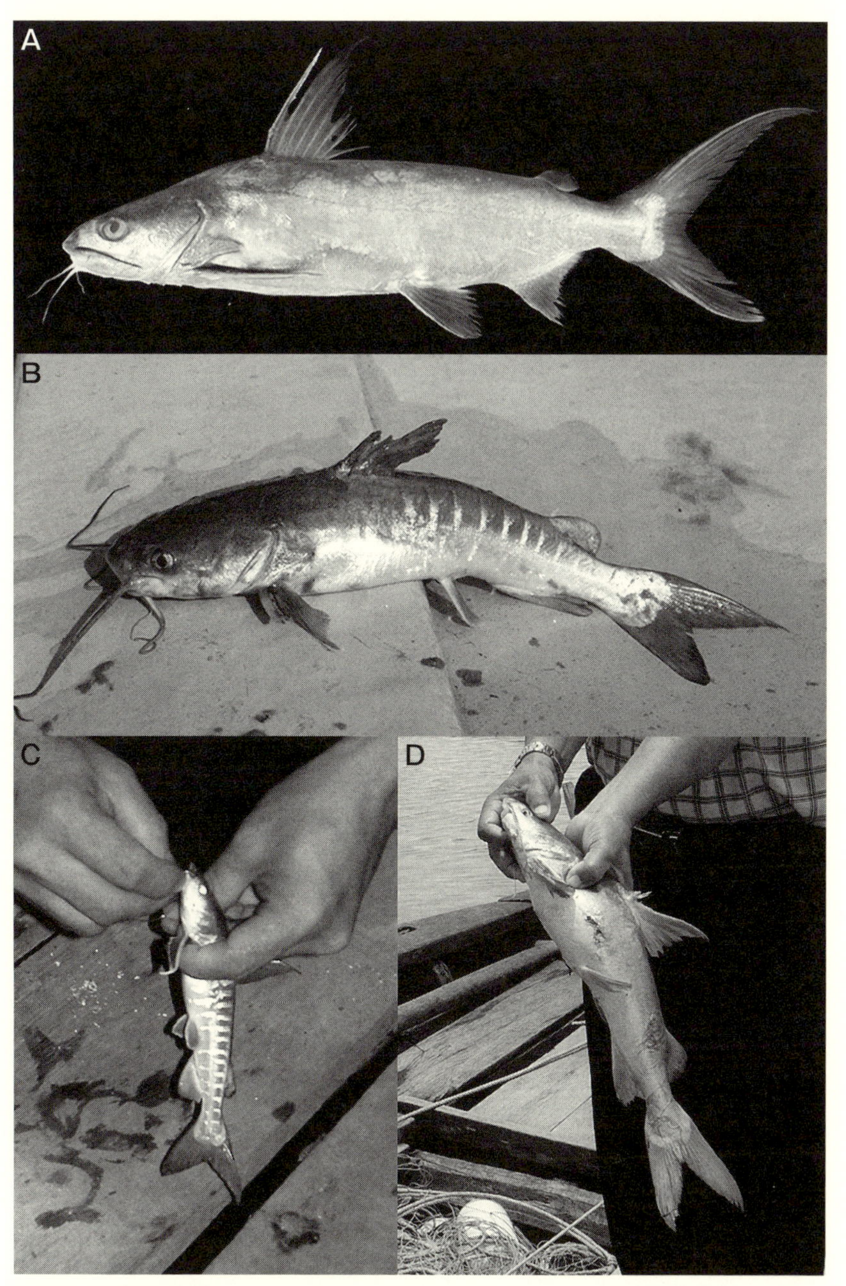

図 4　ハマギギ科魚類。A：オオサカハマギギ *Netuma bilineata*(KAUM-I. 12102，ボルネオ)，B：*Hexanematichthys sagor*(FRLM 44071，マレーシア)，C：現地の人が釣れた *H. sagor* の釣り針を外しているところ。胸鰭と背鰭の毒棘を避けたよいつかみ方(タイのプラチュワップキーリーカン，2010 年 11 月，吉田朋弘氏撮影)，D：ボルネオの河川調査時に採集されたハマギギ科魚類(サラワク州，2011 年 3 月)

まとまりと姉妹群関係にあるのがフサカサゴ亜科のフサカサゴ属(*Scorpaena*)やオニカサゴ属(*Scorpaenopsis*)である。したがって，ミノカサゴ亜科を有効な分類群と扱うためにはフサカサゴ科をさらに亜科に細分する(最低でも3亜科にする)必要があり，現実的ではない。将来はミノカサゴ亜科を無効にするのが妥当であろうが，本書では従来通り有効亜科として扱う。

カサゴの仲間は古くから有毒な棘をもつ魚として認識されていた。そのため，英語ではScorpionfishやDevil fish，標準和名でもオニカサゴやハチなど英名も和名もちょっと恐ろしい，危険な雰囲気を醸し出している名前が目白押しだ。刺毒被害例が多く，毒の研究も進んでいる。

(1)メバル科(Sebastidae)

メバル亜科(Sebastinae：図5A〜C)とキチジ亜科(Sebastolobinae：図5D)の2亜科から構成される。後者は稀に独立したキチジ科(Sebastolobidae)として扱われることもある。メバル亜科は世界で123種，日本からは41種が報告されており，キチジ亜科にはそれぞれ10種，2種が認められている。北半球の冷たい海で種多様性が高く，本科の分布の中心であるが，南半球や熱帯域にも非常に少ない種が生息する。本科のなかで最も種数が多いメバル属(*Sebastes*)は，南半球に3種ほどが生息することが知られている。これら3種の祖先種は80〜14万年前に北半球から赤道を越えて移動したと考えられている(Love et al., 2002)。

本科魚類の多くは卵胎生で，体内受精し卵を胎内で孵化させて仔魚を産む。メバル科の魚は長生きすることで知られ，アラスカ沖で採集されたアラメヌケ(*Sebastes aleutianus*)は205歳だったことがわかっている(Love et al., 2002)。おそらく魚類のなかで最も寿命が長い種の1つであろう。メバル科はほかのカサゴの仲間と同様に背鰭，腹鰭，臀鰭に硬い棘をもっている。しかし，刺された際には棘が食い込んだことによる痛みしか感じない(毒液による激しい痛みは感じない)ことがあるため，毒性はかなり弱いと思われる。本科魚類の棘や毒腺の構造に関しては多くの報告がある(たとえば，Roche and Halstead, 1972)。

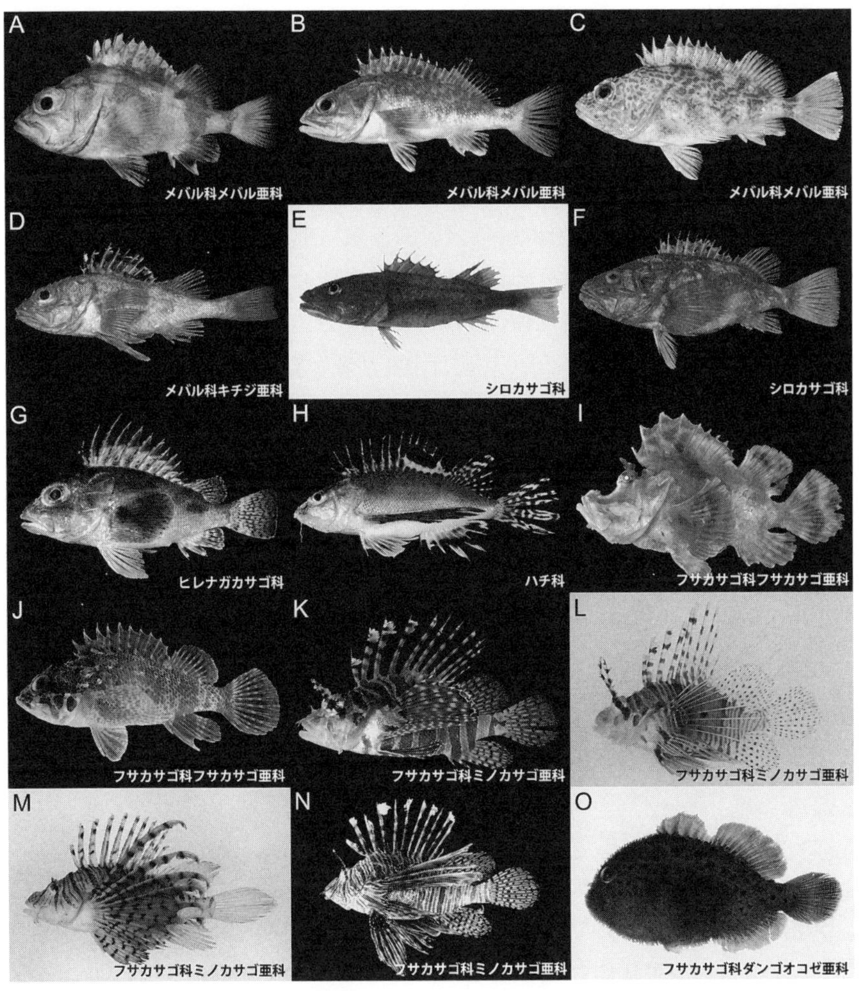

図5　フサカサゴ科魚類とその近縁科。A〜D：メバル科（A〜C：メバル亜科，D：キチジ亜科），E・F：シロカサゴ科，G：ヒレナガカサゴ科，H：ハチ科，I〜O：フサカサゴ科（I〜J：フサカサゴ亜科，K〜N：ミノカサゴ亜科，O：ダンゴオコゼ亜科）。A：ホウズキ *Hozukius emblemarius*（KAUM-I. 54894，口之島），B：ユメカサゴ *Helicolenus hilgendorfi*（KAUM-I. 32152，鹿児島県本土），C：アヤメカサゴ *Sebastiscus albofasciatus*（KAUM-I. 20852，屋久島），D：アラスカキチジ *Sebastolobus alascanus*（KAUM-I. 54155，北海道），E：ヤセアカカサゴ *Lioscorpius longiceps*（KAUM-I. 60711，ベトナム），F：シロカサゴ *Setarches guentheri*（KAUM-I. 61086，高知県），G：ヒレナガカサゴ *Neosebastes entaxis*（KAUM-I. 58144，種子島），H：ハチ *Apistus carinatus*（KAUM-I. 5406，鹿児島湾），I：ホウセキカサゴ *Rhinopias eschmeyeri*（KAUM-I. 12673，鹿児島県本土），J：イソカサゴ *Scorpaenodes evides*（KAUM-I. 4371，鹿児島県本土），K：キリンミノ *Dendrochirus zebra*（KAUM-I. 20107，屋久島），L：ネッタイミノカサゴ *Pterois antennata*（KAUM-I. 38746，鹿児島県本土），M：ミノカサゴ *Pterois lunulata*（KAUM-I. 46815，鹿児島湾），N：ハナミノカサゴ *Pterois volitans*（KAUM-I. 10975，鹿児島湾），O：ダンゴオコゼ *Caracanthus maculatus*（KAUM-I. 42726，与論島）

(2)シロカサゴ科(Setarchidae)

全世界の深海に生息し，3属6種が知られ，日本周辺海域からは3属4種が報告されている。ヤセアカカサゴ属(*Lioscorpius*：図5E)とシロカサゴ属(*Setarches*：図5F)は水深1,000 m以浅の深海底に生息し，底曳網で漁獲される。一方，クロカサゴ属(*Ectreposebastes*)は水深150～2,500 mの海域の中深層275～750 m付近から中層曳網によって漁獲される。本科魚類の分類はまだ終わっておらず，特にシロカサゴ属は現在2種が有効種とされているが，将来は10種以上で構成されることが明らかになると思われる(本村，未発表)。現在，分類学的研究が進められている。

シロカサゴ属は各鰭の棘に毒があるとされるが(Smith and Wheeler, 2006)，刺毒による被害例や毒の成分解析などの報告はない。クロカサゴ属は少なくとも臀鰭棘に毒腺があるものの，背鰭棘と腹鰭棘については毒の有無は不明。

(3)ヒレナガカサゴ科(Neosebastidae)

*Maxillicosta*属(6種)とヒレナガカサゴ属(*Neosebastes*：12種：図5G)の2属18種が知られている。本科魚類は詳細な分類学的研究が行われており(Eschmeyer and Poss, 1976；Motomura, 2004；Motomura et al., 2005, 2006；Motomura and Causse, 2010)，分類学的な問題点はほぼ解決済みと考えてよいだろう。*Maxillicosta*属はオーストラリアとニュージーランドを分布の中心とし，1種のみが南米チリ沖に生息する。ヒレナガカサゴ属もオーストラリアやニューカレドニアなどの南半球に10種が分布し，北半球には西太平洋に2種のみが分布する。本科魚類は典型的な南半球起源の魚であり，最近まで赤道付近には生息せず，南北両半球に不連続に分布する反赤道性分布を示すと考えられていたが，インドネシアのスラウェシ島から2種のヒレナガカサゴ属の生息が確認され，西太平洋に連続的に分布することが明らかになった(Motomura and Peristiwady, 2012)。

(4)ハチ科(Apistidae)

3属3種が認められている。ハチ(*Apistus carinatus*：図5H)はインド・西太平洋に広く分布するが，ほかの2種はオーストラリアとニューギニア周辺の固有種である。ハチ(蜂)は名前のとおり，背鰭，胸鰭，臀鰭に鋭い毒棘をもっている。国内では茨城県以南の太平洋と新潟県以南の日本海に分布し，水深100 m以浅の砂泥底に生息する。夜行性で昼間は砂に潜っており，夜になるとまるで蜂が羽を広げて飛ぶように大きな黄色い胸鰭を広げて泳ぎ回り，索餌する。砂泥内に潜む小動物を捕食するため，下顎に3本の発達したヒゲをもつ。また，胸鰭の最下軟条が1本遊離しており，これも索餌のために発達したと考えられるが，味蕾の分布状況などはわかっていない。

(5)フサカサゴ科(Scorpaenidae)

いわゆる“カサゴの仲間”のなかでは最大のグループ。フサカサゴ亜科(196種：図5I・J)，ミノカサゴ亜科(23種：図5K～N)，およびダンゴオコゼ亜科(5種：図5O)の3亜科で構成され，未記載種を合わせると250種を超えると思われる。筆者がライフワークとしているのは本科魚類の分類学的研究である。

Halstead(1988)は本科魚類の4属11種に毒があることを示した。また，Smith and Wheeler(2006)は9属17種の棘が有毒であると記した。棘の構造から考えて，おそらく本科魚類のほぼすべてが有毒な棘を有するものと思われる。フサカサゴ亜科の刺毒については特に大西洋や東太平洋のフサカサゴ属(*Scorpaena*)で研究されている(たとえば，Halstead, 1951；Schaeffer et al., 1971；Haddad et al., 2003；Carrijo et al., 2005)。ミノカサゴ亜科の毒に関する報告は膨大であり，その内容については各原著論文に譲るが，ここでは一般向けの雑誌に旅行記のような形で掲載されているGerald AllenとWilliam Eschmeyerが1969年にマーシャル諸島で行った興味深い実験を紹介しよう(Allen and Eschmeyer, 1973)。当時すでにミノカサゴ亜科の棘には強い毒があり，刺毒被害も多数報告されていた。また，ミノカサゴ亜科の胃内容物にミノカサゴ亜科が含まれていることはあっても，ほかの魚の胃からはミノカサゴ亜科が見つかったことがないことも知られていた。そこで，彼らはハナミノカサゴ(*Pterois volitans*：図5N)の毒をイットウダイ亜科(Holocentrinae)複数種，ハタ科(Serranidae)2種，ヒメジ科(Mullidae)5個体，スズメダイ科(Pomacentridae)1個体，およびミノカサゴ亜科2個体に注射した。その結果，スズメダイ科とミノカサゴ亜科以外はすべて10〜30分後に死亡した。スズメダイ科は注射後15分間痙攣しながら泳ぎ，20分後には水槽の底に沈んですべての鰭が動かなくなった。しかし，その後復活し数日間生きた。ミノカサゴ亜科にはイットウダイ亜科が死亡した毒の2倍の量を注射したが何も変化がなく，3〜4倍の毒量を注射した際に遊泳活動が低くなった。2個体目のミノカサゴ亜科には6〜8倍の毒を注射したが，やはり遊泳活動が低くなっただけで，死亡しなかった。フィールドでのこの簡単な実験から，ミノカサゴ亜科の毒は分類群によって効きが異なり，ミノカサゴ亜科自身には毒の効果が極めて低いことがわかったのである。

ミノカサゴ亜科のなかでは，Shiomi et al.(1989)によってキリンミノ(*Dendrochirus zebra*：図5K)，ネッタイミノカサゴ(*Pterois antennata*：図5L)，ミノカサゴ(*Pterois lunulata*：図5M)，およびハナミノカサゴ(図5N)の粗毒のマウス致死活性が調べられた。ネッタイミノカサゴとミノカサゴは分類学的に問題があり，現在研究が進められている。ハナミノカサゴは本来西太平洋に生息する種であるが，2000年に初めて西大西洋から発見された。その後，爆発的に個体数が増え，現在はハナミノカサゴに近縁でインド洋に分布している*Pterois miles*とハナミノカサゴの2種が西大西洋の沿岸に広く生息し，同海域の生態系に強い影響を及ぼしている(Hare and Whitfield, 2003；Hamner et al., 2007；Lasso-Alcalá and Posada, 2010)。そんななか，キリンミノとネッタイミノカサゴが複数個体で協力して摂餌することが明らかになった(Lönnstedt et al., 2014)。このような行動や生態の基礎的知見の蓄積が，外来ミノカサゴ類を駆除するための重要なステップになると期待されている。

ミノカサゴ亜科(図5K〜N)はイソカサゴ属(図5J)と姉妹群関係にあると先述した。一見すると，長く美しい各鰭をなびかせて優雅に泳ぐミノカサゴ亜科と岩やサンゴの上でじっと佇んでいる地味なイソカサゴ属は似ても似つかない魚のように思われるかもしれない。しかし，両分類群は背鰭棘が13本であること，鰾があること，口蓋骨に歯があること，および尾鰭棘が発達することなど，フサカサゴ科のなかでは特異的な形質を多く共有する。ミノカサゴ亜科はイソカサゴ属との共通の祖先から進化し，その際に遊泳力とさらに強い毒を獲得したのであろう。煌びやかな色彩や形態とカサゴの仲間なのに隠れずにゆったりと泳ぎ回る行動は有毒という裏づけがあってこその産物であると思われる。

(6) ハオコゼ科(Tetrarogidae)

およそ11属40種が有効種と認められているが分類学的研究は進んでいない。オーストラリア東部に生息する *Notesthes robusta* は淡水域に生息するが，ほかの種は海産である。日本には6属9種(図6)が分布し，おそらくすべての種が有毒である。*Notesthes robusta* の毒性，棘や毒腺の構造はよく調べられている(Cameron and Endean, 1966；Hahn and O'Connor, 2000)。日本産のハオコゼ科のなかではハオコゼ(*Paracentropogon rubripinnis*：学名は *Hypodytes rubripinnis* と記述されることもある：図6D)の毒について最も詳しく研究されている(たとえば，Nakagawa et al., 1995；Nakagawa, 2003；Shinohara et al., 2010)。本種は背鰭，腹鰭，臀鰭の棘にのみ毒を有するとされているが，筆者は本種の発達した前鰓蓋骨棘に親指を深々と刺してしまったことがあり，親指が倍に膨れ上がり，病院で治療を行ったものの，痛みは数日間続いた。前鰓蓋骨棘にも毒があるのかもしれない。ハオコゼは東アジアの固有種で，日本(青森県～鹿児島県本土)，韓国，中国，および台湾に分布する。

(7) オニオコゼ科(Synanceiidae)

オニオコゼ亜科(Choridactylinae：13種：図6E～G)，ヒメオコゼ亜科(Minoinae：12種：図6H～I)，およびオニダルマオコゼ亜科(Synanceiinae：10種：図6J～L)の3亜科で構成される。特にヒメオコゼ亜科の分類が遅れており，現在研究が進められている。日本には3亜科4属9種が分布する。オニオコゼ科は刺毒魚の代名詞といっても過言ではない。特にオニダルマオコゼ属(*Synanceia*)の魚(図6K～L)は各種古くから毒の成分や棘と毒腺の構造などが調べられている(たとえば，Cameron et al., 1981；Halstead, 1988；Gopalakrishnakone and Gwee, 1993；Ueda et al., 2006)。オニダルマオコゼ属の棘は特異的で，各棘に極めてよく発達した1対の毒のうがあり，棘は分厚い皮膚に覆われている。本属魚類の毒性は強く，死亡例を含む刺毒被害例も多い。一方，ダルマオコゼ(*Erosa erosa*)も背鰭に強い毒があるとされているが，実際に筆者や学生が本

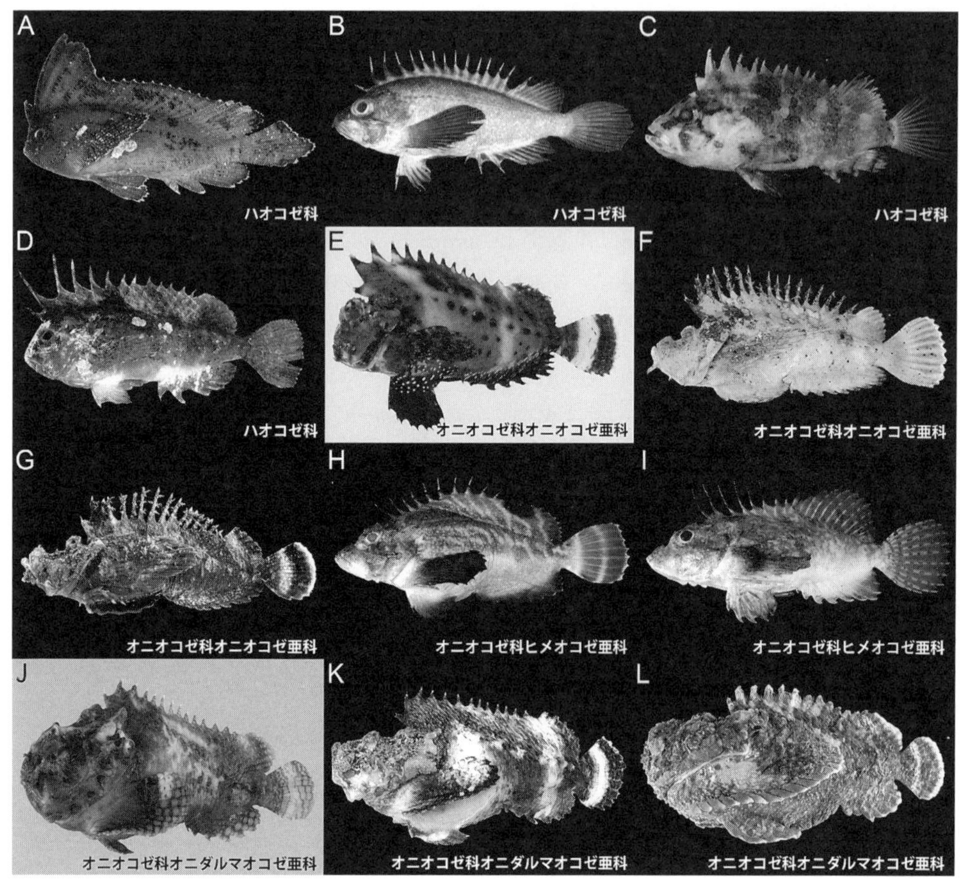

図6　ハオコゼ科とオニオコゼ科魚類。A〜D：ハオコゼ科，E〜L：オニオコゼ科(E〜G：オニオコゼ亜科，H・I：ヒメオコゼ亜科，J〜L：オニダルマオコゼ亜科)。A：ツマジロオコゼ *Ablabys taenianotus*(KAUM-I. 20310，屋久島)，B：ナガハチオコゼ *Neocentropogon aeglefinus japonicus*(KAUM-I. 30815，鹿児島県本土)，C：シマハチオコゼ *Ocosia fasciata*(KAUM-I. 58071，東シナ海)，D：ハオコゼ *Paracentropogon rubripinnis*(KAUM-I. 5417，鹿児島湾)，E：*Choridactylus multibarbus*(KAUM-I. 12296，ボルネオ)，F：オニオコゼ *Inimicus japonicus*(KAUM-I. 26193，鹿児島県本土)，G：ヒメオニオコゼ *Inimicus didactylus*(KAUM-I. 16574，マレーシア)，H：ヒメオコゼ *Minous monodactylus*(KAUM-I. 29961，宮崎県)，I：ヤセオコゼ *Minous pusillus*(KAUM-I. 31340，鹿児島県本土)，J：ダルマオコゼ *Erosa erosa*(KAUM-I. 9289，鹿児島県本土)，K：ツノダルマオコゼ *Synanceia horrida*(KAUM-I. 22277，ボルネオ)，L：オニダルマオコゼ *Synanceia verrucosa*(KAUM-I. 48048，与論島)

種の生きた個体の背鰭棘を触ったところ軟化した棘であり，無理やり強く押し付けても指に刺さることはなかった。毒があるとしても実害はないであろう。オニオコゼ亜科のオニオコゼ属(*Inimicus*：図6F・G)も有毒であることが知られている(Halstead, 1988；Shiomi et al., 1989；Liu et al., 1999)。ヒメオコゼ亜科では，Smith and Wheeler(2006)がヒメオコゼ(*Minous monodactylus*：図6H)に毒腺があることを報告している。しかし，背鰭棘が髪の毛のように柔らかいヤセオコゼ(*Minous pusillus*：図6I)などは毒がないと思われる。

(8)ヒメキチジ科(Plectrogeniidae)

バラハイゴチ属(*Bembradium*)が属する科に混乱がある。バラハイゴチ属がヒメキチジ科であれば同科は2属4種，アカゴチ科(Bembridae)であればヒメキチジ科は1属2種となる。本科魚類の棘に毒があるか不明である。

4. ウサギ魚(うお)？でも毒があるアイゴ

アイゴ科(Siganidae)はインド・西太平洋に1属32種が分布し，そのうち西インド洋に分布する *Siganus luridus* などは紅海のスエズ運河を介して地中海に生息域を拡大している。日本からは12種の記録が確認されており，基本的な形態形質である背鰭(13棘10軟条)，腹鰭(1棘3軟条1棘)，臀鰭(7棘9軟条)の鰭条数はすべての種で同じである(島田, 2014)。本科魚類は英語で Rabbitfishes(ウサギ魚)と総称され，かわいらしい印象だが，実際は毒がある強靭な棘をもつ魚である。

本科魚類の分類はまだ完全に整理されておらず，現在，形態と分子の両側面からの分類学的再検討が進められている。アイゴの仲間は背鰭，腹鰭，臀鰭の棘に毒を有するが，棘の構造から考えると，おそらく現在有効と考えられている32種すべての種が同様の毒をもつと思われる。ここで全種の分類と生態を記述することができないため，毒の研究が進んでおり，また一般的にも刺毒被害が多いアイゴ(*Siganus fuscescens*：図7)の分類と生態を紹介したい。

日本周辺海域において，吻が著しく突出しないこと，背鰭の棘条部と軟条

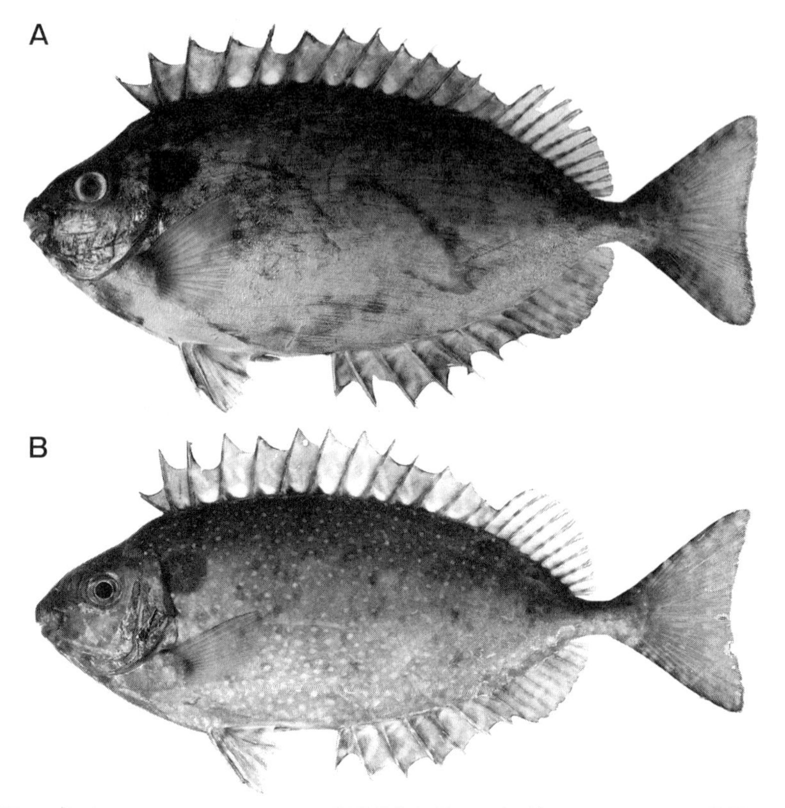

図7　アイゴ *Siganus fuscescens*。A：典型的な色彩のアイゴ(KAUM-I. 19970, 体長 183.3 mm, 鹿児島湾), B：シモフリアイゴ型のアイゴ(KAUM-I. 50225, 体長 170.6 mm, 種子島)

部の間に欠刻があること，尾鰭後縁がやや湾入すること，および体側に虫食い状斑紋がないことを合わせもつアイゴ科魚類としては，従来アイゴとシモフリアイゴの2種が知られていた。両種は体の模様と胸鰭の長さによって識別されると考えられていた。つまり，アイゴはシモフリアイゴと比較して，体側に散在する白色点が比較的大きく，数も少ない(後者では小さく，数が多い)こと，胸鰭が短く，胸鰭長の 1.3〜1.5 倍が頭長(1.1〜1.3 倍)であることから識別可能で，別種であると考えられていたのである(島田，1993)。両種の国内における分布も異なり，アイゴは琉球列島を除く日本沿岸，シモフリアイゴは高知県以南で特に琉球列島に多く生息すると考えられていた(山下, 2009)。シモフリアイゴには *S. canaliculatus* という学名が使用されているが, 国内でシモフリアイゴと呼ばれているものと真の *S. canaliculatus*(＝ホロタイプ；新種記載時に使用する学名を担う唯一の標本)が同一のものであるのか, 学名と和名の対応が適切なのか判断するためには, 今後のさらなる分類学的検討が必要である。

Kuriiwa et al.(2007)はアイゴ科全体のミトコンドリアと核DNAの解析から, *S. fuscescens* と *S. canaliculatus* が同種であることを示した。Hsu et al.(2011)もミトコンドリアDNAの解析から Kuriiwa et al.(2007)と同様の結論を得たが, Borsa et al.(2007)や Ravago-Gotanco and Juinio-Meñez(2010)は分子解析によって *S. fuscescens* と *S. canaliculatus* が別種であることを示した。研究論文によって結論が異なるが, そもそもかれらが解析に用いた標本が真の *S. canaliculatus* であるのか, シモフリアイゴと呼ばれているものなのか, あるいは *S. fuscescens* の色彩変異を誤同定してはいないのか, など不明な点が多く, どの結果が妥当であるのか判断することが難しい。現在, 日本国内では *S. canaliculatus* の正体解明を棚上げしたまま, シモフリアイゴと呼ばれていた個体をアイゴ *S. fuscescens* のシモフリアイゴ型と呼び, アイゴの種内変異(地域個体群＋色彩変異)として扱っている(島田, 2014)。

アイゴは東インド洋と西太平洋に広く分布する。サンゴ礁や海藻が繁茂する岩礁域に好んで生息し, 汽水域にも侵入する。国内では北方ほど大型になり, 本州では全長40 cmを超える個体が多数観察されるが, 琉球列島では比較的小型である。雑食性で特に海藻類を好んで食べるため, 磯焼けの原因の1つと指摘されることもある。アイゴの成魚の消化管内容物を調査した研究によると, 紅藻・褐藻・緑藻を中心に甲殻類などの動物も若干食べていることが明らかになっている(多和田, 1988)。アイゴは食用としても珍重されるが, 水質が悪化しているところに生息するアイゴは餌の影響か, 肉がかなり磯臭く, とても食用には適さない。黒潮流域など水がきれなところから採集された新鮮な個体は美味とされる。琉球料理の“スクガラス”(図8)はアイゴ属の稚魚を塩辛にしたもので, 豆腐に乗せて食べるのが一般的だ。とても人気がある食べ方ではあるが, 濃すぎる塩辛の味に加え, 稚魚とはいえ, 固い

図 8　アイゴ属の幼魚を使った琉球料理スクガラス（石垣島，2014 年 7 月，田代郷国氏撮影）

棘がたまに口に刺さるのでどうも筆者自身は苦手である。

アイゴの産卵生態や初期生活史は詳しく調べられている（たとえば，本永・喜屋武，1988；多和田，1988；杉山・友利，1990；本永，1991；山下，2009）。沖縄沿岸における産卵生態の概要を以下に紹介する。アイゴの産卵期は 4～7 月で，産卵は月周リズムにより新月を中心に行われ，多回産卵を示す。産卵の数日前から産卵場所であるリーフ周辺の浅海域に移動し群れを形成し，朝の 4～6 時ごろに産卵する。人工飼育下で 1 個体のアイゴが年に 5 回産卵し，その卵数の合計が 139 万粒であることがわかっている。卵は強粘着性の沈性卵で，卵径 0.5～0.62 mm と比較的小型である。受精後 1 日以内に孵化し，孵化直後の仔魚は全長 1.7～1.9 mm，孵化後 10 日目ごろには全長 3.7 mm に達し，餌を食べ始める。20 日目には全長 15.6 mm になり，稚魚期に入る。満 1 年で成熟し再生産すると考えられている。

国内におけるアイゴ科の刺毒被害の多くはアイゴによるものと思われる。アイゴは北海道を除く日本全域に広く分布しており，釣り魚としても人気があるからだ。釣り人がアイゴから針を外す際に刺されたり，調理をする際に刺されることが多いであろう。しかし，アカエイやオニオコゼのような刺毒による強烈な痛みがあるわけでなく，病院に行かないまま完治することも多いことから統計的な被害件数はわからないと思われる。筆者も素潜りでヤスでアイゴを採集し，ヤス先からアイゴを外す際や魚籠に入れて陸に上がる際などに何度も刺された。刺された箇所が炎症を起こして赤く腫れ上がり，激痛をともなうものの，たいていは数時間で痛みが引き，数日で完治する程度の腫れですんだ。ただし，背鰭の13本の棘すべてに毒があるため，同時にすべての棘が刺さった際（波打ち際で波に翻弄された際，アイゴの上に全体重をかけて腕を乗せてしまった）には患部の発熱をともなう激痛が丸1日続いた。アイゴ科の背鰭，腹鰭，臀鰭の棘の構造や毒腺の形態はHalstead（1988）によって詳細に記載されている。

Shiomi et al.（1989）が確認したウサギ赤血球に対して特異的な溶血活性を示す粗毒を有するムシクイアイゴ（*S. vermiculatus*：図9）について紹介しよう。最近の分子系統学的研究（Kuriiwa et al., 2007）および形態学的研究（Woodland and Anderson, 2014）によると，本種はゴマアイゴ（*S. guttatus*；国内では鹿児島県本土と琉球列島に分布；伊東ら，2011）やスジアイゴ（*S. lineatus*；日本からの記録については研究中；島田，2014），*S. insomnis*（インド，スリランカ，モルジブの固有種）

図9　ムシクイアイゴ *Siganus vermiculatus*（KAUM-I. 65301，体長293.4 mm，八重山諸島）

図 10　クロホシマンジュウダイ *Scatophagus argus*。A：鹿児島湾に流入する河川から採集された幼魚(KAUM-I. 6226, 体長 14.5 mm), B：鹿児島湾から採集された成魚(KAUM-I. 7489, 体長 273.5 mm), C：フィリピン・パナイ島の市場で売られているクロホシマンジュウダイ(2013 年 2 月)

と系統学的に近縁で，形態学的にも酷似する。しかし，ムシクイアイゴは，名前の由来どおり，体側に明瞭な虫食い状の迷路のような模様があるため，近縁種と容易に識別される。本種はアイゴより藻類食性が強いと考えられており，稚魚時にはマングローブの根に生息する藻類などを摂餌する。成長すると河口から離れ岩礁やサンゴ礁域に移動する。東インド洋と西太平洋に広く分布するが，日本では稀種で，これまでに屋久島，沖縄島，八重山諸島から記録されているにすぎない。したがって，国内での刺毒被害例の報告もない。全長 45 cm と大型になり，味もよいため，東南アジアでは高級魚として扱われている。市場では背鰭棘条を切断してから販売されることが多い。

最後にアイゴ科に近縁のクロホシマンジュウダイ科（Scatophagidae）を概説する。本科魚類はインド・太平洋域に2属2種が分布する。毒腺をともなう強靭な棘が背鰭，腹鰭，および臀鰭にあり，棘や毒腺の構造（Cameron and Endean, 1970）や粗毒の活性（Sivan et al., 2007, 2010）など毒に関する多くの研究成果が報告されている。日本にはクロホシマンジュウダイ（*Scatophagus argus*：図10）が分布するが，本種の国内における刺毒被害例は少ないと思われる。海外での刺毒被害例は多く，大型個体よりも小型個体に刺されたときにより強い痛みを感じるとされる（Halstead, 1988）。

クロホシマンジュウダイの繁殖期は4～10月で，非繁殖期に性転換を行う雌雄同体魚である（Shao et al., 2004）。本種は秋田県以南の日本海側と関東以南の太平洋岸に広く生息するが，幼魚のみが記録されている場所も多い。片山ら（2009）は高知県における本種の分布を詳細に記録し，本種が土佐湾で再生産している可能性を示唆した。鹿児島湾では全長 30 cm を超える個体が周年採集され，湾内に流入する河川の河口域には体長 9～20 mm の幼魚が 9～10 月に多数出現することから，本種は鹿児島湾内で再生産していると思われる（本村，未発表）。

第9章　魚類刺毒の性状と化学構造

塩見　一雄

魚類のなかには，背びれや胸びれなどのひれ部分や尾部，鰓蓋に毒腺が付随した棘（毒棘）をもつものが知られており，刺毒魚と総称されている。ゴンズイ，オニダルマオコゼ類，ミノカサゴ類，アイゴ類など多くの刺毒魚では毒棘はひれにのみ存在するが，エイ類の場合はひれではなく尾部に存在している。また，わが国では見られない刺毒魚であるが，toadfishと呼ばれるガマアンコウ目フチガマアンコウ類やweeverfishと呼ばれるスズキ目トラキナス科の魚は，背びれのほかに鰓蓋にも毒棘をもっている。図1にゴンズイの毒棘の構造を示すが，刺毒魚の毒棘の構造は基本的にすべて同じであると考えてよい。すなわち，中心の棘に接するように毒腺が存在し，さらにそのまわりを皮膚が包み込んでいる。非常に特殊なのはオニダルマオコゼ類で，毒腺といった腺組織の代わりに毒液が入った袋状の組織（毒嚢，図2）がそれぞれの棘に1対ずつ付随している。

刺毒魚の数は正確にはわからないが，Smith and Wheeler (2006) によれば世界で1,535～1,850種（軟骨魚類200種，ナマズ目魚類750～1,000種，ナマズ目魚類以外の硬骨魚類585～650種）もいると見積もられている。刺毒魚の種類が多いので刺される被害も当然多く，稀ではあるが死亡することもあるので公衆衛生上大きな問題になっている。刺毒魚にとって毒棘は防御のためであると考えられており，海中でヒトが刺毒魚に攻撃されることはまずない。エイ類やオニダルマオコゼ類，weeverfishなどの場合，浅瀬の砂地や岩場

(A)

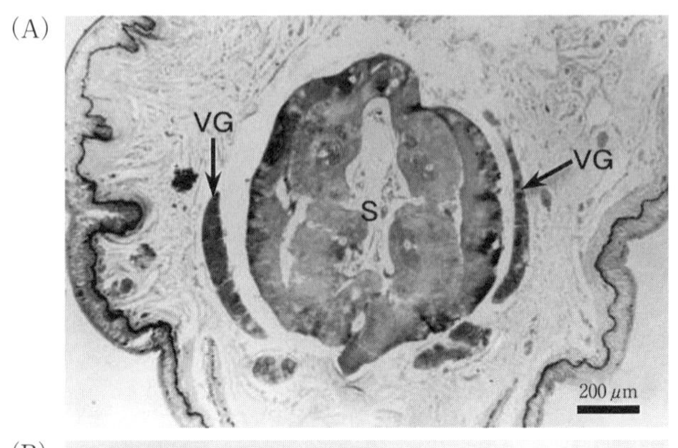

(B)

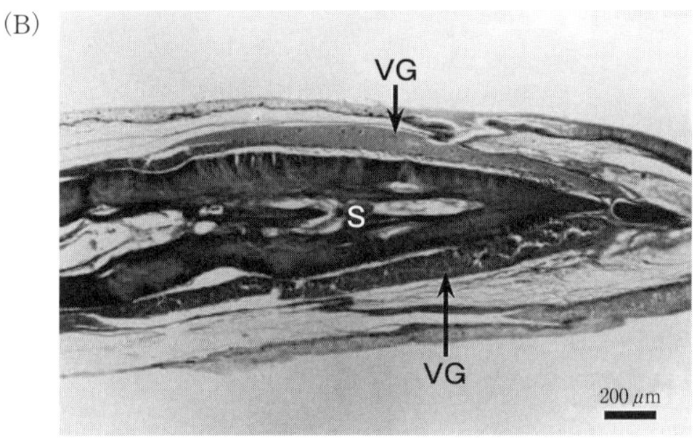

図1　ゴンズイの毒棘の横断面(A)および縦断面(B)。S：棘(spine)，VG：毒腺(venom gland)

にじっとしていてヒトが近づいても逃げないので，海水浴客などが気づかずに踏みつけて刺されるという事故が多い。また，漁業者や釣り愛好家では，網にかかった刺毒魚や釣り上げた刺毒魚が暴れているときに誤って刺されるという例が多いと思われる。さらに，ミノカサゴ類などのようにきれいな種類は水族館ではおなじみであるし，魚愛好家も家庭で飼育しているが，水槽の移しかえのときに刺されることがある。刺毒魚に刺されると傷口から毒成分が入り，一般的には激しい痛みのほか，発赤や浮腫などが引き起こされる。刺された付近の組織が壊死することもある。このような局所症状のほかに，吐き気や嘔吐，まひ，けいれん，血圧低下，呼吸困難などの全身症状をとも

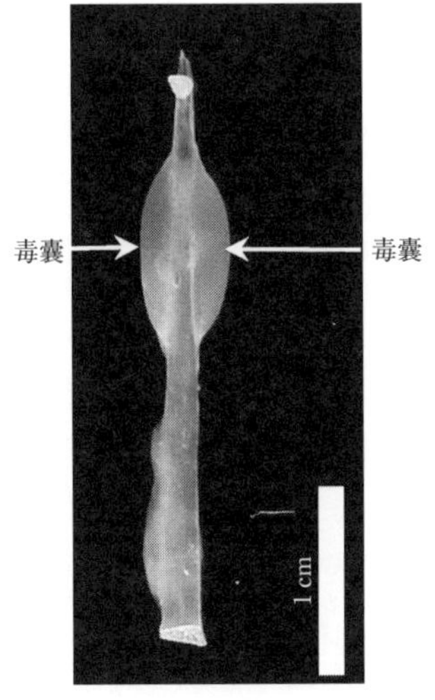

図2　オニダルマオコゼの毒棘

なうこともあり，重症の場合は死に至る。

刺毒魚による刺傷時の適切な治療方法を確立するためには，刺毒の諸性状や構造を明らかにすることが不可欠である。また，魚類刺毒のなかには構造や生物活性の点で既知の毒成分には見られない特異なものがあり，新しい医薬品素材になる，あるいは医薬品開発のモデル化合物になることも期待されている。しかし，研究に十分な試料を集めるのが困難であることに加え，魚類刺毒は一般に非常に不安定なタンパク質で取り扱いが難しいので(Box 参照)，研究が立ち後れているといわざるをえない。以下に，わが国沿岸で見られる主要な刺毒魚(エイ類，ゴンズイ，カサゴ目魚類およびアイゴ類)を重点的に取り上げ，刺毒の性状や構造がどこまでわかっているか(というより，わかっていないことがいかに多いか)を紹介する。

Box　魚類刺毒はとにかく不安定

魚類刺毒のなかには低分子の生理活性物質(5- ヒドロキシトリプタミン，アセチルコリンなど)も検出されているが，刺傷時の症状に深く関与しているのはあくまでもタンパク毒である。タンパク毒は非常に不安定で取り扱いが難しいことが研究のネックになっている。刺毒魚がタンパク毒をもっていることは古くからわかっているので，簡単にできるのではと甘くみてトライしたものの，あまりの不安定さにそそくさと退却した研究者も多いと思われる。筆者らも1980年代にカサゴ目魚類の毒成分の研究を行っていたが，1990年ごろには一時退却を余儀なくされた。タンパク質の精製技術や遺伝子工学的手法によるタンパク質の構造解析技術の向上を踏まえ，研究を再開したのは十数年後である。それでは刺毒魚の毒成分がどの程度不安定であるかを，筆者らの経験に基づいて以下に述べる。

筆者らは主としてオニダルマオコゼ，オニオコゼ，ミノカサゴ類の毒を扱ってきた。オニダルマオコゼの場合，生きている魚体や生きている魚体から切り取った毒棘，あるいは毒嚢から採取した毒液をフリーザー(−20℃)で凍結保存していると毒成分は安定である。しかし，毒液に何らかの処理(たとえば毒液を希釈するとか，希釈した毒液をカラムクロマトグラフィーに供するとかの処理)をすると，その後は凍結や凍結乾燥によって毒性は完全に失われる。低温室や冷蔵庫(4℃)で保存しても徐々に失活する。オニダルマオコゼの毒成分は非常に簡単に精製できるが，精製毒の各種生物活性を明らかにするためには精製してすぐに実施しなければならないという制約がある。一方，オニオコゼの場合は生きている魚体や生きている魚体から切り取った毒棘をフリーザーで保存すると毒性は少しずつ減少する(6か月後には約10%の毒性しか残らない)ので，入手後できるだけ早く使用しなければならない。またミノカサゴ類の場合は，フリーザーで保存すると毒性は速やかに完全に失われるので，生きた魚しか試料として用いることができない。さらに，オニオコゼやミノカサゴ類の粗毒(毒棘の抽出液)は凍結や凍結乾燥に対して不安定であるし，ゲルろ過HPLC以外のクロマトグラフィー(イオン交換など)では活性を検出できなくなってしまうので，精製することはまず不可能といってよい(後述するように，遺伝子工学的手法により毒成分のアミノ酸配列は解析できている)。

上述したカサゴ目刺毒魚での経験のほか，筆者らは以前に，アカエイの毒棘の凍結試料，アイゴの凍結検体を入手したことがあるが，どちらにも毒性は検出されなかった。しかし最近，生きたアカエイの毒棘および生きたアイゴの毒棘から粗毒を調製したところ，いずれの粗毒にも毒性を確認することができたので，カサゴ目魚類の場合と同様にアカエイやアイゴの毒成分も非常に不安定で，研究には生きた試料が必要であると考えられる。

1. エイ類の刺毒

(1)有毒エイと刺傷事故

エイは平べったい体と体盤長を越えるほどの長い尾(ツバクロエイ科のように尾が短い種類もいる)が特徴の軟骨魚類である。平べったい体は頭部，胴部および胸びれが一体になったもので，体の上側(背側)に眼が，下側(腹側)に口と鰓孔がある。このように独特の形をしているので，水族館ではなかなかの人気者である。一方，エイといえば酒のつまみなどになっているエイヒレでも有名である。エイヒレはガンギエイ(*Dipturus kwangtungensis*)やアカエイ(*Dasyatis akajei*)などのヒレを乾燥したものである。また，北海道や秋田県などでは，ガンギエイ科(Rajidae)の仲間(ガンギエイ，コモンカスベ *Okamejei kenojei*，メガネカスベ *Raja pulchra* など)のヒレを煮付けや煮こごりなどにして食べている。しかし，サメ類同様にエイ類も浸透圧の調整に尿素を利用しているので，死後，尿素から生成するアンモニアの臭いがきつく肉を食用にすることはほとんどない。

エイ類は尾部に1〜数本の毒棘を備えた代表的な刺毒魚で，刺傷事故が多い。浅瀬の砂地や泥地に眼だけ出して潜り込んでいるエイを踏みつけたり，網にかかったエイを網からはずすときに誤って刺される。エイの毒棘はほかの刺毒魚と比べると大きい。たとえばアカエイの毒棘の場合，幅およそ0.5 cm で長さは 10 cm 近くにもなる。したがってエイに刺されると傷口は大きくなり，ほかの刺毒魚による刺傷事故と比べて痛み(物理的痛み＋毒成分による痛み)は非常に激しい。また，エイの毒棘は両側にのこぎりの歯に似たぎざぎざの“返し”がついているので，刺さった毒棘を抜くときに傷口をさらに大きくしてしまう危険性もある。

わが国では統計がないので不明であるが，エイ類による刺傷事故はアメリカでは年に 750〜2,000 件，熱帯域では年に数千件(淡水産エイによる刺傷事故のみ)，死者は世界で毎年 10 人以内と見積もられている(Diaz，2008)。最近では，2006 年 9 月にオーストラリアのグレートバリアリーフで，環境保護主義者のスティーブ・アーウィン(愛称：クロコダイル・ハンター)さんがアカエイ科(Dasyatidae)の魚に刺されて死亡した事故が有名である。「海の危険動物」というドキュメンタリー番組の収録の一環として水深 2 m 程度の浅瀬でエイを撮影していたとき，突然エイが尾を振り上げてアーウィンさんの胸を強打し，毒棘が心臓を一突きしたとのことである。

エイ類は世界の温帯〜熱帯域に広く生息し，アカエイ科，ガンギエイ科，ヒラタエイ科(Urolophidae)，トビエイ科(Myliobatidae)，ツバクロエイ科(Gymnuridae)，Potamotrygonidae 科などに分類されている。このうち Potamotrygonidae 科はわが国では見られない淡水産のエイで，南米や東南アジアなどの河川に生息している。これらエイ類のすべてが毒棘をもっているわけではなく，ガンギエイ科の仲間は毒棘を欠いている。また，トビエイ科の仲間も，ダイバーや水族館見学者の間で人気の高いマンタ(正式名称はオニイトマキエイ *Manta birostris*)をはじめ毒棘をもたない種類が多い。

有毒種のなかではアカエイ科，ヒラタエイ科および Potamotrygonidae 科の仲間が特に危険で被害が多い。これらエイ類の場合，踏みつけて刺されるケースが最も多いが，アカエイ類は体盤長より長いむちのようにしなる尾をもち，尾の中間付近に毒棘を備えているので，スティーブ・アーウィンさんのように尾を振り回したときに刺される危険性も高い。ヒラタエイ類も長い尾の真んなか付近に毒棘をもっているが，尾はアカエイ類ほどしなることはない。Potamotrygonidae 類の毒棘は尾の付け根にあるので，尾を振り回しても刺されることはあまりない。ツバクロエイ科の仲間は尾が短く，尾の付け根付近に小さな毒棘をもっているにすぎないので刺されることは滅多にない。トビエイ科の仲間は遊泳していることが多いので，浅瀬の砂地などで踏みつけることもないし，尾は長いが毒棘は尾の付け根付近にあるので尾を振り回しても刺されない。

(2)刺毒に関する知見

ヒラタエイ科の *Urolophus halleri*(以前は *Urobatis halleri* と呼ばれていた)の毒成分について Russell et al.(1954，1958)が行った研究が，エイ類の刺毒成分に関する最初の研究といってよい。彼らは *U. halleri* の粗毒はマウス致死活性および心臓毒性を示すこと，5-ヒドロキシトリプタミン(セロトニン)，5′-ヌクレオチダーゼ，ホスホジエステラーゼを含むがプロテアーゼやホスホリパーゼは欠いていること，マウス致死活性を示す毒成分は分子量 100,000 以上で凍結乾燥により毒性を失うことなどを明らかにしている。

その後，各種エイ類(特にアカエイ科と Potamotrygonidae 科)の刺毒には，浮腫形成活性，侵害受容活性(痛みを起こす活性)，毛細血管透過性亢進活性，抗血液凝固活性，抗菌活性，心臓毒性，プロテアーゼ活性，ヒアルロニダーゼ活性など，さまざまな生物活性が検出されている(表1)。後述するように，オニダルマオコゼ類やミノカサゴ類，weeverfishなどの刺毒の本体は溶血活性を示すが，エイ類の刺毒には溶血活性は検出されていない。筆者らも最近，アカエイの粗毒はマウス致死活性，浮腫形成活性，侵害受容活性を示すが溶血活性はないことを確認している(未発表)。エイ類の刺毒はほかの魚類刺毒とはかなり異なったタンパク質であることが示唆されるが，非常に不安定なタンパク質であるためその本体は依然としてわかっていない。

エイ類刺毒中の成分としては，今のところ *Potamotrygon motoro* からヒアルロニダーゼが，*Potamotrygon* gr. *orbignyi* からはオルポトリン(orpotrin)，ポルフラン(porflan)と命名された2種類のペプチドが精製されている。ヒア

表1　各種エイ類刺毒の生物活性。*1 文献(Kumar et al., 2011)では *Dasyatis sephen* と記載されている。*2 文献(Kumar et al., 2011)では *Aetobatis narinari* と記載されている。

魚　種	生物活性	文　献
アカエイ科		
ザラザラエイ *Dasyatis guttata*	浮腫形成活性，侵害受容活性，プロテアーゼ活性	Barbaro et al.(2007)
ツカエイ *Pastinachus sephen* *1	抗血液凝固活性，プロテアーゼ活性	Kumar et al.(2011)
オトメエイ *Himantura gerrardi*	心臓毒性	Dehghani et al.(2009)
Himantura imbricata	抗血液凝固活性，抗菌活性	Kalidasan et al.(2014)
トビエイ科		
マダラトビエイ *Aetobatus narinari* *2	抗血液凝固活性，プロテアーゼ活性	Kumar et al.(2011)
Potamotrygonidae 科		
Potamotrygon falkneri	浮腫形成活性，侵害受容活性，プロテアーゼ活性，ヒアルロニダーゼ活性	Haddad et al.(2004)，Barbaro et al.(2007)
Potamotrygon cf. *henlei*	浮腫形成活性，侵害受容活性，毛細血管透過性亢進活性，プロテアーゼ活性	Monteiro-dos-Santos et al.(2011)
Potamotrygon motoro	ヒアルロニダーゼ活性	Magalhães et al.(2008)
Potamotrygon gr. *orbignyi*	浮腫形成活性，侵害受容活性，プロテアーゼ活性	Magalhães et al.(2006)
Potamotrygon cf. *scobina*	浮腫形成活性，侵害受容活性，プロテアーゼ活性	Magalhães et al.(2006)

ルロニダーゼはゲルろ過，陰イオン交換クロマトグラフィーで精製され，分子量79,000，至適温度40℃，至適pH4.2であることが明らかにされている(Magalhães et al., 2008)。ヒアルロニダーゼそのものは毒性を示さないが，毒成分の拡散因子として機能していると推定されている。数種のカサゴ目刺毒魚のヒアルロニダーゼについては性状だけでなく構造も解析されているので，ヒアルロニダーゼの詳細については後で改めて説明したい。

オルポトリン(Conceição et al., 2006)とポルフラン(Conceição et al., 2009)は，いずれも逆相HPLC(high performance liquid chromatography：高速液体クロマトグラフィー)によって精製されている。オルポトリンは9残基のアミノ酸より成るペプチド(HGGYKPTDK；アミノ酸の1文字表記については図6の説明を参照)で，アミノ酸配列は各種動物のクレアチンキナーゼの97-105の領域と一致するが，それ以外の生理活性ペプチドや生理活性タンパク質との類似性は認められない。オルポトリンを投与したマウスを生体顕微鏡で観察し，血管収縮作用をもつことが確認されている。合成した数種類縁ペプチドを用いた実験結果により，血管収縮作用にはN末端から5残基目のリシンと6残基目のプロリンが必須であることが判明している(Conceição et al., 2011)。一方，ポルフランは18残基で構成されているペプチド(ESIVRPPPVEAK-VEETPE；アミノ酸の1文字表記については図6の説明を参照)で，やはり既知の生理活性ペプチドや生理活性タンパク質のなかに相同性を示すものは見られない。マウスの生体顕微鏡観察により，ポルフランは血管内皮表面での白血球ローリングの増加および内皮細胞への白血球の接着の増加を引き起こすことが明らかにされている。オルポトリンおよびポルフランは*P. motoro*の主要な毒成分ではないにしても，刺傷時の炎症の一部には関与していると思われる。

ごく最近，アカエイ科ヤッコエイ(*Neotrygon kuhlii*)の毒棘に含まれるタンパク質成分について，プロテオーム解析(プロテオミクスともいい，特に構造と機能にターゲットを当てたタンパク質の網羅的解析)ならびにトランスクリプトーム解析(細胞中のmRNAの網羅的解析)が行われている(Baumann et al., 2014)。プロテオーム解析では，毒棘の分泌物から調製した抽出液を硫安塩析，アセトン沈殿に供して得られた粗毒を試料とし，電気泳動(1次元または2次元)，電気泳動後のスポットのゲル内トリプシン消化，トリプシン消化物のLC-MS/MS分析という手順で各種タンパク質の同定を行っている。一方，トランスクリプトーム解析では，毒棘の分泌物から抽出したRNAをもとにRNA-Seqライブラリーを構築し，次世代シークエンサーを用いてRNAシークエンスを網羅的に分析している。以上の解析結果から，刺毒中のおもなタンパク質としてガレクチン(galectin；ガラクトースに対する結合特異性を有するレクチン)，ペルオキシレドキシン-6(peroxiredoxin-6；ペルオキシレドキシンは強い抗酸化作用をもつペルオキシダーゼの1種)およびシスタチン(cystatin；パパインやカテプシンのようなシステインプロテアーゼの阻害剤)が同定されている。これらタンパク質(あるいはほかのマイナータンパク質)がヤッコエイの毒性にかかわっているかどうかは今後の検討課題である。いずれにしても，各種エイ類の毒棘に含まれるタンパク質に関するプロテオーム解析やトランスクリプトーム解析といった網羅的解析を通して，エイ類刺毒の本体も見えてくることが期待される。

2. ゴンズイ類の刺毒

多くのナマズ目魚類は背びれに1本と左右の胸びれに1本ずつの計3本の棘をもつ。棘に毒腺が付随している危険な種類が多く，Smith and Wheeler (2006)は750～1,000種を，Wright(2009)は1,250～1,625種をナマズ類の有毒種と見積もっている。日本に生息するナマズ類は10種程度と非常に少なく，有毒種としてよく知られているのは沿岸でごく普通に見られるゴンズイ(*Plotosus japonicus*)のみである。海産のハマギギ(*Arius maculatus*)，淡水産のギギ(*Tachysurus nudiceps*)やギバチ(*Tachysurus tokiensis*)も有毒であると思われるが，これら有毒種による刺傷事故はほとんど聞かないし，刺毒に関する研究も皆無である。なお，わが国沿岸に生息しているゴンズイ類は*Plotosus lineatus*のみであると考えられていたが，最近，本州から沖縄県にかけて広く分布するゴンズイ(*P. japonicus*)と九州以南に分布するミナミゴンズイ(*P. lineatus*)の2種類が確認されている(Yoshino and Kishimoto, 2008；岸本・吉野, 2009)。筆者らはこれまでの研究論文(Shiomi et al., 1986, 1987, 1988; Tamura et al.,

2011)のなかでゴンズイ試料の学名を *P. lineatus* と記載してきたが，最新の分類にしたがうとすべて *P. japonicus* に相当する。

ゴンズイは釣りの外道としておなじみの魚である。興奮すると背びれの毒棘を垂直に立て，両胸びれの毒棘を横にまっすぐ張り出すので，釣り上げて針からはずすときに誤って刺される事故が多い。一般には食用対象魚でないが，一部地方では味噌汁などに入れて食べている。ゴンズイといえば，主として幼魚が“ゴンズイ玉”と呼ばれる群れをつくることでも有名である。群れの形成に関与する物質は長年の謎であったが，最近ようやくその本体はホスファチジルコリン(リン脂質の一種でレシチンとも呼ばれている)であることが判明している(Matsumura et al., 2007)。

ゴンズイは有名な刺毒魚であるが，後述するように刺毒の性状はあまりよくわかっていない。一方，筆者らは，ゴンズイは刺毒のほかに体表粘液中にも毒成分を含むことを見出し，体表粘液毒を精製するとともにその諸性状および1次構造を明らかにした。ゴンズイに刺されると，刺された傷口からは刺毒だけでなく体表粘液毒も入ると考えられるが，体表粘液毒は浮腫形成活性や侵害受容活性を示すので刺されたときの症状に直接かかわっていると判断される。また，単に刺傷時の症状に関与しているだけでなく，体表粘液毒と刺毒は免疫学的に類似していること，体表粘液毒はナッテリン様タンパク質(ナッテリンはフチガマアンコウ類の刺毒成分)であることといった興味深い事実も明らかになっている。そこでまず，ゴンズイの体表粘液毒に関するこれまでの知見を詳しく紹介し，それに引き続いてナマズ目魚類の刺毒について述べることにする。

(1)ゴンズイの体表粘液毒

体表粘液毒の検出と毒産生細胞

Al-Hassan et al.(1985)は，ハマギギ科(Ariidae)のオオサカハマギギ(*Netuma bilineata*；以前は *Arius bilineatus* や *A. thallasinus* と呼ばれていた)の体表粘液抽出液はウサギに致死活性を示すことを見出し，刺傷時の症状は刺毒と体表粘液毒の総合効果であることを示唆した。このことにヒントを得た筆者らは，ゴンズイ体表粘液の抽出液をマウスに静脈投与し，致死活性(粘液1gで体重

20 g のマウスを約 40 匹殺すことができる強さ）を示すことを確認した(Shiomi et al., 1986)。マウスに対する致死活性のほかに，浮腫形成活性およびウサギ赤血球に対する溶血活性も検出した。さらにゲルろ過クロマトグラフィーの挙動から，致死活性と浮腫形成活性は同じ成分によって示されるが，溶血活性は別の成分によると推定した。

ゴンズイ体表粘液中に毒成分が検出されたので，マウス致死活性を指標にして精製を試みた。一般に魚類刺毒は抽出液を凍結すると活性を失うので取り扱いが非常に難しいが，ゴンズイ体表粘液毒は凍結によって失活することもないので好都合であった。まず抽出液を陰イオン交換クロマトグラフィーに供すると，吸着されない毒（トキシンⅠ）と吸着される毒（トキシンⅡ）の2つに分離されることが判明した。トキシンⅠについてはさらに陽イオン交換クロマトグラフィー，ゲルろ過クロマトグラフィーに順次供して精製品を得たが，その当時の技術ではトキシンⅡの精製には至らなかった(Shiomi et al., 1987)。最近，トキシンⅠとⅡの両方を精製することができたので(Tamura et al., 2011)，両毒の諸性状および1次構造については後述するとして，その前に毒成分を産生する細胞に関する知見を述べておきたい。

体表粘液毒の産生細胞を免疫組織学的に調べるために，精製したトキシンⅠでウサギを免疫して抗血清を作製した。実験の詳細は割愛するが，得られた抗血清をゴンズイの皮膚の組織切片とインキュベートした後に酵素反応を行うと，図 3A に示すように表皮に見られる大型の棍棒状細胞の多くが染色された(Shiomi et al., 1988)。この実験ではトキシンⅠの存在する場所が染色されるので，得られた結果は，トキシンⅠは皮膚の棍棒状細胞でつくられていることを示している。それ以上に興味深いのは，棘の毒腺細胞もある程度染色されたことである(図 3B)。このことは，毒腺細胞はトキシンⅠそのものではないにしてもトキシンⅠと免疫学的交差性を示す（＝共通抗原をもつ）類似の毒成分をつくっていることを意味している。後述するようにトキシンⅡはトキシンⅠと1次構造が類似しているので，トキシンⅠ同様に皮膚の棍棒状細胞でつくられ，またトキシンⅡと類似した毒成分が毒腺でつくられていると推測される。

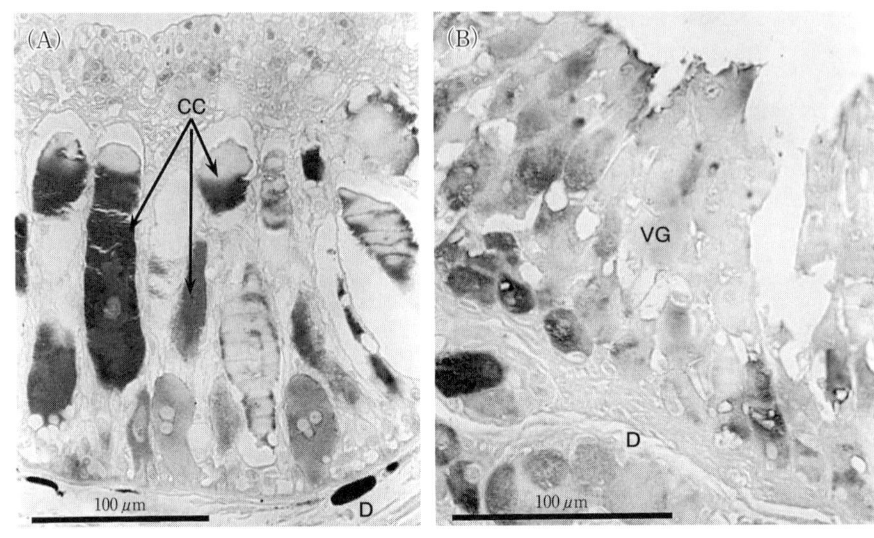

図3　ゴンズイの体表粘液毒(トキシンⅠ)に対する抗血清を用いたゴンズイの皮膚の細胞(A)および毒腺細胞(B)の酵素免疫学的染色。CC：棍棒状細胞(club cell)，D：真皮(dermis)，VG：毒腺(venom gland)

体表粘液毒の性状と構造

筆者らは最近，ゴンズイ体表粘液毒に対してはマウスよりサワガニの方が感受性が高いことを見出したので，サワガニ致死活性を指標にして毒成分の精製方法を再検討し，純度の高いトキシンⅠおよびⅡを得ることができた(Tamura et al., 2011)。最初に粗毒中に多量に含まれている高分子量の成分をゲルろ過クロマトグラフィーにより除去し，得られた有毒画分を陰イオン交換 HPLC に供すると，以前の報告と同じように吸着されない毒(トキシンⅠ)と吸着される毒(トキシンⅡ)が検出された。サワガニ致死活性の点では，トキシンⅠとトキシンⅡの割合はおよそ5：1で，トキシンⅠの方が重要な毒成分であった。最後に両毒の画分をそれぞれヒドロキシアパタイト HPLC に供し，精製トキシンⅠおよびⅡを得た。

トキシンⅠ，Ⅱはいずれも糖を含まない単純タンパク質である。両毒のそのほかの諸性状を表2にまとめた。両毒の分子量は同程度であるが，等電点からトキシンⅠは中性タンパク質，トキシンⅡは酸性タンパク質というかな

表2　ゴンズイ体表粘液毒(トキシンⅠおよびⅡ)の諸性状

項　目		トキシンⅠ	トキシンⅡ
分子量	SDS-PAGE	35,000	37,000
	アミノ酸配列からの計算値	34,737	34,464
等電点		6.5	5.1
LD_{50}	サワガニ(体腔内投与)	150 μg/kg	490 μg/kg
	マウス(静脈投与)	360 μg/kg	10-12 mg/kg
浮腫形成活性(130%浮腫形成量)		0.4 μg	2.1 μg
侵害受容活性(最小活性量)		1 μg	1 μg

りの違いが見られる。この違いは，陰イオン交換体にトキシンⅠは非吸着，トキシンⅡは吸着という事実によく対応していると思われる。LD_{50} 値から，毒性はトキシンⅠの方がトキシンⅡより明らかに強く，両毒ともマウスよりサワガニに対する毒性の方が強い。上述したようにサワガニ致死活性の点ではトキシンⅠとトキシンⅡの割合は5：1であるが，トキシンⅠはトキシンⅡの3倍以上のサワガニ致死活性を示すことを考慮すると，体表粘液中の両毒の含量はほぼ同程度であると判断される。非常に興味深いのは，トキシンⅡのマウス致死活性はトキシンⅠのマウス致死活性のおよそ30分の1，トキシンⅡのサワガニ致死活性の20分の1～25分の1と著しく弱いことである。マウス致死活性を指標にして精製を試みた以前の研究ではトキシンⅠしか精製することができなかったが，トキシンⅡはマウス致死活性が非常に弱いので，クロマトグラフィーで分離するとうまく検出できなかったものと思われる。

トキシンⅠ，トキシンⅡのいずれも，致死活性のほかに浮腫形成活性および侵害受容活性を示した。図4に示すように浮腫率は投与量依存的に高くなり，最小浮腫(130％浮腫)形成量はトキシンⅠは0.4 μg，トキシンⅡは2.1 μgであったので，トキシンⅠの活性はトキシンⅡの約5倍と見積もられた。一方，侵害受容活性については，両毒とも1 μgの投与でコントロールと有意差が認められ，投与量が多くなると活性も高くなった(図5)。2 μgのトキシンⅠの方が10 μgのトキシンⅡよりやや高い活性を示しているので，侵害受容活性もトキシンⅠはトキシンⅡの5倍あるいはそれ以上と判断され

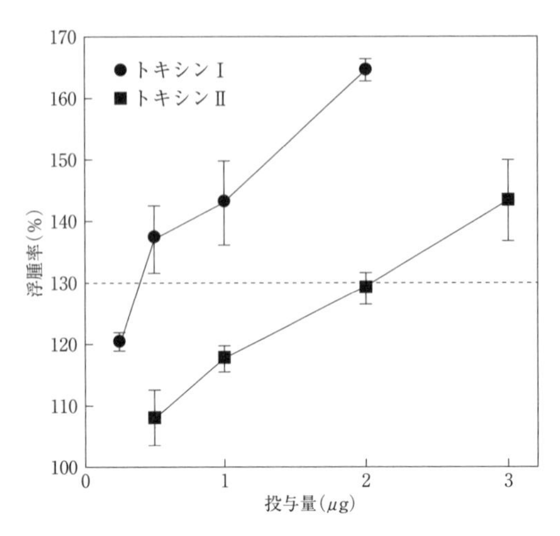

図 4　ゴンズイ体表粘液毒(トキシンⅠおよびⅡ)の浮腫形成活性。毒溶液 25 μl をマウスの右後肢の裏に，生理食塩水 25 μl を左後肢の裏に投与し，2 時間後に両足の体積を測定した。左後肢の体積を 100％としたときの右後肢の体積を浮腫率とし，130％浮腫率(点線)を引き起こす量を最小浮腫量と定義した。各データは平均値 ± 標準偏差($n=3$)で示してある。

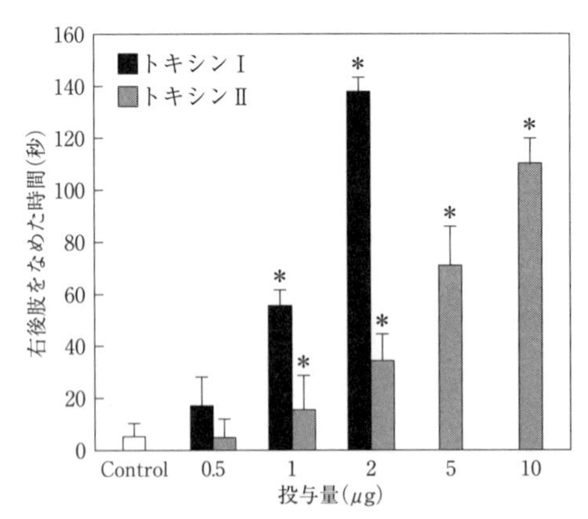

図 5　ゴンズイ体表粘液毒(トキシンⅠおよびⅡ)の侵害受容活性。毒溶液 25 μl または生理食塩水(コントロール)25 μl をマウスの右後肢の裏に投与し，投与後 30 分以内にマウスが右後肢をなめた合計時間を測定した。各データは平均値 ± 標準偏差($n=3$)で示し，コントロールと比べて有意差($P<0.05$)が見られるデータにはアステリスク(*)を付してある。

た。

次にトキシンⅠおよびⅡの1次構造(アミノ酸配列)の解析を試みた。近年の遺伝子工学的手法の目覚しい進展により，目的タンパク質のアミノ酸配列の一部がわかるとそのタンパク質をコードしているcDNA(相補的DNA)をクローニングすることができ，さらにcDNAの塩基配列解析から全アミノ酸配列を導くことができる。そこでまず，両毒をそれぞれリシルエンドペプチダーゼ(リシン残基のカルボキシル側のペプチド結合を切断する酵素)で分解し，いくつかのペプチド断片のアミノ酸配列を分析した。その分析結果に基づいてcDNAクローニング実験を行い，トキシンⅠ(317残基)およびトキシンⅡ(315残基)の全アミノ酸配列を図6のように決定することができた。

トキシンⅠ，Ⅱのアミノ酸配列は非常によく似ており，お互いの配列相同性は86％もある(表3)。Cys(システイン；1文字表記ではC)はS-S結合(ジスルフィド結合)の形成によりタンパク質の高次構造の保持に関与している残基であるが，両毒に含まれている4残基のCysの位置は一致している。両毒は単量体タンパク質であるので，これら保存されている4残基のCysでふたつのS-S結合を分子内に形成し，しかも結合様式は両毒とも同じであると推定される。トキシンⅠおよびⅡのアミノ酸配列をデータベースで検索したところ，非常に興味深いことにゼブラフィッシュ(*Danio rerio*)，アメリカナマズ科(Ictaluridae)の1種*Ictalurus furcatus*およびタイセイヨウサケ(*Salmo salar*)のナッテリン様タンパク質(natterin-like protein)と高い配列相同性(56～75％)を示すことが判明した(図6，表3)。ゴンズイと同じナマズ目魚類である*I. furcatus*のナッテリン様タンパク質との配列相同性は特に高く，トキシンⅠは75％，トキシンⅡは73％の相同性を有する。なお，3魚種のナッテリン様タンパク質はいずれも精製されたものではないので，その体内における分布も機能も不明であるが，トキシンⅠおよびⅡはゴンズイの体表粘液中の毒成分であることを考慮すると，ナッテリン様タンパク質も体表粘液に含まれ，毒成分として機能している可能性がある。また，ナッテリン様タンパク質は，各種魚類の体表粘液中に広く分布していることも予想される。

ナッテリン様タンパク質といっているが，それではナッテリンとは何であろうか。実はナッテリンは，後で詳しく述べるが，toadfishと呼ばれるフチ

```
トキシンI          MSYLAGIHVIGGQGGSNFDFNGTNNGSTVRKIWVWAAGWQIKSMKIWLTDGREQQFGNPA   60
トキシンII         ·······L····R···S·R···LG·············G·······I·V······VE···S·S   60
ゼブラフィッシュ    ·T·PTNLEI·······S·S·T·E···ASLE·····V······AVRA··S···DET··V·S   60
ナマズ類           ····SP·L····G··KSLN···VG··ASLK············AI·V·····QVG···E··   60
タイセイヨウサケ    ·ATT--L·L···G··NS·E·H·MD··A·LK··G·AVE·····AVRAE·····VAT···-S   60

トキシンI          GNHSEFEFQDGECMTSLSLWGNGAGTRLGAIKFKTNRSREFFAHMTDWGLKTEYPIDVGS  120
トキシンII         ·SY··········································  120
ゼブラフィッシュ    ·S·Q·YV·TP···F····················KGG·······S········M····  120
ナマズ類           ·KF···S·E···HF·················R·········Q···············  120
タイセイヨウサケ    HTFN··Q·DL··RI·K·················T·SKN·Q··EK··S·P·····T·····  120

トキシンI          GICVGVTGSAGSDIDCLGFMFINTVKSTKLRNVEYPTLHSEIPKVAVEELKSMTYHNNTS  180
トキシンII         ······L·R·A·····F·······I·······I···S······E·············N·T··  180
ゼブラフィッシュ    ·Y··L·IV·RG·······M····L·A·Q··V·T··N···INQL·····T··I··VSFE·K··  180
ナマズ類           ·····I··R··A·M·S···E·····E····T··Q·····DV··N·····I··T··E·K··  180
タイセイヨウサケ    ····L·LQ·RS·····SM··L····I··SV·T·M·····SLFK·Q·TP·YV··LSH··D··  180

トキシンI          ETQEYKIETSKKITKTSSWSVTNKLEFTFSFEVSAGIPEVVDVKTGFAFTVGTESTRSLA  240
トキシンII         ····················S·N··S·L·I··········A··T·······S·······E  240
ゼブラフィッシュ    VK··Q·V·····VI······M·KSFSS···V·········IAE·S···SISF·V···H··E  240
ナマズ類           Q·····L·····T·IRK···············M··E········E·SA··G·······SYG·E  240
タイセイヨウサケ    LV··ES·TY··TL·········S··I·S·LNVS·K····DL·E·TS··SL···V·QST··Q  240

トキシンI          NSEERTEVLSFPIKVAPGKTVDVDITIGRAAFDLPYKGTVEITCYNGSVLTFPTSGTYKG  300
トキシンII         ·······T····V······S···E···············I···········R··········  300
ゼブラフィッシュ    QTD·KN·T·TTTVE·P·K·K···H······S·····T···K···K·····QYE·K·Q···  300
ナマズ類           ·······LI···V··P················TV····T···Q··········E······I···  300
タイセイヨウサケ    KT·TI··SDTINV·IP····L··E··V·K·TI··D·RA··KV···M···Q·V··SN·I·T·  300

トキシンI          VTYTEAKTTVNESKKSL                                            317
トキシンII         ······E·SLV·KDL                                              315
ゼブラフィッシュ    ·A··DI·VNTV·KDL                                              315
ナマズ類           LN··D··VV·K·                                                 312
タイセイヨウサケ    ·T··S·RVSTK·R                                                313
```

図6　ゴンズイ体表粘液毒(トキシンⅠおよびⅡ)および3種魚類(ゼブラフィッシュ，ナマズ類 *Ictalurus furcatus*，タイセイヨウサケ)のナッテリン様タンパク質のアミノ酸配列。トキシンⅠと同じアミノ酸残基はドット(・)で，ギャップはダッシュ(-)で，Cys 残基は黒地に白字で示す。トキシンⅠおよびⅡのリシルエンドペプチダーゼ分解物のアミノ酸配列分析で決定した領域はアンダーラインで示す。アミノ酸の1文字表記は，A：アラニン，C：システイン，D：アスパラギン酸，E：グルタミン酸，F：フェニルアラニン，G：グリシン，H：ヒスチジン，I：イソロイシン，K：リシン，L：ロイシン，M：メチオニン，N：アスパラギン，P：プロリン，Q：グルタミン，R：アルギニン，S：セリン，T：トレオニン，V：バリン，W：トリプトファン，Y：チロシン

ガマアンコウ(*Thalassophryne nattereri*)の刺毒成分である(Magalhães et al., 2005)。ゴンズイ体表粘液毒のトキシンⅠ，Ⅱとナッテリンとの配列相同性は25%程度とあまり高くない。しかし，免疫組織学的実験によって示唆されたゴンズイ体表粘液毒とゴンズイ刺毒との抗原交差性(＝構造の類似性)，1次構造解析によって明らかになったゴンズイ体表粘液毒とフチガマアンコウ刺毒との類似性を考慮すると，ゴンズイ刺毒とフチガマアンコウ刺毒の1次構造は

表3　ゴンズイの体表粘液毒(トキシンⅠおよびⅡ)およびナッテリン様タンパク質のアミノ酸配列相同性(%)

タンパク質	トキシンⅠ	トキシンⅡ	ナッテリン様タンパク質		
			ゼブラフィッシュ	ナマズ類 *I. furcatus*	タイセイヨウサケ
トキシンⅠ	100	86	63	75	56
トキシンⅡ		100	63	73	57
ナッテリン様タンパク質					
ゼブラフィッシュ			100	63	56
ナマズ類 *I. furcatus*				100	57
タイセイヨウサケ					100

類似していると推測される。

ゴンズイ以外のナマズ目魚類の体表粘液毒

ハマギギ科のオオサカハマギギが体表粘液中にウサギに対する致死成分を含むこと(Al-Hassan et al., 1985)はすでに述べた。同じオオサカハマギギの体表粘液から分子量34,000の溶血因子が精製されているが，本溶血因子はウサギに対する致死活性は示さない(Al-Lahhama et al., 1987)。その後，オオサカハマギギの体表粘液から，ゲルろ過クロマトグラフィーおよび調製電気泳動により致死因子が精製された(Thomson et al., 1998)。致死因子は分子量39,000，等電点5.45のタンパク質で，心臓ならびに肝臓の障害を引き起こすとされている。最近，ハマギギ科エンガンハマギギ(*Cathorops spixii*)の体表粘液中にWAP65というタンパク質が検出されている(Ramos et al., 2012)。WAP65はエンガンハマギギの刺毒中にも検出されているので刺毒の項で改めて述べる。

(2) ゴンズイの刺毒

Toyoshima(1918)は，ゴンズイの棘抽出物は溶血活性およびマウスなどの各種動物に対する致死活性を示すことを明らかにした。さらに，両活性は異なる因子によって発現されることを認め，溶血因子をplotolysin，致死因子をplotospasminと命名している。残念ながらこれがゴンズイの刺毒に関する唯一の研究例である。

ゴンズイの刺毒研究のためには，毒棘から毒腺だけを取り出すことができればよいが，毒棘の顕微鏡写真(図1)を見ると至難の業であると思われる。そこで毒棘全体を出発試料として使わざるを得ないが，毒棘の表皮にも体表の表皮に認められる毒をつくる特殊な細胞(棍棒状細胞)が存在するので，刺毒と体表粘液毒とはどうしても混入してしまい，刺毒だけの精製は極めて困難である。Toyoshimaが扱っている毒性も，刺毒に起因するものか体表粘液毒に起因するものか不明である。ゴンズイの刺毒は体表粘液毒同様にナッテリン類似タンパク質であると想定されるので，体表粘液毒(トキシンⅠ，Ⅱ)，ナッテリン，ナッテリン様タンパク質のアミノ酸配列を参考にしながら，cDNAクローニング手法によって1次構造を解析できるかもしれない。

ゴンズイ以外のナマズ目魚類の刺毒に関する研究をいくつか紹介したい。Birkhead(1972)は13種(12種のアメリカナマズ科および1種のハマギギ科)から調製した棘抽出物の毒性をカダヤシ(タップミノーともいう全長数cmの淡水魚)への筋肉注射により検討し，少なくとも8種(7種のアメリカナマズ科および1種のハマギギ科)は有毒であることを確認した。その後，ゴンズイ近縁種の*Plotosus canius*から，硫安塩析および陰イオン交換クロマトグラフィーによって分子量15,000の毒成分(toxin-PCと命名されている)が精製されている(Auddy et al., 1995)。toxin-PCはマウス致死活性(静脈投与のLD_{50}は225 μg/kg)のほか，心臓毒性や神経筋ブロック作用なども示す。

エンガンハマギギの刺毒については，体表粘液毒と比較しながら性状が検討されている。Junqueira et al.(2007)は，刺毒および体表粘液毒による炎症反応を調べ，いずれも後毛細管小静脈での白血球のローリングと内皮細胞への接着の増加，腹腔内での毛細血管透過性亢進を招くが，腹腔内への好中球動員パターンやマクロファージの樹状細胞への分化誘導能力の点で両毒には違いがあることを認めている。さらにRamos et al.(2012)は，後毛細管小静脈での白血球のローリングと内皮細胞への接着の増加を引き起こす最も重要な成分として，分子量65,200の糖タンパク質を逆相HPLCにより刺毒から精製している(同じ成分は粘液毒にも認められている)。キモトリプシン分解物のアミノ酸配列を分析した結果から，本糖タンパク質はWAP65(warm temperature acclimation-related 65 kDa protein；高温馴化にともなってコイやキンギョで増加する分子量65,000のタンパク質）と同定されている。エンガンハマギギの毒棘（または体表粘液）においてWAP65は何らかの要因によって誘導される可能性があるが，詳しいことはわかっていない。

Plotosus canius の毒棘からはtoxin-PCが，エンガンハマギギの毒棘からはWAP65が毒成分として精製されているが，これらタンパク質（または糖タンパク質）はゴンズイの刺毒として想定されたナッテリンとは無関係である。ナマズ目魚類の刺毒は非常に多様であるとも考えられるし，ナマズ目魚類の刺毒の本体は非常に不安定なタンパク質であるために本体に迫った研究ができていない可能性もある。なお，toxin-PCやWAP65は皮膚を含む毒棘全体から抽出されているので，体表粘液由来ではなく本当に毒腺由来であるかどうかについては今後の検証が必要であろう。

3. カサゴ目魚類の刺毒

カサゴ目には多種多様な刺毒魚が含まれている。わが国ではフサカサゴ科（Scorpaenidae）のミノカサゴ類（キリンミノ *Dendrochirus zebra*，ネッタイミノカサゴ *Pterois antennata*，ミノカサゴ *Pterois lunulata*，ハナミノカサゴ *Pterois volitans* など）やオニカサゴ類（オニカサゴ *Scorpaenopsis cirrosa*，サツマカサゴ *Scorpaenopsis neglecta* など），オニオコゼ科（Synanceiidae）のオニオコゼ（*Inimicus japonicus*）やオニダルマオコゼ（*Synanceia verrucosa*），ハオコゼ科（Tetrarogidae）のハオコゼ（*Paracentropogon rubripinnis*；または *Hypodytes rubripinnis*）が代表的な刺毒魚である。このうちミノカサゴ類は，体の美しい縞模様とひらひらとした長い背びれや胸びれが特徴の優雅な魚で，全国どこの水族館にも必ずいるし，家庭で観賞魚として飼育している人も多い。また，オニカサゴ類やオニオコゼは食用にもなる。特にオニオコゼは，市場で数千円/kgで取り引きされるほどの高級魚で，刺身や唐揚げにすると非常に美味である。

カサゴ目の刺毒魚はいずれも背びれに12～14本，腹びれに2～3本，臀びれに2～3本の毒棘をもっている。わが国だけでなく世界的に刺傷被害が多く，死亡例もあるので恐れられている。そのため英語でも，フサカサゴ科のフサカサゴ属(*Scorpaena*)，オニカサゴ属(*Scorpaenopsis*)，マダラフサカサゴ属(*Sebastapistes*)の魚は scorpionfish(サソリのような魚)，オニオコゼは devil stinger(悪魔のような刺す動物)，ハオコゼは waspfish(スズメバチのような魚)と呼ばれている。

カサゴ目魚類の刺毒だけでなくすべての魚類刺毒のなかで，オニダルマオコゼ類の毒成分がこれまでに最も詳しく研究されている。すでに毒成分が精製され，その生物活性や化学的性状だけでなく1次構造(アミノ酸配列)も解明されている。オニダルマオコゼ以外のカサゴ目魚類の毒成分については，粗毒を用いて行われた研究がほとんどであったが，近年の分析技術の向上にともないようやく構造もわかってきた。以下に，カサゴ目魚類の刺毒に関する研究の現状を述べる。

(1)オニダルマオコゼ類の刺毒

オニダルマオコゼ類はオニオコゼ科オニダルマオコゼ属(*Synanceia*)に分類されている魚類で，世界には *S. alula*，ツノダルマオコゼ(*S. horrida*)，*S. nana*，*S. platyrhyncha* およびオニダルマオコゼ(*S. verrucosa*)の5種が知られている。いずれも熱帯～亜熱帯の浅海域に生息する底生魚で，じっとして動かず石ころのように見えるので英語で stonefish(石の魚)と呼ばれている。わが国に生息しているオニダルマオコゼ類はツノダルマオコゼとオニダルマオコゼのみで，南西諸島のサンゴ礁海域で普通に見られるのはオニダルマオコゼである。オニダルマオコゼ類はヒトが歩けるような浅瀬にいるだけでなく，ヒトが近づいてもほとんど動かないので，刺傷事故の多くは知らずに踏みつけてしまうことにより起こっている。ほかのカサゴ目魚類と比べてオニダルマオコゼに刺されたときの症状は激しいといわれ，重症の場合は死亡することもある。わが国でも，2010年8月に沖縄県名護市の海岸で，ダイビングショップ経営の男性(58歳)がスキューバダイビングの講習中にオコゼ(種は特定されていないがオニダルマオコゼと考えて間違いないと思われる)に刺されて死亡するという事故が発生している。沖縄県内では，オニダルマオコゼによる死亡事故は1983年8月にも報告されている。

オニダルマオコゼ類の毒成分に関する研究は，ツノダルマオコゼとオニダルマオコゼの2種を対象として行われてきた。なお，*Synanceia trachynis* という学名で記載されているオニダルマオコゼ類の毒成分の精製や生物活性に関する研究論文がいくつかあるが，魚類分類学の分野では *S. trachynis* は *S. horrida*（ツノダルマオコゼ）と同種であるとされている（Eschmeyer and Rama Rao, 1973）。そこで本項では，*S. trachynis* 毒で得られた知見はツノダルマオコゼ毒で得られた知見と見なして記載する。

オニダルマオコゼ類の毒性

筆者らは，カサゴ目の6種の刺毒魚（キリンミノ，ネッタイミノカサゴ，ミノカサゴ，ハナミノカサゴ，オニオコゼ，オニダルマオコゼ）について，背びれの毒棘から調製した粗毒のマウス致死活性を調べたことがある（Shiomi et al., 1989）。わかりやすくするために，1尾から得られる背びれの毒棘に含まれる毒で体重20 gのマウスをどれくらい殺せるかを表4にまとめたが，オニダルマオコゼの毒性が飛び抜けて高いといえる。オニダルマオコゼの検体aの場合，マウス236 kg（＝20 g×11,800）を殺すことができると見積もられる（検体b，cも同程度）。もし，オニダルマオコゼ毒に対するヒトの感受性がマウスと同じであれば，オニダルマオコゼ1尾で体重60 kgのヒトを4人ほど殺せることになる。オニダルマオコゼは背びれに毒棘を12～14本

表4　カサゴ目魚類刺毒のマウス致死活性。*各検体の背びれ毒棘（オニダルマオコゼの場合は毒液）から調製した粗毒のマウス致死活性（静脈投与）から計算した。

魚　種	検体	魚1尾の背びれ毒棘で殺すことができるマウス（体重20 g）の匹数*
キリンミノ	a	250
	b	280
ネッタイミノカサゴ	a	150
ミノカサゴ	a	110
ハナミノカサゴ	a	240
	b	650
オニオコゼ	a	230
オニダルマオコゼ	a	11,800
	b	12,100
	c	13,000～26,000

もっているが，3～4 本程度の毒棘に含まれる毒が体内に入ると死亡する可能性があるといえる。国内外でこれまでに死亡例があるのも納得できる。

魚類刺毒のなかではオニダルマオコゼ毒に関する研究が最も進んでいるが，その理由の 1 つは検体（魚体，魚体から切り取った毒棘または毒嚢から抜き取った毒液）を冷凍貯蔵しても毒性を失わないことである。ミノカサゴ類などほかの多くの刺毒魚と違って生きた魚しか実験に使えないということはなく，必要なときに解凍して実験を始めることができる。それ以上に大きなもう 1 つの理由は，オニダルマオコゼの毒棘の特殊な構造にある。一般に刺毒魚では，毒腺は棘に接して存在し，棘全体を皮膚が覆っている（図 1）。筆者らは，オニオコゼおよびミノカサゴ類の毒棘から皮膚をはがすと，毒性は皮膚と残った棘の両方に検出されることを認めている。このことは毒腺のかなりの部分が皮膚といっしょにはがれてしまうことを意味している。したがって，これまでの魚類刺毒に関する研究においては皮膚を含んだ棘全体から粗毒を調製していることが多いが，粗毒には皮膚由来のさまざまな夾雑物が混入してくるので毒成分の精製は極めて困難になる。それに対してオニダルマオコゼ類の場合は，毒液が入った毒嚢と呼ばれる袋状の組織（図 2）が各棘に 1 対ある。棘を覆っている皮膚をていねいに切開すると毒嚢が露出し，毒液を注射器で簡単に吸い取ることができる（筆者らの経験では，オニダルマオコゼの 1 対の毒嚢から 0.05～0.1 ml の毒液を得ることができる）。夾雑物が少ない毒液を出発試料として用いることができるという有利な点があるおかげで，オニダルマオコゼ毒は比較的容易に精製することができ，その諸性状や構造も明らかになっている。

ツノダルマオコゼの毒

ツノダルマオコゼの毒成分は，ゲルろ過クロマトグラフィーおよび陰イオン交換クロマトグラフィーにより精製され，ストナストキシン（stonustoxin）と名づけられている（Poh et al., 1991）。stonustoxin の stonus というのは，stonefish National University of Singapore（著者の Poh et al. はシンガポール国立大学に所属している）の下線部に由来している。ストナストキシンは分子量 148,000，等電点 6.9 の糖を含まない単純タンパク質で，α-サブユニット(分子量71,000)とβ-サブユニット(分子量79,000)で構成されている2量体である。Poh et al. とは別にKreger(1991)は，ツノダルマオコゼ(原報での記載は*S. horrida*ではなく*S. trachynis*)から硫安塩析およびゲルろ過FPLC(fast protein liquid chromatography)により毒成分を精製している。精製毒はトラキニリシン(trachynilysin)と命名されたが，トラキニリシンはストナストキシンと同一であると見なしてよい。実際，その分子量(159,000)や各種生物活性は，Poh et al. が精製したストナストキシンと同等である。

ストナストキシンのマウスに対するLD_{50}(静脈注射)は17 μg/kgで，致死活性のほかにラットおよびウサギの赤血球に対して特異的な溶血活性，浮腫形成活性，毛細血管透過性亢進活性，血小板凝集活性，内皮依存性血管弛緩作用，細胞膜のポア形成作用などを示すが，ホスホリパーゼA_2，プロテアーゼ活性，ヒアルロニダーゼ活性はない(Kreger, 1991; Poh et al., 1991; Khoo et al., 1992, 1995; Low et al., 1993; Ouanounou et al., 2002)。血管弛緩作用によってもたらされる血圧低下が死につながると考えられている。

ストナストキシンのアミノ酸配列は，α-サブユニット(702残基)についてはトリプシン分解物の分析により得られた部分アミノ酸配列情報に基づくcDNAクローニング法により，β-サブユニット(699残基)についてはβ-サブユニットをコードしているゲノムDNAの部分塩基配列情報(Ghadessy et al., 1994)に基づくcDNAライブラリーのスクリーニング法により決定されている(Ghadessy et al., 1996；図8参照)。ストナストキシンを含めてオニダルマオコゼ毒は，既知のタンパク質とは相同性を示さない新規タンパク質である。オニダルマオコゼ毒のアミノ酸配列の相同性や特徴は後でまとめて述べることにする。

オニダルマオコゼの毒

Garnier et al.(1995)は，ケニア産のオニダルマオコゼから採取した毒液を用いて，陰イオン交換クロマトグラフィー，ヒドロキシアパタイトクロマトグラフィーおよびゲルろ過FPLCの組み合わせにより毒成分を精製し，オニダルマオコゼの種小名*verrucosa*にちなんでベルコトキシン(verrucotoxin)と命名している。ストナストキシン同様にベルコトキシンもα-サブユニット(分子量 83,000)とβ-サブユニット(分子量 78,000)で構成されているが，2量体であるストナストキシンと違ってベルコトキシンは両サブユニットそれぞれ2本ずつの4量体で，分子量は 322,000 と大きい。また，ベルコトキシンは糖タンパク質であるという点でもストナストキシンとは異なっている。ベルコトキシンの LD_{50}(マウス静脈注射)は正確には測定されていないが，40 μg/kg 程度であると推定されている。マウス致死活性のほか，溶血活性，血圧降下作用，心臓毒性も示す。ベルコトキシンβ-サブユニットのアミノ酸配列(695 残基；図8参照)は，ストナストキシンのβ-サブユニットをコードしているゲノム DNA の部分塩基配列(Ghadessy et al., 1994)を参考にして決定されている(Garnier et al., 1997)。α-サブユニットのアミノ酸配列は不明である。

一方，筆者らは，Garnier et al. より先に沖縄産オニダルマオコゼから毒成分を精製した(Shiomi et al., 1993)。精製当時は毒成分に名前を付けなかったが，Garnier et al. が精製した毒成分と区別するために後に新しいベルコトキシンという意味のネオベルコトキシン(neoverrucotoxin)と命名したので，これ以降すべてネオベルコトキシンと記載する。ネオベルコトキシンは分子量 166,000 の単純タンパク質で，α-サブユニット(分子量約 75,000)とβ-サブユニット(分子量 80,000)で構成されている2量体である(Ueda et al., 2006)。ネオベルコトキシンの化学的性質は，ベルコトキシンよりむしろストナストキシンに近いといえる。精製当時に行った電気泳動条件では両サブユニットが重なってしまったと思われ，ネオベルコトキシンは分子量 90,000 の単量体タンパク質であるという誤った報告をしてしまった。ただし，ネオベルコトキシンのマウス(静脈注射)に対する LD_{50} は 47 μg/kg で，溶血活性と毛細血管透過性亢進活性を併せもつという当時の報告は間違っていない。

ストナストキシンやベルコトキシンはいくつかのクロマトグラフィーを組み合わせて精製されているが，ネオベルコトキシンの精製方法は非常に簡単であるので述べておきたい。オニダルマオコゼの毒嚢から採取した毒液を水のなかに注ぐと，すぐに白濁し沈殿ができてくる。通常，このような沈殿ができるとタンパク質は変性したと考え，遠心分離で得られる上清のみを実験に用いる。筆者らも最初は遠心分離で沈殿を除去していたが，上清はあまりにも毒性(マウス致死活性，溶血活性)が低く次の精製ステップに進めなかった。途方に暮れていたが，念のために沈殿を懸濁状態にしてマウスに投与してみると，なんと致死活性がほぼ定量的に検出された。実は古い文献(Saunders and Tökés, 1961)に，「ツノダルマオコゼの致死成分は脱イオン水には不溶であるがイオン強度が高くなるにつれて溶解度が増す」と記載されていた。オニダルマオコゼの毒(ネオベルコトキシン)も同様で，毒成分は水のなかで変性して沈殿したのではなく，塩濃度がある程度高くないと溶解しないという性質をもっていたのである。

こうして毒液を蒸留水または低イオン強度の緩衝液(0.01 M リン酸緩衝液)に注ぎ，得られた沈殿を塩濃度の高い溶媒(0.15 M または 0.5 M NaCl を含む 0.01 M リン酸緩衝液)に溶解してゲルろ過 HPLC に供するという極めて簡単な精製方法で，純粋なネオベルコトキシンを得ることができた(Shiomi et al., 1993; Ueda et al., 2006)。図7にゲルろ過 HPLC の結果を示すが，HPLC に供した試料(沈殿)に含まれる成分のほとんどがネオベルコトキシンであることがわかる。すなわち毒液を蒸留水または低イオン強度の緩衝液に注ぐという単純な操作で，ネオベルコトキシンは毒液中の大部分を占めている可溶なタンパク質と分離することができるのである。ストナストキシンを精製し

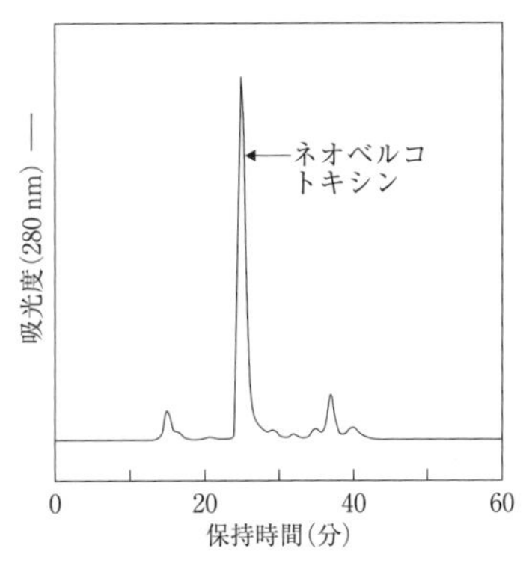

図7　ゲルろ過 HPLC によるオニダルマオコゼ毒(ネオベルコトキシン)の精製。試料：毒液 20 μl を 0.01 M リン酸緩衝液(pH7.0)に注いで得られた沈殿。カラム：Superdex 200 10/300 GL(1×30 cm)，溶媒：0.5 M NaCl を含む 0.01 M リン酸緩衝液(pH7.0)，流速：0.5 ml/ 分

た Poh et al.(1991)やベルコトキシンを精製した Garnier et al.(1995)は精製の過程で生じる沈殿を除去しているが，毒成分の一部を失っているかもしれない。

筆者らは次に，ネオベルコトキシンの α-サブユニット(702 残基)についてはストナストキシンの α-サブユニットをコードする cDNA から，β-サブユニット(699 残基)についてはベルコトキシンの β-サブユニットをコードする cDNA からプライマーを設計し，全アミノ酸配列を cDNA クローニング法により解析した(Ueda et al., 2006)。オニダルマオコゼ類の毒成分の 1 次構造比較のために，ストナストキシン(α-サブユニット，β-サブユニット)，ベルコトキシン(β-サブユニット)およびネオベルコトキシン(α-サブユニット，β-サブユニット)のアミノ酸配列(開始メチオニンを除く)を図 8 に，配列相同性を表 5 に示す。

cDNA の塩基配列分析によって決定されたオニダルマオコゼ類の毒成分のアミノ酸配列には，SignalP(シグナル配列を予測するツール)解析からシグナルペプチドは存在しないと推定されている。実際，精製ストナストキシンの β-サブユニットおよび精製ネオベルコトキシンの β-サブユニットについて分析された N 末端アミノ酸配列は，図 8 に示す N 末端アミノ酸配列と完全に一致している。一方，ストナストキシンおよびネオベルコトキシンの α-サブユニットの N 末端アミノ酸配列は，N 末端アミノ酸がブロックされているため分析できていない。しかし，SignalP による予測結果および α-サブユニットと β-サブユニットの配列相同性の高さを考慮すると，両毒の α-サブユニットは図 8 に示す N 末端アミノ酸(S で示されるセリン)から始まっていると考えられる。

ストナストキシンの 2 種類のサブユニット間，ネオベルコトトキシンの 2 種類のサブユニット間の配列相同性はいずれも 50%程度とかなり高く，両サブユニットは共通の祖先遺伝子から進化したと推定される。ストナストキシンとネオベルコトキシンを比較すると，α-サブユニット間では 87%，β-サブユニット間では 95%という極めて高い配列相同性が見られる。しかし，同じオニダルマオコゼ由来のベルコトキシンとネオベルコトキシンの β-サブユニット間の配列相同性は 90%とやや低い。アミノ酸配列全体をながめ

```
SNTX-α     -SSDLVMPALGRPFTLGMLYDARREKLIPGFSLFGDETLOKYOSSNAORSSEFKIVASDSTESKS   64
neoVTX-α   ······················T·················Q·····T··················   64
SNTX-β     P·DI··VA···············ND······T·WE··VIEESTLESS·P··A·E·I·····DD··   65
VTX-β      P·DI··VA···············ND······T·WE··VIEESTVESS·P··A·E·I····IDD··   65
neoVTX-β   P···I··VA···············ND······T·WE··VIEESTVESS·P··A·E·I····IDD··   65

SNTX-α     SAMDIEASLGVSFLGGLVEVGGSAKYLNNTKKYQNQSRVTLKYKATTVYKQFTAPPGTVTVQETA  129
neoVTX-α   ·······························I···········K····V  129
SNTX-β     ·L·······KA··············Q··FK·······Q·····SF··LMTNL··KH·EYSE  129
VTX-β      ·L·E·····KA··············Q··FK·······Q·····NF··LMTNL··KH·EYSE  130
neoVTX-β   ·L·······KA··············Q··FK·······Q·····NF··LMTNL··KH·EYSE  130

SNTX-α     ITEKGLATHVVTSILYGANAFFVSDSDKVEDTNLQDIQGKMEAAIKKIPTISIEGSASVQLTDEE  194
neoVTX-α   ··QR·······G·········F·················V·························  194
SNTX-β     LF·NIQ·····IG·········F··N··DS··V·E···Q···V·····SVE·S·K······G··  195
VTX-β      LF·NIQ·····IG·········F··N··DS··V·E···Q···V·····SVE·S·K······S··  195
neoVTX-β   LF·NIQ·····IG·········F··N··DS··V·E···Q···V·····SVE·S·K······S··  195

SNTX-α     KSLASNLSCKFHGDFLLESLPTTFEDAVKTYQTLPTLIGEDGANSVPMKVWLAPLKSYNSKAQQL  259
neoVTX-α   ········T·······L·····SA········V···KFF···KL·  259
SNTX-β     TDITNSF··E·····F·TTN············Q··QMM·K·---·A···T···V·MVNFY·E·P··  258
VTX-β      TDITNSF··E·····F·T·N············Q··QMM·K·---·A···T···V·MVNFY·E·P··  258
neoVTX-β   TDITNSF··E·····F·T·N············Q··QMM·K·---·A···T···V·MVNFY·E·P··  258

SNTX-α     IQEINVSKVRRIHTTLEELHKLKRRANEAMDVKLVQRIPLIHDKISNFQQIFQDYMLTVQKKIAE  324
neoVTX-α   T···T·············Y·········D···Q·············H·················  324
SNTX-β     MADSSTPIL·KVRN···AIVQVQM·C·D·L·DPT·NLFTEVQK·L·D···K·CD·H·SKL·AT··K  323
VTX-β      MADSSTPIL·KVRN···AIVQVQM·C·D·L·DPT·NLFTEVQK·L·D···I·CD·H·SKL·AT··K  323
neoVTX-β   MADSSTPIL·KVRN···AIVQVQM·C·D·L·DPT·NLFTEVQK·L·D···I·CD·H·SKL·AT··K  323

SNTX-α     KLPLVRAGTESEQSLQKIIDDRAQSPFSNEKVSKWLDAVEREIAVLKSCAGMVEGTQAKFVSNQT  389
neoVTX-α   ···························K·······N··T··EVI·························  389
SNTX-β     ··FAI·S·D·D·SA·LNLFEENL····NI·SLNM·MEFE····N··R··MDILTKAKP·VIF··G  388
VTX-β      ··FAI·S·D·D·SA·VNLFEENL····NT·SLNM·MEFE····N·····MDILTKAKP·VIF··G  388
neoVTX-β   ··FAI·S·D·D·SA·VNLFEENL····NI·SLNM·MEFE····N·····MDILTKAKP·VIF··G  388

SNTX-α     ELDREVLVGKVKHAVCFIFTSVERNDPYLKVLSDYWESPPSNNAKDVAPSTEDKWCFSTEVVLKM  454
neoVTX-α   ·······AED····L··V·················L···D·KDG·EAV·········R·····  454
SNTX-β     V·FKGLYDS·····L·YV··N·TK··VF·N··NEFLD··Q·R-P·KLR··PK·Y·YSYDDIPET·  452
VTX-β      V·FK·LYDS····GL·YV··N·TK··DF·T··N·FLD··Q·R-P·KLR··PK·Y·YSYDDIPEM·  452
neoVTX-β   V·FK·LYDS····GL·YV··N·TK··DF·T··N·FLD··Q·R-P·KLR··PK·Y·YSYDDIPEM·  452

SNTX-α     QQRAQTFCDHVNDFEKSRNVGFFITALENGKFQGASIYYYKEGSLATQDFTFPRMPFVQGYKKRS  519
neoVTX-α   K····················V·····················H·D······················  519
SNTX-β     REK·YL·RNLAKEMN-N·C·H··V··IH·P·QE··G·H··R·SIQIIDE··K·Y··G·ESI·D·R  516
VTX-β      REK·HL·RNLAKEMN-N·C·H··V··IN·P·QE··G·H··R·SIQIIHE··K·H··G·ETI·D·R  516
neoVTX-β   REK·HL·RNLAKEMN-N·C·H··V··IN·P·QE··G·H··R·SIQIIHE··K·H··G·ETI·D·R  516

SNTX-α     DLLWYACDLTFDRNTINNWISLSDNDTFAASEHGKRQNYPKHPERFVSFNQVLCNEGLMGKHYWE  584
neoVTX-α   ··············I·V··························LCY······T·····  584
SNTX-β     E·Q··D·E··L·PE·AHQVLT··EGN--KKAVS·NTKSPTD·L·K·SH·Q··M·TK··S·R····  579
VTX-β      E·Q··D·E··L·TE·AHQVLT··EGN--KRQCR·-VRVTRRSLRE·SH·Q··M·HQ·AEWTPLLG  578
neoVTX-β   E·Q··D·E··L·TE·AHQVLT··EGN--KKAVS·STKSPAD·F·K·SH·Q··M·TK··S·R····  579

SNTX-α     VEWNGYIDVGIAYISIPRKEIDFASAFGYNTYSWVLSYNPKIGYIERHKKREYNVRAPNPGFKRL  649
neoVTX-α   ······V····V·······S···DNWV··I·H··C···F·SI·RA··V··YNQ·Q·Y·TV·T····Q·  649
SNTX-β     L··S··VGA·VT·KG·G··TSTSD·SL·K·EK··LFE·ST·S··QQI·NSKKTR·TVSST···L·  644
VTX-β      ·RVA·HVSA·VT·KG·S··TSTPD·SL·K·QK···FE·TK·S··QQI·NGKNAR·TVSSI···Q·  643
neoVTX-β   L··S·HVSA·VT·KG·S··TSTPD·SL·K·QK···FE·TK·S··QQI·NGKNAR·TVSSI···Q·  644

SNTX-α     GLFLDWRYGSISFYAVSSDEVHHLHTFKTKFTEPVYPAFSIG--PAGNHGTLRLL  702
neoVTX-α   ·V··N·PD··L·························CL·--YRFD···V···  702
SNTX-β     ·VY···PA·TL···M·NKAW·T·····H···N·A·····L··DAQQKVN·QIK··  699
VTX-β      ·VY···PA·TL···IGQQSLGDSSPHLPHQILRGCLSSLPDWGCTTESQWSN---  695
neoVTX-β   ·VY···PA·TL···M·NKAW·T·····H···Y·A·····L··DAQQKVN·QIK··  699
```

図 8 オニダルマオコゼ類の毒成分のアミノ酸配列。SNTX-α：ストナストキシン α-サブユニット，SNTX-β：ストナストキシン β-サブユニット，VTX-β：ベルコトキシン β-サブユニット，neoVTX-α：ネオベルコトキシン α-サブユニット，neoVTX-β：ネオベルコトキシン β-サブユニット。SNTX-α と同じアミノ酸残基はドット(・)で，ギャップはダッシュ(-)で，Cys 残基は黒地に白字で示す。VTX-β および neoVTX-β の網掛けは，SNTX-β と異なるアミノ酸残基を意味している。N 末端アミノ酸配列分析およびトリプシン分解物のアミノ酸配列分析で決定した領域はアンダーラインで示す。アミノ酸の 1 文字表記については図 6 の説明を参照されたい。

表 5 オニダルマオコゼ類の毒成分のアミノ酸配列相同性(%)

毒成分		ストナストキシン		ベルコトキシン	ネオベルコトキシン	
		α	β	β	α	β
ストナストキシン	α	100	48	44	87	49
	β		100	86	49	95
ベルコトキシン	β			100	44	90
ネオベルコトキシン	α				100	50
	β					100

ると，ベルコトキシンβ-サブユニットはC末端部の3つの領域(544〜559, 569〜583, 658〜699)において著しく変異していることがわかる。これら領域をコードしているcDNAの塩基を数残基削除または挿入するとネオベルコトキシンβ-サブユニットの配列と完全に一致するので，ベルコトキシンβ-サブユニットの場合，塩基配列の解析の一部に誤りがあったと推測している(Ueda et al., 2006)。そこで以下のオニダルマオコゼ毒の構造に関する記載では，ベルコトキシンβ-サブユニットの配列は考慮しないことにする。

ストナストキシンおよびネオベルコトキシンはいずれも多くのCys残基(ストナストキシンのα-サブユニットは7残基，β-サブユニットは8残基，ネオベルコトキシンのα-サブユニットは10残基，β-サブユニットは8残基)を含んでいる。Cysはタンパク質のなかでS-S結合を形成していることが多いが，オニダルマオコゼ類の毒成分においてはすべてのCysがS-S結合に関与しているわけではない。ストナストキシンでは15残基中5残基，ネオベルコトキシンでは18残基中10残基のCysはフリーのチオール(-SH)になっていると見積もられている(Garnier et al., 1997; Ueda et al., 2006)。また，ストナストキシンでの化学修飾実験により，フリーのチオール基は溶血活性および致死活性にとって必須であることが証明されている(Khoo et al., 1998a)。

ストナストキシンもネオベルコトキシンも，S-S結合はサブユニット間ではなくサブユニット内で形成されていることがわかっている。S-S結合の位置は決定されていないが，α-サブユニットとβ-サブユニットの配列相同性の高さを考えると，両サブユニットは立体構造も類似している，すなわち

S-S結合のパターンは同じであると考えられる。アミノ酸配列を見ると，すべてのサブユニットにおいて5残基のCysは同じ位置に認められる。これら保存されている5残基のCysのうち4残基がふたつのS-S結合をつくっていると予想される。

ストナストキシンは赤血球膜に小孔を形成して溶血を引き起こす(Chen et al., 1997)。ストナストキシン，ネオベルコトキシンのいずれも，α-サブユニットの領域274〜293，β-サブユニットの領域293〜312は両親媒性のα-ヘリックス構造をとると予測され，これら領域が膜を貫通して小孔形成に関与している可能性が高い(Garnier et al., 1997)。化学修飾実験により，ストナストキシンの正電荷をもつ塩基性アミノ酸残基(リシン，アルギニン)は溶血活性および致死活性に重要であることが判明している(Chen et al., 1997; Khoo et al., 1998b)。また，ストナストキシンもネオベルコトキシンも負に荷電した脂質(ホスファチジルセリンやカルジオリピンなど)により溶血活性が阻害されることもわかっている(Chen et al., 1997; Ueda et al., 2006)。これらのことを考慮すると，オニダルマオコゼ類の毒成分はまず塩基性アミノ酸が赤血球膜の負電荷脂質と結合して錨を下ろし，次いで両親媒性のα-ヘリックス部分が膜を貫通して小孔を形成し，結果として溶血を起こすというシナリオを描くことができる。

上述したように，ストナストキシンの活性にはフリーのチオール基および塩基性アミノ酸残基が必須であることが化学修飾実験によって明らかにされている。また別の化学修飾実験により，トリプトファン残基も活性に重要であることが示されている(Yew and Khoo, 2000)。これらの知見はネオベルコトキシンにもそのまま当てはまると考えて間違いない。オニダルマオコゼ類の毒成分の構造活性相関は化学修飾実験によりある程度明らかになったとはいえ，化学修飾実験ではどの位置のアミノ酸残基が重要であるかまではわからない。今後はsite-directed mutagenesis(部位特異的変異)法を導入し，オニダルマオコゼ類の毒成分の構造活性相関がさらに詳細に解明されることを期待したい。

(2)オニダルマオコゼ類以外のカサゴ目魚類の刺毒

抗原交差性

筆者らは，4種のミノカサゴ類(キリンミノ，ネッタイミノカサゴ，ミノカサゴ，ハナミノカサゴ)，オニオコゼおよびオニダルマオコゼの合計6種のカサゴ目魚類の粗毒は共通してマウスに対する強い致死活性を示すことを認めたが(表4)，同時にいずれの粗毒もウサギ赤血球に対して特異的な溶血活性を示すことも明らかにした(表6；Shiomi et al., 1989)。マウス致死活性とウサギ赤血球に対する特異的な溶血活性はストナストキシンでも指摘されている(Kreger, 1991; Poh et al., 1991)。このような生物活性の共通性からカサゴ目魚類の毒成分の類似性が予想されたので，筆者らはさらに免疫学的な観点からの比較検討を試みた。

オーストラリアでは，オニダルマオコゼ類による刺傷事故に備えてツノダルマオコゼ(カタログには *Synaceia horrida* ではなく *Synanceia trachynis* と記載されている)の粗毒に対する抗血清が作製され，stonefish antivenom という名前で Commonwealth Serum Laboratories(メルボルン)から市販されている(最近のカタログによれば，免疫原は「*S. trachynis* の粗毒」から「*S. verrucosa* および／または *S. horrida* の粗毒」に変わっている)。筆者らは，上記6種のカサゴ目魚類から粗毒を調製し，種々の濃度の stonefish antive-

表6　カサゴ目魚類刺毒の溶血活性。*オニダルマオコゼの場合は，背びれ毒嚢から採取した毒液(約 0.05 ml)を 2 ml の蒸留水に懸濁して粗毒とした。そのほかの魚種については，背びれの毒棘(周囲の皮膚は除去したもの)を 2〜3 倍量の 0.15 M NaCl-0.01 M リン酸緩衝液(pH7.5)で抽出して粗毒とした。赤血球の 50％を溶血する毒量を 1 HU (hemolytic unit)と定義し，溶血活性は粗毒 1 ml 当たりの HU で表示した。

魚　種	溶血活性(HU/ml)*					
	ウシ	ウマ	ヒツジ	ウサギ	モルモット	ニワトリ
キリンミノ	<32	<32	<32	8,200	<32	<32
ネッタイミノカサゴ	<35	<35	<35	740	<35	<35
ミノカサゴ	<200	<200	<200	9,800	<200	<200
ハナミノカサゴ	<30	<30	<30	23,700	<30	<30
オニオコゼ	<100	<100	<100	22,800	<100	<100
オニダルマオコゼ	<5	<5	<5	1,130	<5	<5

nomと混合して4℃で1時間保持した後，致死活性および溶血活性を調べた。その結果，stonefish antivenomはオニダルマオコゼの毒(ネオベルコトトキシン)の致死活性および溶血活性を強く抑制しただけでなく，4種のミノカサゴ類やオニオコゼの毒の致死活性および溶血活性に対してもかなりの中和効果を示した(Shiomi et al., 1989)。たとえば致死活性の場合，1 mlのstonefish antivenomの中和力価は，オニダルマオコゼ毒に対しては7,310×LD_{50}，そのほかの5種の毒に対しては1,220～2,990×LD_{50}であった。筆者らの研究に引き続き，ハナミノカサゴ(Church and Hodgson, 2002a)の粗毒が示す心臓毒性，フサカサゴ科フサカサゴ属の*Scorpaena plumieri*(Gomes et al., 2011)の粗毒が示す侵害受容活性，浮腫形成活性，血圧の一過性上昇作用および心拍数の減少作用，ハオコゼ科の*Gymnapistes marmoratus*(Church and Hodgson, 2001)の粗毒が示す心臓毒性は，いずれもstonefish antivenomによって中和されることが明らかにされた。

以上のstonefish antivenomを用いた中和実験データは，オニダルマオコゼ以外のカサゴ目魚類の刺毒はいずれもオニダルマオコゼの毒成分と抗原交差性を示す，すなわちオニダルマオコゼ毒の一部構造と一致するまたは非常に類似している部分を含んでいることを強く示唆している。

毒成分の性状と構造

フサカサゴ科のハナミノカサゴ，カリフォルニアカサゴ(*Scorpaena guttata*)，*Scorpaena plumieri*，ハオコゼ科のハオコゼ，*Gymnapistes marmoratus*，*Notesthes robusta*については，粗毒はさまざまな毒性(致死活性，溶血活性，心臓毒性，神経毒性など)を示すことが報告されている(Church and Hodgson, 2002b; Sivan, 2009)。これら毒性は基本的にオニダルマオコゼ類で報告されている毒性の範囲内であり，以下に述べるオニダルマオコゼ毒に類似した毒成分によって理解できる。

筆者らは最近，精製したネオベルコトキシンに対する抗血清をラットで作製した(Kiriake and Shiomi, 2011)。残念ながら，抗血清はネオベルコトキシンの生物活性を中和する効果は示さなかったが，10万倍希釈してもネオベルコトキシンと反応することをELISAにより確認した。そこでイムノブロッティング法(電気泳動で分離したタンパク質をニトロセルロースなどの膜に転写し，抗血清や抗体溶液を用いて抗原抗体反応を示すタンパク質を検出する方法)により，2種のミノカサゴ類(ネッタイミノカサゴおよびハナミノカサゴ)の粗毒中に抗血清と反応する成分があるかどうかを検討した。SDS-PAGEでは，精製ネオベルコトキシンには2本のバンド(*α*-サブユニットに相当する分子量75,000のバンドと*β*-サブユニットに相当する分子量80,000のバンド)が，2種のミノカサゴ類の粗毒にはいくつかのバンドが認められた(図9A)。イムノブロッティングでは，抗血清はネオベルコトキシンの両サブユニットと反応し，さらに2種のミノカサゴ類の分子量75,000のタンパク質とも反応した(図9B)。抗血清を事前に精製ネオベルコトキシンと混合して37℃で1時間保温すると，陽性反応はすべて消失した。Stonefish antivenomを用いた中和実験によってミノカサゴ類の毒成分はオニダルマオコゼ毒と抗原交差性を示すことがわかっていたが，イムノブロッティングの結果から，2種のミノカサゴ類の毒成分は分子量の点でもオニダルマオコゼ

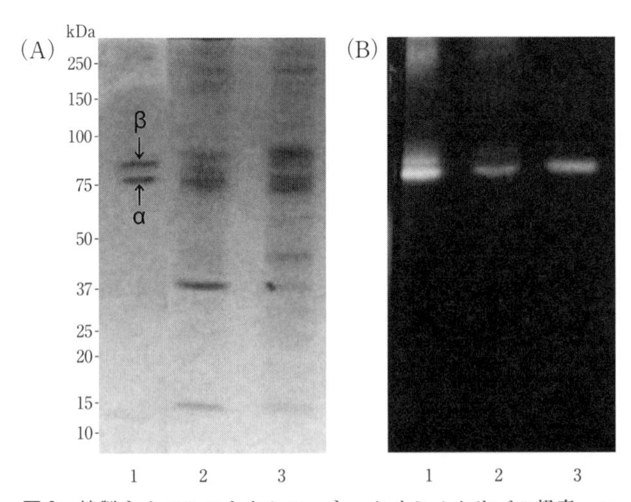

図9　精製ネオベルコトキシン，ネッタイミノカサゴの粗毒，ハナミノカサゴの粗毒のSDS-PAGE(A)およびネオベルコトキシン抗血清を用いたイムノブロッティング(B)。レーン1：精製ネオベルコトキシン，レーン2：ネッタイミノカサゴの粗毒，レーン3：ハナミノカサゴの粗毒

の毒成分と類似していると判断された。

上記の結果を踏まえ，ストナストキシンおよびネオベルコトキシンのアミノ酸配列のうちで保存性の高い領域に着目してcDNAクローニング法を行い，ネッタイミノカサゴおよびハナミノカサゴの毒成分のα-サブユニット(両魚種とも699残基)，β-サブユニット(両魚種とも688残基)に相当するタンパク質の全アミノ酸配列を明らかにした(Kiriake and Shiomi, 2011)。さらに，これら2種のミノカサゴ毒の場合と同じ戦略を用いて，ミノカサゴ，オニオコゼおよびハオコゼの毒成分についても，cDNAクローニング法により全アミノ酸配列を解析することができた(Kiriake et al., 2013)。スペースの関係上，ミノカサゴ類，オニオコゼおよびハオコゼの毒成分のアミノ酸配列は図示しないが，オニダルマオコゼ類の毒成分に共通して認められた5残基のCys(図8)は完全に保存されている。

アミノ酸配列の相同性(表7)から，カサゴ目魚類7種の毒成分は3種ミノカサゴ類(ネッタイミノカサゴ，ミノカサゴ，ハナミノカサゴ)の毒成分とそのほかの4種(オニオコゼ，ツノダルマオコゼ，オニダルマオコゼ，ハオコゼ)の毒成分に大別できそうである。ミノカサゴ類の毒成分のα-サブユニット間の相同性(99%)，β-サブユニット間の相同性(98～99%)は著しく高い。そのほかの毒成分の場合も，α-サブユニット間の相同性(81～90%)およびβ-サブユニット間の相同性(83～95%)はかなり高いといえる。しかし，ミノカサゴ類の毒成分とそのほかの毒成分を比較すると，α-サブユニット間

表7　カサゴ目魚類の毒成分のアミノ酸配列相同性(%)。*1 ミノカサゴ類：ネッタイミノカサゴ，ミノカサゴおよびハナミノカサゴ。*2 そのほかのカサゴ目魚類：オニオコゼ，ツノダルマオコゼ，オニダルマオコゼおよびハオコゼ

毒成分		ミノカサゴ類*1		そのほかのカサゴ目魚類*2	
		α	β	α	β
ミノカサゴ類	α	99	80～82	46～48	49～72
	β		98～99	47～68	73～77
そのほかの カサゴ目魚類	α			81～90	47～50
	β				83～95

の相同性は46〜48%と非常に低く，β-サブユニット間の相同性も73〜77%とやや低い。なお，非常に興味深いことに，ミノカサゴ類毒成分の両サブユニット間では80〜82%という高い配列相同性が認められる。オニダルマオコゼ類の毒成分(ストナストキシン，ネオベルコトキシン)については，α-サブユニットとβ-サブユニットとの間の配列相同性が約50%であることに基づいて両サブユニットは同じ祖先遺伝子から進化したと推定されているが，ミノカサゴ類の毒成分での結果はこの推定を補強するものといえる。

カサゴ目魚類の毒成分の分子系統樹を図10に示す。ミノカサゴ類の毒成分のβ-サブユニット，ミノカサゴ類の毒成分のα-サブユニット，オニオコゼ，オニダルマオコゼ類およびハオコゼの毒成分のβ-サブユニット，オニオコゼ，オニダルマオコゼ類およびハオコゼの毒成分のα-サブユニットの4つの群に分かれ，ミノカサゴ類の毒成分のβ-サブユニットから派生したと考えられる。なお，アミノ酸配列の相同性に基づいてカサゴ目魚類の毒成分はミノカサゴ類の毒成分とそのほかの毒成分に大別できると述べたが，分

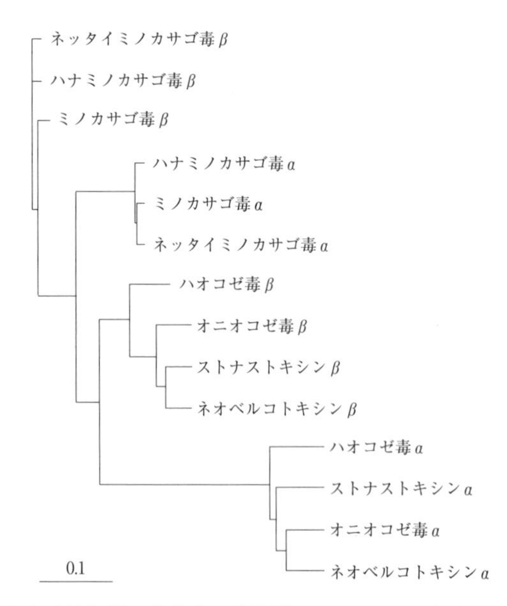

図10 カサゴ目魚類の毒成分の系統樹。Clustal Wによるマルチプルアライメントの結果に基づき，Tree Viewプログラムによって作成した。

子系統樹もそのことを裏づけている。

筆者らはカサゴ目魚類の刺毒の構造を明らかにしてきたが，それに続いてGomes et al.(2013)は，硫安塩析，疎水HPLCおよび陰イオン交換HPLCにより，フサカサゴ科の*Scorpaena plumieri*からウサギ赤血球に対する溶血活性を示す毒成分を精製した。Sp-CTxと命名された精製毒は，分子量71,000のサブユニットからなる2量体(同じサブユニットか異なるサブユニットかは不明確)である。Sp-CTxのトリプシン分解で得られた37ペプチドのアミノ酸配列を解析し，そのうち29ペプチドは既知のオニダルマオコゼ毒(ストナストキシンおよびネオベルコトキシン)，ネッタイミノカサゴ毒またはハナミノカサゴ毒のアミノ酸配列の一部領域と完全に一致している。*S. plumieri*の毒成分もオニダルマオコゼ毒ファミリーであることは間違いない。

さらにごく最近，Chuang and Shiao(2014)は，3種のフサカサゴ科魚類(マダラフサカサゴ*Sebastapistes strongia*，オオウルマカサゴ*Scorpaenopsis oxycephala*，キリンミノ*Dendrochirus zebra*)と1種のメバル科魚類(カサゴ*Sebastiscus marmoratus*)についてもオニダルマオコゼ毒に類似した毒成分をコードしているcDNAのクローニングを試みている。cDNAクローニング実験では，筆者らがネッタイミノカサゴおよびハナミノカサゴの毒成分のcDNAクローニングのために設計したプライマーが駆使されているが，いずれの種類にもオニダルマオコゼ毒類似毒は確かに存在し，全1次構造が解明されている。Chuang and Shiaoはさらに4種の魚類の毒成分については遺伝子構造も併せて調べ，いずれの遺伝子も3つのエクソンとふたつのイントロンで構成されていることを明らかにしている。

以上述べてきたように，オニダルマオコゼ類以外のカサゴ目魚類の毒成分はオニダルマオコゼ類の毒成分と非常に類似している。すなわち，カサゴ目魚類の毒成分はすべてオニダルマオコゼ毒ファミリーであると結論できる。なお，オニダルマオコゼ毒ファミリー以外のいくつかの成分がカサゴ目刺毒魚から精製されている。ヒアルロニダーゼについては別途述べるとして，*Scorpaena plumieri*のプロテアーゼおよびハオコゼのレクチンを以下に紹介しておきたい。

Carrijo et al.(2005)は，*S. plumieri* の粗毒からゲルろ過，陰イオン交換クロマトグラフィーおよび逆相 HPLC によりゼラチン分解活性を示す分子量72,000〜80,000のプロテアーゼ(Sp-GP)を精製している。Sp-GP は粗毒の総タンパク質の約2%を占めている。フチガマアンコウの毒成分であるナッテリンはプロテアーゼ(カリクレインの1種)であるが，カサゴ目魚類のプロテアーゼが毒性を示すという報告はこれまでにない。*S. plumieri* の毒成分の本体は Gomes et al.(2013)が明らかにしたようにオニダルマオコゼ毒ファミリーであり，Sp-GP は毒成分としてではなく毒成分の活性化または分解の役割をしていると推定される。

ハオコゼの毒棘からは，ConA-Sepharose を用いたアフィニティークロマトグラフィーによりカラトキシン(karatoxin)と命名されたレクチンが精製されている(Nagasaka et al., 2009; Shinohara et al., 2010)。カラトキシンは分子量110,000のマンノース含有糖タンパク質で，N-末端アミノ酸配列(DQHDDx-PxxAPDPG；アミノ酸の1文字表記については図6の説明を参照)が明らかにされている。マウス白血病細胞(P388)に対する毒性やマウス胸腺細胞の幼若化(成熟したリンパ球が細胞分裂により増殖する現象)などの活性を示す。フチガマアンコウから精製されたC型レクチンであるナッテクチン(nattec-tin)(Lopes-Ferreira et al., 2011)のように，刺されたときの炎症症状の一部に関与している可能性はある。

(3)カサゴ目魚類のヒアルロニダーゼ

ヒアルロニダーゼは，細胞外基質を構成するヒアルロン酸(N-アセチルグルコサミンとグルクロン酸が結合した高分子多糖類で，ヒアルロナンともいう)を加水分解する酵素で，分解様式からヒアルロノグルコサミニダーゼ，ヒアルロノグルクロニダーゼ，ヒアルロン酸リアーゼの3種類に大別されている。このうちヒアルロノグルコサミニダーゼ(以下，このタイプのヒアルロニダーゼを単にヒアルロニダーゼと呼ぶ)は，哺乳類の精巣や血漿などのほか，各種有毒動物(トカゲ，ヘビ，サソリ，クモなど)の毒液中から見つかっている。毒液中のヒアルロニダーゼはそれ自体に毒性はないが，ヒアルロン酸を分解することで被害動物の体内に入った毒成分の拡散を助長する

“毒拡散因子”と考えられている。実際，メキシコドクトカゲ(Tu and Hendon, 1983)，インドコブラ(Girish et al., 2004)，サソリ類(Pessini et al., 2001)などでは，ヒアルロニダーゼの毒拡散因子としての役割が実験的にも証明されている。

魚類刺毒中のヒアルロニダーゼについては，これまでに淡水産エイ類の *Potamotrygon falkneri*(Haddad et al., 2004; Barbaro et al., 2007)と *Potamotrygon motoro*(Magalhães et al., 2008)，ミノカサゴ類のネッタイミノカサゴとハナミノカサゴ(Kiriake et al., 2014)，オニダルマオコゼ類のツノダルマオコゼ(Poh et al., 1992; Ng et al., 2005)とオニダルマオコゼ(Austin et al., 1965; Shiomi et al., 1993; Garnier et al., 1995; Madokoro et al., 2011)，ハオコゼ類の *Gymnapistes marmoratus*(Hopkins and Hodgson, 1998)に検出されている。このうち，*P. motoro* および4種のカサゴ目魚類(ネッタイミノカサゴ，ハナミノカサゴ，ツノダルマオコゼ，オニダルマオコゼ)のヒアルロニダーゼについては酵素学的性状が，さらに4種のカサゴ目魚類のヒアルロニダーゼについてはアミノ酸配列が明らかにされている。

表8に示すように，*P. motoro* および4種カサゴ目魚類のヒアルロニダーゼは至適温度および基質特異性(ヒアルロン酸のみ)の点では類似しているが，至適 pH は *P. motoro* のヒアルロニダーゼは酸性，4種のカサゴ目魚類のヒアルロニダーゼは中性付近という点で大きな違いが見られる。ミノカサゴ類のヒアルロニダーゼの分子量は不明であるが，オニダルマオコゼ類のヒアルロニダーゼの分子量は *P. motoro* のヒアルロニダーゼよりやや小さいといえる。まだデータは少ないが，エイ類のヒアルロニダーゼとカサゴ目魚類のヒアルロニダーゼは酵素学的・生化学的に少し異なっているようである。

表8　魚類棘毒中のヒアルロニダーゼの性状

目	魚　種	至適温度(℃)	至適 pH	基質特異性	分子量
エイ	*Potamotrygon motoro*	40	4.2	ヒアルロン酸	79,000
カサゴ	ネッタイミノカサゴ	37	6.6	ヒアルロン酸	?
	ハナミノカサゴ	37	6.6	ヒアルロン酸	?
	ツノダルマオコゼ	37	6.0	ヒアルロン酸	62,000
	オニダルマオコゼ	37	6.6	ヒアルロン酸	59,000

カサゴ目魚類のヒアルロニダーゼのアミノ酸配列相同性は，ミノカサゴ類の間では99.6％と著しく高い。配列相同性はオニダルマオコゼ類の間でも91.8％と非常に高いが，ミノカサゴ類とオニダルマオコゼ類の間では72.1～76.7％とやや下がる。一方，カサゴ目魚類のヒアルロニダーゼと陸上有毒動物や哺乳類のヒアルロニダーゼとの相同性は25～40％とそれほど高くない。カサゴ目魚類のヒアルロニダーゼは分子進化的に独立したグループを形成しているといえる。

魚類刺毒中のヒアルロニダーゼが毒拡散因子として機能するかどうかは不明であったので，筆者らはオニダルマオコゼの毒成分(ネオベルコトキシン)が示す毛細血管透過性亢進作用に対するヒアルロニダーゼの効果を検討した。オニダルマオコゼの毒液を水に注ぎ，遠心分離によって沈殿(ネオベルコトキシンを含む)と上清(ヒアルロニダーゼを含む)に分け，それぞれをゲルろ過HPLCに供した。こうして得られたネオベルコトキシンの精製品とヒアルロニダーゼの部分精製品を実験に用いた。50 μlの試料液1(0.8 μgの精製ネオベルコトキシンを含む)，試料液2(0.8 μgの精製ネオベルコトキシンと3 μgの部分精製ヒアルロニダーゼを含む)，試料液3(3 μgの部分精製ヒアルロニダーゼを含む)をマウスの背中の皮内に投与後，エバンスブルー溶液を静脈投与し，2時間後に皮内に生じた青いスポット(毛細血管透過性亢進作用があると血中のタンパク質が漏出するが，エバンスブルーがタンパク質に結合するため青く見える)を観察した。その結果，青いスポットの直径は試料液1の場合は16.0 ± 3.1 mm，試料液2の場合は26.0 ± 3.3 mmであった。試料液3は陰性であったので，ヒアルロニダーゼはネオベルコトキシンの毛細血管透過性亢進作用を増強させることが判明した(Madokoro et al., 2011)。筆者らは，オニダルマオコゼ刺毒中のヒアルロニダーゼは毒拡散因子として機能していることを実験的に証明したが，ほかの刺毒魚のヒアルロニダーゼについても当てはまると考えている。

4. アイゴ類の刺毒

(1)アイゴの毒

アイゴ類(スズキ目アイゴ科(Siganidae)の魚)は背びれに13本，腹びれに2本，臀びれに7本の毒棘をもつ刺毒魚である。わが国の本州沿岸の岩礁域で普通に見られるのはアイゴ(*Siganus fuscescens*)で，そのほかにヒフキアイゴ(*Siganus unimaculatus*)，ムシクイアイゴ(*Siganus vermiculatus*)，アミアイゴ(*Siganus spinus*)などが主として南西諸島に生息している。アイゴは藻食性のため肉はやや磯臭いが，刺身や塩焼きなどで広く食べられている。なお，沖縄の郷土料理の1つとして「スクガラス豆腐」が知られているが，これは塩辛にしたアイゴ類(アミアイゴなど)の稚魚(スクガラスという)を豆腐の上にのせたものである。

わが国では，アイゴを釣り上げて針をはずすときに誤って刺される事故が多いと思われる。わが国だけでなく世界的にアイゴ類による刺傷事故は問題になっているが，アイゴ類の刺毒に関する研究はこれまで皆無であった。その理由の1つは，ほかの魚類刺毒同様にアイゴ類の刺毒も非常に不安定であることが挙げられる。筆者らは凍結したアイゴを入手し，毒棘から調製した粗毒について毒性を調べたことがあるが，マウスに対する致死活性も溶血活性も検出できなかった。もう1つの理由は，アイゴによる刺傷時に見られる痛みや腫れなどの症状は，ほかの魚類刺毒の場合よりやや軽い傾向があるということで，そのため被害は多くても研究は後回しにされてきたと思われる。

筆者らは以前に，ムシクイアイゴの粗毒はウサギ赤血球に対して特異的な溶血活性を示すことを予備的に確認した(Shiomi et al., 1989)。また最近，生きたアイゴの刺棘から粗毒を調製し，マウスに対する致死活性のほかにウサギ赤血球に対する溶血活性を確認した。カサゴ目魚類の刺毒は共通してウサギ赤血球に対して特異的な溶血活性を示し，アミノ酸配列はお互いに非常に類似していることを述べてきた。アイゴ類はスズキ目の魚で分類的にはかなり離れているが，ひょっとするとアイゴ類の刺毒のアミノ酸配列はカサゴ目魚類の刺毒(オニダルマオコゼ毒ファミリー)に類似しているかもしれないと思い立ち，アイゴを取り上げてその毒成分の１次構造解析に取り組んだ。

アイゴ毒の１次構造解析の戦略は，ミノカサゴ類やオニオコゼ，ハオコゼの場合と基本的に同じである。すなわち，ストナストキシン，ネオベルコトキシンおよびネッタイミノカサゴの毒成分のアミノ酸配列の保存性の高い部分から設計したプライマーを用いるcDNAクローニング法により試みた。その結果，予想通りにアイゴ刺毒のα-サブユニット（アミノ酸703残基）とβ-サブユニット（アミノ酸699残基）の１次構造を明らかにすることができた（未発表）。

アイゴ毒のアミノ酸配列は未発表であるので図示しないが，両サブユニット間の配列相同性は43％とあまり高くない。既知のカサゴ目魚類刺毒のアミノ酸配列と比較すると，アイゴの毒成分のα-サブユニットは，ミノカサゴ類（ネッタイミノカサゴ，ミノカサゴ，ハナミノカサゴ）の両サブユニットと62～66％の高い相同性を示す。また，アイゴ毒のα-サブユニットは，オニダルマオコゼ，オニオコゼおよびハオコゼの毒のβ-サブユニットとはやはり64～65％の高い相同性を示すが，なぜかα-サブユニットとの相同性は45～46％とやや低い。一方，アイゴ毒のβ-サブユニットは，カサゴ目魚類の種類によらず，また毒成分のサブユニットの種類によらず，40～43％の相同性を示す。

今のところアイゴだけでの結果であるが，ヒフキアイゴやムシクイアイゴなどほかのアイゴ類の毒成分もオニダルマオコゼ毒ファミリーであると思われる。その実証のためにも，筆者らが行ってきた戦略を参考にして各種アイゴ類の毒成分の１次構造情報を蓄積することが求められる。

(2)アイゴの近縁種クロホシマンジュウダイの毒

アイゴと比較的近縁のスズキ目クロホシマンジュウダイ科（Scatophagidae）のクロホシマンジュウダイ（*Scatophagus argus*）は，背びれに11本，腹びれに1対2本，臀びれに4本の毒棘をもつ刺毒魚として知られている。熱帯性で，わが国ではおもに南西諸島の内湾や汽水域，マングローブで見られる。幼魚は観賞魚として取引されているし，成魚は一部で食用にされている。刺傷事故は東南アジアで多いようであるが，わが国では稀だと思われる。

クロホシマンジュウダイの粗毒に，Sivan et al.(2007，2010)はマウス致死活性，ヒト赤血球に対する溶血活性(残念ながらほかの動物赤血球を用いていないので特異性は不明である)，浮腫形成活性，侵害受容活性，出血活性，筋毒性，ホスホジエステラーゼ活性およびプロテアーゼ活性を，Ghafari et al.(2013)はヒト赤血球に対する溶血活性，浮腫形成活性，プロテアーゼ活性およびホスホリパーゼC活性を検出している。しかし，いずれも粗毒での知見のみであり，毒成分の本体については不明である。一方，Karmakar et al.(2004)は，2ステップの陰イオン交換クロマトグラフィーにより，クロホシマンジュウダイの毒棘から分子量18,100の出血性タンパク毒(SA-HT)を精製している。SA-TH は胃壁に出血を引き起こすが皮膚では活性を示さない。また，SA-TH は出血活性のほか，浮腫形成活性や毛細血管透過性亢進活性なども示すので，刺傷時の症状にある程度関与していると考えられる。しかし，凍結保存していた毒棘を精製の出発試料として用いていること，精製は室温(28℃)で行っていることを考えると，SA-TH はクロホシマンジュウダイ刺毒中の主要な毒成分ではない可能性が高い。

それではクロホシマンジュウダイ毒の本体は何であろうか。アイゴの毒成分はオニダルマオコゼ毒ファミリーであること，アイゴとクロホシマンジュウダイはいずれもスズキ目ニザダイ亜目に属する非常に近縁種であることを考慮すると，クロホシマンジュウダイの毒成分もオニダルマオコゼ毒ファミリーであると予想される。

5. そのほかの刺毒魚

これまではわが国沿岸で普通に見られる刺毒魚の毒成分を紹介してきたが，海外ではほかの刺毒魚による被害も問題になっている。最後に，海外でのみ問題になっている刺毒魚として toadfish と weeverfish を取り上げ，毒成分に関する研究の現状を述べる。

(1) Toadfish

ガマアンコウ目(Batrachoidiformes)の魚は頭部と口が大きく，英語で

toadfish（ヒキガエルのような魚）と呼ばれている。Toadfishのうち，ガマアンコウ科（Batrachoididae）のフチガマアンコウ属（*Thalassophryne*）の魚は背びれに2本，左右の主鰓蓋骨に1本ずつの合計4本の毒棘をもつ刺毒魚としてよく知られている。大西洋西部，太平洋東部に生息し，ブラジル，ベネズエラ，コロンビアなどでは*T. nattereri*による刺傷被害が数多く報告されている。近年，toadfishの毒成分の本体がかなりわかってきたが，毒棘の抽出物ではなく，毒棘の根元付近を押して棘の先端から出てくる毒液（夾雑物が少ない）を集め，研究の出発試料として用いたことが成功の大きな理由であると考えられる。ほかの刺毒魚にも同様な方法を適用できるかどうかはわからないが，検討の価値はあると思われる。

*Thalassophryne nattereri*には浮腫形成活性，侵害受容活性およびカリクレイン（kallikrein；キニノゲナーゼkininogenaseともいう）活性を示す毒成分が複数含まれているが，そのうち最も主要な毒成分（分子量約40,000）は陽イオン交換HPLCおよびゲルろ過HPLCの組み合わせにより精製され，ナッテリン（natterin）と命名されている（Magalhães et al., 2005）。カリクレインはセリンプロテアーゼ（活性中心にセリン残基をもつプロテアーゼの総称で，トリプシンやキモトリプシンなどが該当する）の1種で，その存在形式から血漿カリクレインと組織性カリクレインに大別されている。前者は高分子キニノーゲン（キニン類の前駆体）からブラジキニン（bradykinin；アミノ酸9残基のペプチドで，血圧降下，発痛，炎症などを引き起こす）を，後者は低分子キニノーゲンからカリジン（kalidin；ブラジキニンのN末端にリシンが付加されているペプチドで，ブラジキニンと類似の作用を示す）を遊離させる。ナッテリンは組織性カリクレインであることが示され，その浮腫形成活性，侵害受容活性は低分子キニノーゲンから遊離したカリジンによる炎症作用によって説明されている。

クロマトグラフィーによる精製とは別に，毒腺から構築したcDNAライブラリーのクローンの塩基配列をランダムに決定するEST（expressed sequence tag，発現配列タグ）解析により，5成分のナッテリンファミリー（分子量約40,000のナッテリン1-4および分子量5,907のナッテリンP）のアミノ酸配列が明らかにされている（Magalhães et al., 2005；図11）。精製ナッテリンの

N末端部分と同じ配列がナッテリン1および2の領域29～43に認められるので，精製ナッテリンはナッテリン1，ナッテリン2あるいはナッテリン1と2の混合物と考えられる。また，ナッテリン類のN末端18残基はシグナルペプチドであると予測されているので，少なくともナッテリン1および2の場合は，シグナルペプチドの除去に続いてシグナルペプチドとSer-29の間の10残基も除去されて成熟タンパク質になると考えられる。ナッテリン1と2は非常に類似しており，お互いの配列相同性は84%と高いが，ナッテリン3，4との相同性は40%程度である。ナッテリン1～4はCysを8～11残基含んでいるが，そのうち8残基は完全に保存されており，4つの分子内

```
ナッテリン1  MIPSVLLVTLLLLSWTSAEKD------------------LKVRVARSTNDETNLHWVKCGG--SVPDG   48
ナッテリン2  ·NL················------------------·······················-------·   48
ナッテリン3  ·KL···V····AV·····QPETFSIQTKEANMNPEPANI·····SSAQS··Q·NYWD·QGA····   65
ナッテリン4  ·KLL·······V······DVG-------------------DQEILQQH·EDN·HKSELGEAAPQRT·N   50
ナッテリンP  ·KLL·······V······DLG-------------------DQEILE-N·EDN·HESELGEPAAQHT·D   49

ナッテリン1  AVSIQNTYV-------------------------------------SPARTEYVCKSNCEAGYYST   77
ナッテリン2  ····R···------------------------------------··········CF·Q······   77
ナッテリン3  ····W·G-------------------------------------EEK··D···SCG·SS·F···   92
ナッテリン4  ET·QLGQETPTIRVARAYEFSSKSNLEWVRWNGHIPSNAVKISNTYVG·ED···RVG······TP  115
ナッテリンP  ET·QLGQAL-------------------------IPR-----------------·R----------   63

ナッテリン1  KD-SKCHYPFGRVEQTTSV-CEILVNRDNFELLEWKEGYAGSLPANAVSTCKTNRIYVGKGAYGL  140
ナッテリン2  ·····-·····Y·TK·MA··TN·Y··············D·····V·D········K··········  141
ナッテリン3  ·TGAN···AY·ET·K·C·G-FS·········N····G·SD··V·K···EV·EK--V····NK···  154
ナッテリン4  ·KGPS·F··Y·FT··HSKM-FH·········I····WKTG·EV·E···KA·RD--L··A·NK···  177
ナッテリンP  -KMP------------------------------------G--V-----KM·                71

ナッテリン1  GKIEPAHHCLYYGWNGAETWTKTYQALTVNKDVIEQTMKDVKYQTEGVTVIQGKPEVMRKSTVNN  205
ナッテリン2  ······N····V·D·············M·······A··············K·······R·····  206
ナッテリン3  ··VHTK·EA·FLP·H·E·H·Y·D·EV····D··VK·ELTQ·N·KLDAAHP·KNP··TL·R·SAS·  219
ナッテリン4  ··LHQS··VF·LP·K·T·YKYNE·YV·N··M··V··KITN·R·NMK··EVHKD···TL·STS·K·  242

ナッテリン1  KQCKEVTKTVTLSKDISTEERWDVTNSVTFGVTTTVTAGIPDVASASLAVSMEARRDFAHGASKT  270
ナッテリン2  QH··········T····D··························EI··Q·TM·········  271
ナッテリン3  S··RPI····A·E·A·Q··QS····ST·····ESSI·······IA··TVS··V·TSLSVSL·STT·  284
ナッテリン4  Y··REA··Q···E·STE·SQS···S··I·L··STE·S····NIADV·V···A·TSVEIS··T···  307

ナッテリン1  ESQSYMVTVSVPVPPKQSCTVSMVAQVNKADVPFTATLIRTYRGGKKTQTTTKGVYRTTQVAETH  335
ナッテリン2  ·T································I···························I······  336
ナッテリン3  KTTTHT·S·I·T···NHY·P·T···TKYT··I···GKMT····N·Q·RT·SIT·T··AI··G·I·  349
ナッテリン4  ··T·HSLS··ATI··NS··SIT·EGCTF··NI···GR·T·K·SN··V·SSSV··I·KKV··G·IQ  372

ナッテリン1  ADVEQCTIIGDEKDCPKASK                                              355
ナッテリン2  ·····················A····STITTLRPKLKSKKPAKPAGK                  376
ナッテリン3  ···QR·SE·AGA·P·                                                   364
ナッテリン4  ·VLHR·DK·A·A·P·                                                   387
```

図11　ナッテリン類のアミノ酸配列。ナッテリン1と同じアミノ酸残基はドット(・)で，ギャップはダッシュ(-)で，Cys残基は黒地に白字で示す。シグナルペプチド領域は四角で囲って，精製ナッテリンで分析されたN末端アミノ酸配列と一致する領域は網掛けで示す。アミノ酸の1文字表記については図6の説明を参照されたい。

S-S 結合を形成していると推定される。

ナッテリン類はカリクレイン作用を示すが，そのアミノ酸配列は既知のカリクレインとは類似性がないし，オニダルマオコゼ毒ファミリーを含む既知のすべてのタンパク質とも配列相同性をもたない新規タンパク質である。なお，ゴンズイの刺毒はナッテリン様タンパク質であることが示唆されている。ナマズ目魚類および toadfish の刺毒として，ナッテリン様タンパク毒が魚類刺毒の 1 つのファミリーを形成しているかもしれない。

Thalassophryne nattereri の毒液には，ナッテリンのほかにナッテクチン(nattectin)と命名された C 型レクチン(糖鎖との結合に Ca^{2+} を必要とするレクチン)に類似したレクチンも確認されている(Lopes-Ferreira et al., 2011)。ナッテクチンは EST 解析によりその存在が示唆され，実際に毒液から陽イオン交換 FPLC によっても精製されている。ナッテクチンは分子量 15,094，等電点 9.73 の単量体タンパク質で，ガラクトース特異的なレクチン活性(ヒト赤血球凝集活性)を示す。構造的には C 型レクチンに類似しているが，活性には Ca^{2+} を必要としない。ナッテクチンは単なるレクチンではなく，炎症誘発作用をもち刺傷時の症状に関与していると考えられている。

Thalassophryne nattereri と同じ属の *T. maculosa* については，粗毒にマウス致死活性，浮腫形成活性，侵害受容活性，筋毒性，プロテアーゼ活性などが検出されている(Sosa-Rosales et al., 2005b)。また，ゲルろ過 HPLC，陽イオン交換 FPLC により分子量約 15,000 の毒成分が精製され，生体膜における脱分極作用および筋肉の壊死作用を示すことが確認されているが，化学的性状や構造に関する情報は得られていないのでナッテリンやナッテクチンとの関連は不明である(Sosa-Rosales et al., 2005a)。

(2) Weeverfish

スズキ目トラキナス科(Trachinidae)の weeverfish は，北海南部から北大西洋東部のヨーロッパ沿岸，地中海，アドリア海などの浅海に生息する魚類で，日本沿岸では見られない。背びれに 5～8 本，左右の鰓蓋に 1 本ずつの毒棘をもつヨーロッパで有名な刺毒魚である。夏の産卵期に浅瀬に集まり，眼だけ出して砂や泥のなかに潜っているので海水浴客が踏みつけて被害に遭う。

Lesser weever と呼ばれている *Echiichthys vipera*(以前は *Trachinus vipera* と呼ばれていた)による被害が最も多いといわれている。

Echiichthys vipera の毒成分は調製電気泳動により精製され，トラキニン(trachinine)と命名されている(Perrier et al., 1988)。トラキニンは4つの同じサブユニットで構成されている分子量324,000のタンパク質であるが，詳しい性状はよくわかっていない。一方，greater weeverfish と呼ばれている *Trachinus draco* からは，硫安塩析，ゲルろ過 HPLC により分子量105,000の毒成分が精製され，ドラコトキシン(dracotoxin)と命名されている(Chhatwal and Dreyer, 1992b)。ほかの魚類刺毒同様にドラコトキシンも非常に不安定であるが，生魚を急速凍結して－70℃に保存する，抽出した場合は抽出液を－70℃に保存する，あるいは毒成分を50％飽和硫安で沈殿させると安定に保てることが報告されている(Chhatwal and Dreyer, 1992a)。粗毒はマウス致死活性，ウサギ赤血球に対して特異的な溶血活性および膜電位の脱分極作用を示すが，これらの作用はすべて精製したドラコトキシンによって説明できる。

注目すべきことは，ドラコトキシンの示すウサギ赤血球に対する特異的な溶血活性である。ウサギ赤血球に対して特異的な溶血活性といえば，これまでに述べてきたようにカサゴ目魚類(オニダルマオコゼ類，ミノカサゴ類など)の毒成分およびスズキ目魚類アイゴの毒成分の共通の特徴である。しかも，これら毒成分は1次構造解析によりすべてオニダルマオコゼ毒ファミリーに属することが証明されている。アイゴの近縁種であるクロホシマンジュウダイの毒成分もこれら毒成分と類似している可能性を指摘したが，スズキ目魚類である weeverfish の毒成分も類似していることが十分に考えられる。カサゴ目に属する刺毒魚と同様に，スズキ目に属する刺毒魚の主要な毒成分はすべてオニダルマオコゼ毒ファミリーであるかどうかを明確にするためにも，クロホシマンジュウダイおよび weeverfish の毒成分の1次構造解析が望まれる。

引用・参考文献

[フグ類の分類と生態]

Abe, T. and O. Tabeta. 1983. Description of a new swellfish of the genus *Lagocephalus* (Tetraodontidae, Teleostei) from Japanese waters and the East China Sea. Uo, (32): 1-8, pls. 1-3.

Chanet, B., C. Guintard, E. Betti, C. Gallut, A. Dettaï and G. Lecointre. 2013. Evidence for a close phylogenetic relationship between the teleost orders Tetraodontiformes and Lophiiformes based on an analysis of soft anatomy. Cybium, 37: 179-198.

Dao, V. H., N. T Dung, N. T. Hong, Y. Takata, S. Sato, M. Kodama and Y. Fukuyo. 2012. High individual variation in the toxicity of three species of marine puffer in Vietnam. Coastal Mar. Sci., 35: 1-6.

Holcroft, N. I. 2004. A molecular test of alternative hypotheses of tetraodontiform (Acanthomorpha: Tetraodontiformes) sister group relationships using data from the RAG1 gene. Mol. Phylogenet. Evol., 32, 749-760.

Johnson, G. D. and C. Patterson. 1993. Percomorph phylogeny: A survey of acanthomorphs and a new proposal. Bull. Mar. Sci., 52: 554-626.

松浦啓一. 1997. フグ目. 岡村収・尼岡邦夫(編), pp. 685-720. 日本の海水魚. 山と渓谷社.

Matsuura, K. 2014a. A new pufferfish of the genus *Torquigener* that builds "mystery circles" on sandy bottoms in the Ryukyu Islands, Japan (Actinopterygii: Tetraodontiformes: Tetraodontidae) Ichthyol Res. doi 10.1007/s10228-014-0428-5

Matsuura, K. 2014b. Taxonomy and systematics of tetraodontiform fishes: a review focusing primarily on progress in the period from 1980 to 2014. Ichthyol Res. doi 10.1007/s10228-014-0444-5

Miya, M., A. Kawaguchi and M. Nishida. 2001. Mitogenomic exploration of higher teleostean phylogenies: a case study for moderate-scale evolutionary genomics with 38 newly determined complete mitochondrial DNA sequences. Mol. Biol. Evol., 18, 1993-2009.

Miya, M., H. Takeshima, H. Endo, N. B. Ishiguro, J. G. Inoue, T. Mukai, T. P. Satoh, M. Yamaguchi, A. Kawaguchi, K. Mabuchi, S. M. Shirai and M. Nishida. 2003. Major patterns of higher teleostean phylogenies: a new perspective based on 100 complete mitochondrial DNA sequences. Mol. Phylogenet. Evol., 26, 121-138.

Miya, M., T. P. Satoh and M. Nishida. 2005. The phylogenetic position of toadfishes (order Batrachoidiformes) in the higher ray-finned fish as inferred from partitioned Bayesian analysis of 102 whole mitochondrial genome sequences. Biol. J. Linn. Soc., 85: 289-306.

Nakae, M. and K. Sasaki. 2010. Lateral line system and its innervation in Tetraodontiformes with outgroup comparisons: descriptions and phylogenetic implications. J. Morphol., 271: 559-579.

Nelson, J. S. 2006. Fishes of the world, fourth edition. xiv+601 pp. John Wiley & Sons,

Inc., Hoboken.
Rosen, D. E. 1984. Zeiformes as primitive plectognath fishes. Am. Mus. Novit., 2782: 1–45.
Santini, F., L. Sorenson and M. E. Alfaro. 2013. A new phylogeny of tetraodontiform fishes (Tetraodontiformes, Acanthomorpha) based on 22 loci. Ml. Phylogenet. Evol., 69: 177–187.
Santini, F. and J. C. Tyler. 2003. A phylogeny of the families of fossil and extant tetraodontiform fishes (Acanthomorpha, Tetraodontiformes), Upper Cretaceous to Recent. Zool. J. Linn. Soc., 139: 565–617.
塩見一雄・長島裕二．2013．新・海洋動物の毒―フグからイソギンチャクまで．iv＋254 pp．成山堂書店．
照屋菜津子・大城直雅・玉那康二．2006．沖縄近海産フグの毒性調査．沖縄県衛生環境研究所報，（40）：93-97．
Tyler, J. C. 1980. Osteology, phylogeny, and higher classification of the fishes of the order Plectognathi (Tetraodontiformes). NOAA Tech. Rep. NMFS, Circ., 434: 1–422.
山田梅芳・時村宗春・堀川博史・中坊徹次．2007．東シナ海・黄海の魚類誌．lxxiii＋1262 pp．東海大学出版会．
Yamanoue, Y., M. Miya, K. Matsuura, N. Yagishita, K. Mabuchi, H. Sakai, M. Kato and M. Nishida. 2007. Phylogenetic position of tetraodontiform fishes within the higher teleosts: Bayesian inferences based on 44 whole mitochondrial genome sequences. Mol. Phylogenet. Evol., 45: 89–101.

［フ グ 毒］

Ahmed, M. S., E. Jaime, M. Reichelt and B. Luckas. 2001. Paralytic shellfish poisoning in freshwater puffer fish (*Tetraodon cutcutia*) from the river Burigonga, Bangladesh. In: "Harmful Algal Blooms 2000" (eds. Hallegraeff, G. M., S. I. Blackburn, C. J. Bolch, R. J. Lewis), pp. 19–21. United Nations Educational, Scientific and Cultural Organization. Paris.
Ali, A. E., O. Arakawa, T. Noguchi, K. Miyazawa, Y. Shida and K. Hashimoto. 1990. Tetrodotoxin and related substances in a ribbon worm *Cephalothrix linearis* (Nemertean). Toxicon, 28: 1083–1093.
Arakawa, O., T. Noguchi, Y, Shida and Y. Onoue. 1994. Occurrence of carbamoyl-*N*-hydroxy derivatives of saxitoxin and neosaxitoxin in a xanthid crab *Zosimus aeneus*. Toxicon, 34: 175–183.
Arakawa, O., S. Nishio, T. Noguchi, Y. Shida and Y. Onoue. 1995. A new saxitoxin analogue from a xanthid crab *Atergatis floridus*. Toxicon, 33: 1577–1584.
Arakawa, O., D. F. Hwang, S. Taniyama and T. Takatani. 2010. Toxins of pufferfish that cause human intoxications. In: "Coastal Environmental and Ecosystem Issues of the East China Sea" (eds. Ishimatsu, A. and H. J. Lie), pp. 227–244. Nagasaki University/TERRAPUB. Tokyo.
Asakawa, M., K. Ito and H. Kajihara. 2013. Highly toxic ribbon worm *Cephalothrix simula* containing tetrodotoxin in Hiroshima Bay, Hiroshima Prefecture, Japan. Toxins, 5: 376–395.
Bane, V., M. Lehane, M. Dikshit, A. O'Riordan and A. Furey. 2014. Tetrodotoxin, chemistry, toxicity, source, distribution and detection. Toxins, 6: 693–755.
Bentur, Y., J. Ashkar, Y. Lurie, Y. Levy, Z. S. Azzam, M. Limanovich, M. Golik, B. Gur-

evych, D. Golani and A. Eisenman. 2008. Lessepsian migration and tetrodotoxin poisoning due to *Lagocephalus sceleratus* in the eastern Mediterranean. Toxicon, 52: 964-968.

Brillantes, S., W. Samosorn, S. Faknoi and Y. Oshima. 2003. Toxicity of puffers landed and marketed in Thailand. Fish. Sci., 69: 1224-1230.

Carmichael, W. W., W. R. Evans, Q. Q. Yin, P. Bell, E. Moczydlowski. 1997. Evidence for paralytic shellfish poisons in the freshwater cyanobacterium *Lyngbya wollei* (Farlow ex Gomont) comb. nov. Appl. Environ. Microbiol., 63: 3104-3110.

Chau, R., J. A. Kalaitzi and B. A. Neilan. 2011. On the origins and biosynthesis of tetrodotoxin. Aqua. Toxicol., 104: 61-72.

Cohen, N. J., J. R. Deeds, E. S. Wong, R. H. Hanner, H. F. Yancy, K. D. White, T. M. Thompson, M. Wahl, T. D. Pham, F. M. Guichard, I. Huh, C. Austin, G. Dizikes and S. I. Gerber. 2009. Public health response to puffer fish (tetrodotoxin) poisoning from mislabeled product. J. Food Prot., 72: 810-817.

Doucette, G. J., M. M. Logan, J. S. Ramsdell and F. M. Vandolah. 1997. Development and preliminary validation of a microtiter plate-based receptor binding assay for paralytic shellfish posoning toxins. Toxicon, 35: 625-636.

Evans, M. H. 1970. Two toxins from a poisonous mussels *Mytilus edulis*. Br. J. Pharmacol., 48: 847-865.

Fusetani, N., H. Endo and K. Hashimoto. 1982. Occurrence of potent toxins in the horseshoe crab *Carcinoscorpius rotundicauda*. Toxicon, 20: 662-664.

Fusetani, N., H. Endo, K. Hashimoto and M. Kodama. 1983. Occurrence and properties of toxins in the horseshoe crab *Carcinoscorpius rotundicauda*. Toxicon Supple, 3: 165-168.

Geffeney, S. L., E. Fujimoto, E. D. Brodie III, E. D. Brodie Jr. and P. C. Ruben. 2005. Evolutionary diversification of TTX-resistant sodium channels in a predator-prey interaction. Nature, 434: 759-763.

後藤俊夫・高橋敞・岸義人・平田義正．1964．フグ毒テトロドトキシンの抽出と精製．日本化学雑誌，85：508-511.

Hall, S., P. B. Reichardt and R. A. Neve. 1980. Toxins extracted from an Alaskan isolate of *Protogonyaulax* sp. Biochem. Biophys. Res. Commun, 97: 649-653.

Hanifin, C. T. 2010. The chemical and evolutionary ecology of tetrodotoxin (TTX) toxicity in terrestrial vertebrates. Mar. Drugs, 8: 577-593.

Harada, T., Y. Oshima, H. Kamiya and T. Yasumoto. 1982a. Confirmation of paralytic shellfish toxins in the dinoflagellate *Pyrodinium bahamense* var. *compressum* and bivalves in Palau. Bull. Japan. Soc. Sci. Fish., 48: 821-825.

Harada, T., Y. Oshima and T. Yasumoto. 1982b. Structures of two paralytic shellfish toxins, gonyautoxins V and VI, isolated from a tropical dinoflagellate, *Pyrodinium bahamense* var. *compressa*. Agric. Biol. Chem., 46: 1861-1864.

本田俊一・荒川修・高谷智裕・橘勝康・八木基明・谷川昭夫・野口玉雄．2005a．テトロドトキシン添加飼料投与による養殖トラフグ *Takifugu rubripes* の毒化．日水誌，71：815-820.

本田俊一・一部哲哉・荒川修・高谷智裕・橘勝康・八木基明・谷川昭夫・野口玉雄．2005b．フグ毒添加飼料を投与した養殖トラフグのヒツジ赤血球に対する抗体産生能と脾臓細胞の幼若化反応．水産増殖，53：205-210.

Howard, R. and E. Brodie. 1971. Experimental study of mimicry in salamanders involving *Notophthalmus viridescens viridescens* and *Pseudotriton rubber sckencki*. Nature, 233: 277.

Humpage, A. R., J. Rositano, A. H. Bretag, R. Brown, P. D. Baker, B. C. Nicholson and D. A. Steffensen. 1994. Paralytic shellfish poisons from Australian cyanobacterial blooms. Aust. J. Mar. Freshwater Res., 45: 761-771.

Hwang, D. F. and T. Noguchi. 2007. Tetrodotoxin poisoning. Adv. Food Nat. Res. 2007, 52: 141-236.

Hwang, P. A., T. Noguchi and D. F. Hwang. 2004. Neurotoxin tetrodotoxin as attractant for toxic snails. Fish. Sci., 70: 1106-1112.

Hwang, P. A., Y. H. Tsai, J. F. Deng, C. A. Cheng, P. H. Ho and D. F. Hwang. 2005. Identification of tetrodotoxin in a marine gastropod (*Nassarius glans*) responsible for human morbidity and mortality in Taiwan. J. Food Prot., 68: 1696-1701.

Hwang, P. A., Y. H. Tsai, S. J. Lin and D. F. Hwang. 2007. The gastropods possessing TTX and/or PSP. Food Rev. Int., 23: 321-340.

Ikeda, K., Y. Emoto, R. Tatsuno, J. J. Wang, L. Ngy, S. Taniyama, T. Takatani and O. Arakawa. 2010. Maturation-associated change in toxicity of the pufferfish *Takifugu poecilonotus*. Toxicon, 55: 289-297.

Isbister, G. K., J. Son, F. Wang, C. J. Maclean, C. S. Y. Lin, J. Ujma, C. R. Balit, B. Smith, D. G. Milder and M. C. Kiernan. 2002. Pufferfish poisoning: a potentially life-threatening condition. MJA, 177: 650-653.

Islam, Q. T., M. A. Razzak, M. A. Islam, M. I. Bari, A. Basher, F. R. Chowdhury, A. B. M. Sayeduzzaman, H. A. M. N. Ahasan, M. A. Faiz, O. Arakawa, M. Yotsu-Yamashita, U. Kuch and D. Mebs. 2011. Puffer fish poisoning in Bangladesh: clinical and toxicological results from large outbreaks in 2008. Transact. Royal Soc. Trop. Med. Hyg., 105: 74-80.

Ito, K., S. Okabe, M. Asakawa, K. Bessho, S. Taniyama, Y. Shida and S. Ohtsuka. 2006. Detection of tetrodotoxin (TTX) from two copepods infecting the grass puffer *Takifugu niphobles*: TTX attracting the parasites? Toxicon, 48: 620-626.

Itoi, S., S. Yoshikawa, K. Asahina, M. Suzuki, K. Ishizuka, N. Takimoto, R. Mitsuoka, N. Yokoyama, A. Detake, C. Takayanagi, M. Eguchi, R. Tatsuno, M. Kawane, S. Kokubo, S. Takanashi, A. Miura, K. Suitoh, T. Takatani, O. Arakawa, Y. Sakakura and H. Sugita. 2014. Larval pufferfish protected by maternal tetrodotoxin. Toxicon, 78: 35-40.

Jang, J. H., J. S. Lee and M. Yotsu-Yamashita. 2010. LC/MS analysis of tetrodotoxin and its deoxy analogues in the marine puffer fish *Fugu niphobles* from the southern coast of Korea, and the brackishwater puffer fishes *Tetraodon nigroviridis* and *Tetraodon biocellatus* from Southeast Asia. Mar. Drugs., 8: 1049-1058.

Kanchanapongkul, J. 2008. Tetrodotoxin poisoning following ingestion of the toxic eggs of the horseshoe crab *Carcinoscorpius rotundicauda*, a case series from 1994 through 2006. Southeast Asian J. Trop. Med. Public Health, 39: 303-306.

加納碩雄・野口玉雄・上村俊一・橋本周久. 1984. 三陸産ヒガンフグの毒性. 食衛誌, 25：24-29.

Kao, C. Y. 1986. Tetrodoxin, saxitoxin, and the molecular biology of the sodium channel. Ann. N. Y. Acad. Sci., 479: 1-14.

Kao, C. Y. and F. A. Fuhrman. 1967. Differentiation of the actions of tetrodotoxin and saxitoxin. Toxicon, 5: 25-34.

河端俊治. 1978. フグ毒. 食品衛生検査指針 II (厚生省環境衛生局監修), pp. 232-240. 日本食品衛生協会.

Kim, Y. H., G. H. Brown, H. S. Mosher and F. A. Furman. 1975. Tetrodotoxin occurrence in Atelopid flogs of Costa Rica. Science, 189: 151-152.

Kishi, Y., M. Aratani, T. Fukuyama, F. Nakatsubo, T. Goto, S. Inoue, H. Tanino, S. Sugiura and H. Kakoi. 1972a. Synthetic studies on tetrodotoxin and related compounds. III. A stereospecific synthesis of an equivalent of acetylated tetodamine. J. Am. Chem. Soc., 94: 9217-9219.

Kishi, Y., T. Fukuyama, M. Aratani, F. Nakatsubo, T. Goto, S. Inoue, H. Tanino, S. Sugiura and H. Kakoi. 1972b. Synthetic studies on tetrodotoxin and related compounds. IV. Stereospecific total syntheses of DL-tetrodotoxin. J. Am. Chem. Soc., 94: 9219-9221.

Kobayashi, M. and Y. Shimizu. 1981. Gonyautoxin VIII, a cryptic precursor of paralytic shellfish poisons. J. Chem. Soc. Chem. Commun., 16: 827-828.

Kodama, M. and T. Ogata. 1984. Toxicity of a fresh water puffer *Tetraodon leiurus*. Bull. Japan. Soc. Sci. Fish., 50: 1949-1951.

Kodama, M., T. Ogata, T. Noguchi, J. Maruyama and K. Hashimoto. 1983. Occurrence of saxitoxin and other toxins in the liver of pufferfish *Takifugu pardalis*. Toxicon, 21: 897-900.

Kodama, M., T. Ogata, K. Kawamukai, Y. Oshima and T. Yasumoto. 1984. Toxicity of muscle and other organs of five species of puffer collected from the coast of Tohoku area of Japan. Bull. Japan. Soc. Sci. Fish., 50: 703-706.

Kodama, M., T. Ogata and S. Sato. 1985. External secretion of tetrodotoxin from puffer fishes stimulated by electric shock. Mar. Biol., 87: 199-203.

Kodama, M., S. Sato, T. Ogata, Y. Suzuki, T. Kaneko and K. Aida. 1986. Tetrodotoxin secreting glands in the skin of puffer fishes. Toxicon, 24: 819-829.

Kogure, K., M. L. Tamplin, U. Simidu and R. R. Colwell. 1988. A tissue culture assay for tetrodotoxin, saxitoxin and related toxins. Toxicon, 26: 191-197.

Kotaki, Y., Y. Oshima and T. Yasumoto. 1981. Analysis of paralytic shellfish toxins of marine snails. Bull. Japan. Soc. Sci. Fish., 47: 943-946.

Kotaki, Y., M. Tajiri, Y. Oshima and T. Yasumoto. 1983. Identification of a calcareous red alga as the primary source of paralytic shellfish toxins in coral reef crabs and gastropods. Bull. Japan. Soc. Sci. Fish., 49: 283-286.

Kotaki, Y., Y. Oshima and T. Yasumoto. 1985. Bacterial transformation of paralytic shellfish toxins in coral reef crabs and a marine snail. Bull. Japan. Soc. Sci. Fish., 51: 1009-1013.

Koyama, K., T. Noguchi, Y. Ueda and K. Hashimoto. 1981. Occurrence of neosaxitoxin and other paralytic shellfish poisons in toxic crabs belonging to the family Xanthidae. Bull. Japan. Soc. Sci. Fish., 47: 965.

Kungsuwan, A., Y. Nagashima, T. Noguchi, Y. Shida, S. Suvapeepan, P. Suwansakornkul and K. Hashimoto. 1987. Tetrodotoxin in the horseshoe crab *Carcinoscorpius rotundicauda* inhabiting Thailand. Bull. Japan. Soc. Sci. Fish., 53: 261-266.

Kungsuwan, A., O. Arakawa, M. Promdet and Y. Onoue. 1997. Occurrence of paralytic shellfish poisons in Thai fresh-water puffers. Toxicon, 35: 1341-1346.

Lagos, N., H. Onodera, P. A. Zagatto, D. Andrinolo, S. Azevedo and Y. Oshima. 1999. The first evidence of paralytic shellfish toxins in the freshwater cyanobacterium *Cylindro-*

spermopsis raciborskii, isolated from Brazil. Toxicon, 37: 1359–1373.

Landsberg, J. H., S. Hall, J. N. Johannessen, K. D. White, S. M. Conrad, J. P. Abbott, L. R. Flewelling, R. W. Richardson, R. W. Dickey, E. L. Jester, S. M. Etheridge, J. R. Deeds, F. M. Van Dolah, T. A. Leighfield, Y. Zou, C. G. Beaudry, R. A. Benner, P. L. Rogers, P. S. Scott, K. Kawabata, J. L. Wolny and K. A. Steidinger. 2006. Saxitoxin puffer fish poisoning in the United States, with the first report of *Pyrodinium bahamense* as the putative toxin source. Environ. Health Perspect., 114: 1502–1507.

Laycock, M. V., J. Kralvoee and R. Richards. 1995. Some in vitro chemical interconversions of paralytic shellfish poisoning (PSP) toxins useful in the preparation of analytical standards. J. Mar. Biotechnol., 3: 121–125.

Leman, E. M., E. D. Brodie Jr. and E. D. Brodie III. 2004. No evidence for an endosymbiotic bacteria origin of tetrodotoxin in the newt *Taricha granulosa*. Toxicon, 44: 243–249.

Leung, K. S. Y., B. M. W. Fong and Y. K. Tsoi. 2011. Analytical challenges: determination of tetrodotoxin in human urine and plasma by LC–MS/MS. Mar. Drugs, 9: 2291–2303.

Lim, P. T., S. Sato, C. V. Thuoc, P. T. Tu, N. T. M. Huyen, Y. Takata, M. Yoshida, A. Kobiyama, K. Koike and T. Ogata. 2007. Toxic *Alexandrium minutum* (Dinophyceae) from Vietnam with new gonyautoxin analogue. Harmful Algae, 6: 321–331.

Lin, S. J., D. F. Hwang, K. T. Shao and S. S. Jeng. 2000. Toxicity of Taiwanese gobies. Fish. Sci., 66: 547–552.

Mahmood, N. A. and W. W. Carmichael. 1986. Paralytic shellfish poisons produced by the freshwater cyanobacterium *Aphanizomenon flos–aquae* NH–5. Toxicon, 24: 175–186.

Mahmud, Y., K. Okada, T. Takatani, K. Kawatsu, Y. Hamano, O. Arakawa and T. Noguchi. 2003a. Intra–tissue distribution of tetrodotoxin in two marine puffers *Takifugu vermicularis* and *Chelonodon patoca*. Toxicon, 41: 13–18.

Mahmud, Y., O. Arakawa, A. Ichinose, M. B. Tanu, T. Takatani, K. Tsuruda, K. Kawatsu, Y. Hamano and T. Noguchi. 2003b. Intracellular visualization of tetrodotoxin (TTX) in the skin of a puffer *Tetraodon nigroviridis* by immunoenzymatic technique. Toxicon, 41: 605–611.

Matsui, T., S. Hamada and S. Konosu. 1981. Difference in accumulation of puffer fish toxin and crystalline tetrodotoxin in the puffer fish, *Fugu rubripes rubripes*. Bull. Japan. Soc. Sci. Fish., 47: 535–537.

Matsui, T., K. Yamamori, K. Furukawa and M. Kono. 2000. Purification and some properties of a tetrodotoxin binding protein from the blood plasma of kusafugu, *Takifugu niphobles*. Toxicon, 38: 463–468.

Matsumoto, T., Y. Nagashima, H. Kusuhara, S. Ishizaki, K. Shimakura and K. Shiomi. 2008a. Pharmacokinetics of tetrodotoxin in puffer fish *Takifugu rubripes* by a single administration technique. Toxicon, 51: 1051–1059.

Matsumoto, T., Y. Nagashima, H. Kusuhara, S. Ishizaki, K. Shimakura and K. Shiomi. 2008b. Evaluation of hepatic uptake clearance of tetrodotoxin in puffer fish *Takifugu rubripes*. Toxicon, 52: 369–374.

Matsumoto, T., D. Tanuma, K. Tsutsumi, J.–K. Joen, S. Ishizaki and Y. Nagashima. 2010. Plasma protein binding of tetrodotoxin in the marine puffer fish *Takifugu rubripes*. Toxicon, 55: 415– 420.

Matsumura, K. 1995. Tetrodotoxin as a pheromone. Nature, 378: 563–564.

Maruyama, J., T. Noguchi, H. Narita, M. Nara, J. K. Jeon, M. Otsuka and K. Hashimoto. 1985. Occurrence of tetrodotoxin in a starfish *Asteropecten scoparius*. Agric. Biol. Chem., 49: 3069-3070.

McNabb, P., A. I. Selwood, R. Munday, S. A. Wood, D. I. Taylor, L. A. MacKenzie, R. Ginkel, L. L. Rhodes, C. Cornelisen, K. Heasman, P. T. Holland and C. King. 2010. Detection of tetrodotxin from the grey side-gilled sea slug *Pleurobranchaea maculate*, and associated dog neurotoxicosis on beaches adjacent to the Hauraki Gulf, Auckland, New Zealand. Toxicon, 56: 466-473.

宮澤啓輔．1988．節足，扁形，紐型動物などにおけるフグ毒の分布．フグ毒研究の最近の進歩(橋本周久編)，pp. 53-64．恒星社厚生閣．

Miyazawa, K., J. K. Jeon, T. Noguchi, K. Ito and K. Hashimoto. 1987. Distribution of tetrodotoxin in the tissues of the flatworm *Planocera multitentaculata*. Toxicon, 25: 975-980.

Mochida, K., M. Kitada, K. Ikeda, M. Toda, T. Takatani and O. Arakawa. 2013. Spatial and temporal instability of local biotic community mediate a form of aposematic defense consisted of carotenoid-based signals and tetrodotoxin in the newts. J. Chem. Ecol., 39: 1186-1192.

Mosher, H. S., F. A. Fuhrman, H. D. Buchwald and H. G. Fisher. 1964. Tarichatoxin-tetrodotoxin: a potent neurotoxin. Science, 144: 1100-1110.

長島裕二．2012．フグ毒の体内動態．フグ研究とトラフグ生産技術の最前線(長島裕二・村田修・渡部終五編)，pp. 98-110．恒星社厚生閣．

長島裕二・松本拓也．2013．フグ毒化機構解明に向けた最近の研究．Foods Food Ingr. J. Japan.，218：266-275.

Nagashima, Y., J. Maruyama, T. Noguchi and K. Hashimoto. 1987. Analysis of paralytic shellfish poison and tetrodotoxin by ion-paring high performance liquid chromatography. Bull. Japan. Soc. Sci. Fish., 53: 819-823.

Nagashima, Y., M. Toyoda, M. Hasobe, K. Shimakura and K. Shiomi. 2003. In vitro accumulation of tetrodotoxin in pufferfish liver tissue slices. Toxicon, 41: 569-574.

Nagashima, Y., I. Mataki, M. Toyoda, H. Nakajima, K. Tsumoto, K. Shimakura and K. Shiomi. 2010. Change in tetrodotoxin content of puffer fish *Takifugu rubripes* during seed production from fertilized eggs to juveniles. Food Hyg. Saf. Sci., 51: 48-51.

Nagashima, Y., T. Matsumoto, K. Kadoyama, S. Ishizaki and M. Terayama. 2011. Toxicity and molecular identification of green toadfish *Lagocephalus lunaris* collected from Kyushu coast, Japan. J. Toxicol., Article ID 801285.

Nakamura, M. and T. Yasumoto. 1985. Tetrodotoxin derivatives in puffer fish. Toxicon, 31: 271-276.

Nakamura, M., Y. Oshima and T. Yasumoto. 1984. Occurrence of saxitoxin in puffer fish. Toxicon, 22: 381-385.

Narahashi, T., T. Deguchi, N. Urakawa and Y. Ohkubo. 1960. Stabilization and rectification of muscle fiber membrane by tetrodotoxin. Am. J. Phycol., 198: 934-938.

Narahashi, T., J. W. Moore and W. R. Scott. 1964. Tetrodotoxin blockage of sodium conductance increase in lobster giant axons. J. Gen. Phycol., 47: 965-974.

Narita, H., T. Noguchi, J. Maruyama, Y. Ueda, K. Hashimoto, Y. Watanabe and K. Hida. 1981. Occurrence of tetrodotoxin in a trumpet shell boshubora *Charonia sauliae*. Bull. Japan. Soc. Sci. Fish., 47: 935-941.

Negri, A., D. Stirling, M. Quilliam, S. Blackburn, C. Bolch, I. Burton, G. Eaglesham, T. Thomas, J. Walter and R. Willis. 2003. Three novel hydroxybenzoate saxitoxin analogues isolated from the dinoflagellate *Gymnodinium catenatum*. Chem. Res. Toxicol., 16: 1029–1033.

野口玉雄．1996．フグはなぜ毒をもつのか．NHK ブックス 768．221 pp．日本放送出版会．

Noguchi, T. and O. Arakawa. 2008. Tetrodotoxin – distribution and accumulation in aquatic organisms, and cases of human intoxication. Mar. Drugs, 6: 220–242.

Noguchi, T. and Y. Hashimoto. 1973. Isolation of tetrodotoxin from a goby *Gobius criniger*. Toxicon, 11: 395–397.

Noguchi, T., S. Konosu and Y. Hashimoto. 1969. Identity of the crab toxin with saxitoxin. Toxicon, 7: 325–326.

Noguchi, T., Y. Ueda, K. Hashimoto and H. Seto. 1981. Isolation and characterization of gonyautoxin-1 from the toxic digestive gland of scallop *Patinopecten yessoensis*. Bull. Japan. Soc. Sci. Fish., 47: 1227–1231.

Noguchi, T., J. Maruyama, H. Narita and K. Hashimoto. 1984. Occurrence of tetrodotoxin in the gastropod mollusk *Tutufa lissostoma* (flog shell). Toxicon, 22: 219–226.

野口玉雄・高谷智裕・荒川修．2004．囲い養殖法により養殖されたトラフグの毒性．食衛誌，45：146–149.

Noguchi, T., K. Miyazawa, K. Daigo and O. Arakawa. 2011. Paralytic shellfish poisoning (PSP) toxin- and/or tetrodotoxin-contaminated crabs and food poisoning by them. Toxin Rev., 30: 91–102.

Okita, K., H. Yamazaki, K. Sakiyama, H. Yamane, S. Niina, T. Takatani, O. Arakawa and Y. Sakakura. 2013a. Puffer smells tetrodotoxin. Ichthyol. Res., 60: 386–389.

Okita, K., T. Takatani, J. Nakayasu, H. Yamazaki, K. Sakiyama, K. Ikeda, O. Arakawa and Y. Sakakura. 2013b. Comparison of the localization of tetrodotoxin between wild pufferfish *Takifugu rubripes* juveniles and hatchery-reared juveniles with tetrodotoxin administration. Toxicon, 71: 128–133.

Onodera, H., M. Satake, Y. Oshima and T. Yasumoto. 1997. New saxitoxin analogues from the freshwater filamentous cyanobacterium *Lyngbya wollei*. Nat. Toxins, 5: 146–151.

Oshima, Y. 1995a. Chemical and enzymatic transformation of paralytic shellfish toxins in marine organisms. In: "Harmful Marine Algal Blooms" (eds. Lassus, P., G. Arzul, E. Erard, P. Gentien, C. Marcaillou), pp. 475–480. Lavoisier/Intercept. Paris.

Oshima Y. 1995b. Postcolumn derivatization liquid chromatographic method for paralytic shellfish toxins. J. AOAC Int., 78: 528–532.

Oshima, Y., L. J. Buckley, M. Alam and Y. Shimizu. 1977. Heterogeneity of paralytic shellfish poisons. Three new toxins from cultured *Gonyaulax tamarensis* cells, *Mya arenaria, Saxidomus giganteus*. Comp. Biochem. Physiol., 57C: 31–34.

Oshima, Y., M. Hasegawa, T. Yasumoto, G. Hallegaeff and S. Blackburn. 1987. Dinoflagellate *Gymnodinium catenatum* as the source of paralytic shellfish toxins in Tasmanian shellfish. Toxicon, 25: 1105–1111.

Powell, C. L. and G. J. Doucette. 1999. A receptor binding assay for paralytic shellfish poisoning toxins: reagent advances and applications. Nat. Toxins, 7: 393–400.

Quilliam, M., D. Wechsler, S. Marcus, B. Ruck, M. Wekell and T. Hawryluk. 2004. Detection and identification of paralytic shellfish poisoning toxins in Florida pufferfish responsible for neurologic illness. In: "Harmful Algae 2002" (eds. Steidinger K. A., J. H.

Landsberg, C. R. Thomas, G. A. Vargo), pp. 116-118. St. Petersburg, FL-Florida Fish and Wildlife Concervation Commission, Florida Institute of Oceanography, and Intergovernmental Oceanographic Commission of UNESCO.

Radriguez, P., A. Alfonso, C. Vale, C. Alfonso, P. Vale, A. Tellez and L. M. Botana. 2008. First toxicity report of tetrodotoxin and 5,6,11-trideoxyTTX in the trumpet shell *Charonia lampas lampas* in Europe. Anal. Chem., 80: 5622-5629.

Ritson-Williams, R. R., M. Yotsu-Yamashita and V. Paul. 2006. Ecological functions of tetrodotoxin in a deadly polyclad flatworm. Proc. Natl. Acad. Sci., 103: 3176-3179.

Saitanu, K., S. Laobhripatr, K. Limpakarnjanarat, O. Sangwanloy, S. Sudhasaneya, B. Anuchatvorakul and S. Leelasitorn. 1991. Toxicity of the freshwater pufferfish *Tetraodon fangi* and *T. palembangensis* from Thailand. Toxicon, 29: 895-897.

Saito, T., T. Noguchi, T. Harada, O. Murata and K. Hashimoto. 1985. Tetrodotoxin as a biological defense agent for puffers. Bull. Japan. Soc. Sci. Fish., 51: 1175-1180.

Saito, T., K. Kageyu, H. Goto, K. Murakami and T. Noguchi. 2000. Tetrodotoxin attracts pufferfish ("torafugu" *Takifugu rubripes*). Bull. Inst. Oceanic Res. Develop. Tokai Univ., 21: 93-96.

Sato, S., M. Kodama, T. Ogata, K. Saitanu, M. Furuya, K. Hirayama and K. Kamimura. 1997. Saxitoxin as a toxic principle of a freshwater puffer, *Tetraodon fangi*, in Thailand. Toxicon, 35: 137-140.

Sato, S., T. Ogata, V. Borja, C. Gonzales, Y. Fukuyo and M. Kodama. 2000a. Frequent occurrence of paralytic shellfish poisoning toxins as dominant toxins in marine puffer from tropical water. Toxicon, 38: 1101-1109.

Sato, S., R. Sakai and M. Kodama. 2000b. Identification of thioether intermediates in the reductive transformation of gonyautoxins into saxitoxins by thiols. Bioorg. Med. Chem. Lett., 10: 1787-1789.

Sato, S., Y. Takata, S. Kondo, A. Kotoda, N. Hongo and M. Kodama. 2014. Quantitative ELISA kit for paralytic shellfish toxins coupled with sample pretreatment. J. AOAC Int., 97: 339-344.

Schantz, E. J., J. Mold, D. Stanger, J. Shavel, F. Riel, J. Bowden, J. Lynch, R. Wyler, B. Riegel and H. Sommer. 1957. Paralytic shellfish poison VI. A procedure for isolation of the poison from toxic clam and mussel tissues. J. Am. Chem. Soc., 79: 5230-5235.

Schantz, E. J., V. E. Ghazarossian, H. K. Schnoes, F. M. Strong, J. P. Springer, J. O. Pezzanite and J. J. Clardy. 1975. Structure of saxitoxin. J. Am. Chem. Soc., 97: 1238-1239.

Sheumack, D. D., M. E. H. Bowden, I. Spence and R. J. Quinn. 1978: Maculotoxin: a neurotoxin from the venom glands of the octopus *Hapalochlaena maculosa* identified as tetrodotoxin. Science, 199: 188-189.

Shimizu, Y. 1985. Bioactive marine natural products, with emphasis on handling of water-soluble compounds. J. Nat. Prod., 48: 223-235.

清水譲. 1980. 赤潮毒. 化学と生物, 18：792-799.

Simizu, Y. and C. P. Hsu. 1981. Structure of saxitoxin and stereochemistry of dihydrosaxitoxin. J. Am. Chem. Soc., 103: 605-609.

Shimizu, Y. and M. Yoshioka. 1981. Transformation of paralytic shellfish toxins as demonstrated in scallop homogenates. Science, 212: 547-549.

Shimizu, Y., M. Alam, Y. Oshima and W. E. Fallon. 1975. Presence of four toxins in red tide infested clams and cultured cells. Biophys. Biochem. Res. Commun., 66: 731-735.

Shimizu, Y., L. J. Buckley, M. Alam, Y. Oshima, W. E. Fallon, H. Kasai, I. Miura, P. Vincent, V. P. Gullo and K. Nakanishi. 1976. Structures of gonyautoxin II and III from the east coast toxic dinoflagellate *Gonyaulax tamarensis*. J. Am. Chem. Soc., 98: 5414-5416.

Shimizu, Y., C. P. Hsu, W. E. Fallon, Y. Oshima, I. Miura and K. Nakanishi. 1978. Structure of neosaxitoxin. J. Am. Chem. Soc., 100: 6791-6793.

Shiomi, K., S. Yamaguchi, T. Kikuchi, K. Yamamori and T. Matsui. 1992. Occurrence of tetrodotoxin-binding high molecular weight substances in the body fluid of shore crab (*Hemigrapsus sanguineus*). Toxicon, 30: 1529-1537.

清水大輔・崎山一孝・高橋庸一．2006．トラフグ人工種苗の食害―メソコスムでの放流実験による検討．日水誌，72：886-893.

清水大輔・崎山一孝・阪倉良孝・高谷智裕・高橋庸一．2007．トラフグ人工種苗の減耗要因の検討―天然魚と人工種苗の比較．日水誌，73：461-469.

Silva, C. C. P., M. Zannin, D. S. Rodrigues, C. R. Santos, I. A. Correa and V. H. Junior. 2010. Clinical and epidemiological study of 27 poisonings caused by ingesting puffer fish (Tetrodontidae) in the states of Santa Catarina and Bahia, Brazil. Rev. Inst. Med. Trop. S. Paulo, 52: 8.

Sommer, H. and K. F. Meyer. 1937: Paralytic shellfish poisoning, Arch. Pathol., 24: 560-598.

Sommer, H., W. F. Whedon, C. A. Kofoid and R. Stohler. 1937. Arch. Pathol., 24: 537-559.

Soto-Liebe, K., A. M. Mendez, L. Fuenzalida, B. Krock, A. Cembella and M. Vasquez. 2012. PSP toxin release from the cyanobacterium *Paphidiopsis brookii* D9 (Nostocales) can be induced by sodium and potassium ions. Toxicon, 60: 1324-1334.

田原良純．1909．河豚毒素研究報告．薬学会誌，29：587-625.

谷厳．1945．日本産フグの中毒学的研究．103 pp．帝国図書.

谷山茂人・諫見悠太・松本拓也・長島裕二・高谷智裕・荒川修．2009．腐肉食性巻貝キンシバイ *Nassarius* (*Alectrion*) *glans* に認められたフグ毒の毒性と毒成分．食衛誌，50：22-28.

谷口香織・髙尾秀樹・新名真也・山中祐二・岡田幸長・中島梨花・王俊杰・辰野竜平・阪倉良孝・高谷智裕・荒川修・野口玉雄．2013．天然トラフグ肝臓の毒性分布．食衛誌，54：277-281.

Tanu, M. B., Y. Mahmud, T. Takatani, K. Kawatsu, Y. Hamano, O. Arakawa and T. Noguchi. 2002. Localization of tetrodotoxin in the skin of a brackish water puffer *Tetraodon steindachneri* on the basis of immunohistological study. Toxicon, 40: 103-106.

Tanu, M. B., Y. Mahmud, O. Arakawa, T. Takatani, H. Kajihara, K. Kawatsu, Y. Hamano, M. Asakawa, K. Miyazawa and T. Noguchi. 2004. Immunoenzymatic visualization of tetrodotoxin (TTX) in *Cephalothrix* species (Nemertea: Anopla: Palaeonemertea: Cephalotrichidae) and *Planocera reticulata* (Platyhelminthes: Turbellaria: Polycladida: Planoceridae). Toxicon, 44: 515-520.

Tatsuno, R., M. Shikina, K. Soyano, T. Takatani and O. Arakawa. 2013a. Maturation-associated changes in the internal distribution of tetrodotoxin in the female goby *Yongeichthys criniger*. Toxicon, 63: 64-69.

Tatsuno, R., K. Yamaguchi, T. Takatani and O. Arakawa. 2013b. RT-PCR- and MALDI-TOF mass spectrometry-based identification and discrimination of isoforms homologous to pufferfish saxitoxin- and tetrodotoxin-binding protein in the plasma of non-toxic cultured pufferfish (*Takifugu rubripes*). Biosci. Biotechnol. Biochem., 77: 208-212.

Thuesen, E. V., K. Kogure, K. Hashimoto and T. Nemoto. 1988. Poison arrowworms: a tetrodotoxin venom in the marine phylum Chaetognatha. J. Exp. Mar. Biol. Ecol., 116: 249-256.

登田美桜・畝山智香子・豊福肇・森川馨. 2012. 我が国における自然毒による食中毒事例の傾向(平成元年～22 年). 食衛誌, 53：105-120.

津田恭介. 1963. フグ毒の実体. 自然, 18：51-55.

Tsuda, K., S. Ikuma, M. Kawamura, R. Tachikawa, T. Sakai, C. Tamura and O. Amakasu. 1964. The structures of tetrodotoxin and its derivatives. Chem. Pharm. Bull., 12: 1357-1374.

Tsuruda, K., O. Arakawa, K. Kawatsu, Y. Hamano, T. Takatani and T. Noguchi. 2002. Secretory glands of tetrodotoxin in the skin of a Japanese newt *Cynops pyrrhogaster*. Toxicon, 40: 131-136.

Usup, G., C. P. Leaw, M. Y. Cheah and B. K. A. Ng. 2004. Analysis of paralytic shellfish poisoning toxin congeners by a sodium channel receptor binding assay. Toxicon, 44: 37-43.

Wang, J., T. Araki, R. Tatsuno, S. Niwa, K. Ikeda, M. Hamasaki, Y. Sakakura, T. Takatani and O. Arakawa. 2011. Transfer profile of intramuscularly administered tetrodotoxin to artificial hybrid specimens of pufferfish, *Takifugu rubripes* and *Takifugu niphobles*. Toxicon, 58: 565-569.

Williams, B. L. 2010. Behavioral and chemical ecology of marine organisms with respect to tetrodotoxin. Mar. Drugs, 8: 381-398.

Woodward, R. B. 1964. The structure of tetrodotoxin. Pure Appl. Chem., 9: 49-74.

Yamamori, K., M. Nakamura, T. Matsui and T. Hara. 1988. Gustatory responses to tetrodotoxin and saxitoxin in fish: a possible mechanism for avoiding marine toxins. Can. J. Fish. Aqua. Sci., 45: 2182-2186.

山森邦夫・河野迪子・古川清・松居隆. 2004. 結晶テトロドトキシン経口投与による養殖クサフグ稚魚の毒化. 食衛誌, 45：73-75.

Yasumoto, T. and T. Michishita. 1985. Fluorometric determination of tetrodotoxin by high performance liquid chromatography. Agric Biol. Chem., 49: 3077-3080.

Yasumoto, T., Y. Oshima and T. Konta. 1981. Analysis of paralytic shellfish toxins of xanthid crabs in Okinawa. Bull. Japan. Soc. Sci. Fish., 47: 957-959.

Yasumoto, T., M. Nakamura, Y. Oshima and J. Takahara. 1982. Construction of a continuous tetrodotoxin analyzer. Bull. Japan. Soc. Sci. Fish., 48: 1481-1483.

Yasumura, D., Y. Oshima, T. Yasumoto, A. C. Alcala and L. C. Alcala. 1986. Tetrodotoxin and paralytic shellfish toxins in Philippine crabs. Agric. Biol. Chem., 50: 593-598.

Yasumoto, T., M. Yotsu, M. Murata and H. Naoki. 1988. New tetrodotoxin analogues from the newt *Cynops ensicauda*. J. Am. Chem. Soc., 110: 2344-2345.

Yasumoto, T., M. Yotsu, A. Endo, M. Murata and H. Naoki. 1989. Interspecies distribution and biogenetic origin of tetrodotoxin and its derivatives. Pure & Appl. Chem., 61: 505-508.

横尾晃. 1950. 河豚毒の化学的研究. 日本化学会誌, 71：590-592.

Yotsu, M., A. Endo and T. Yasumoto. 1989. An improved tetrodotoxin analyzer. Agric. Biol. Chem., 53: 893-895.

Yotsu, M., T. Yasumoto, Y. H. Kim, H. Naoki and C. V. Kao. 1990. The structure of chiriquitoxin from the Costa Rican frog *Atelopus chiriquiensis*. Tetrahydron lett., 31: 3187-

3190.

Yotsu-Yamashita, M., A. Sugimoto, A. Takai and T. Yasumoto. 1999. Effects of specific modifications of several hydroxyls of tetrodotoxin on its affinity to rat brain membrane. J. Pharmacol. Exp. Ther., 289: 1688-1696.

Yotsu-Yamashita, M., A. Sugimoto, T. Terakawa, Y. Shoji, T. Miyazawa and T. Yasumoto. 2001. Purification, characterization, and cDNA cloning of a novel soluble saxitoxin and tetrodotoxin binding protein from plasma of the puffer fish, *Fugu pardalis*. Eur. J. Biochem., 268: 5937-5946.

Yotsu-Yamashita, M., Y. H. Kim, S. C. Dudley, G. Choudhary, A. Pfanul, Y. Oshima, J. W. Daly. 2004. The structure of zetekitoxin AB, a saxitoxin analog from the Panamanian golden frog *Atelopus zeteki*: a potent sodium channel blocker. Proc. Natl. Acad. Sci. USA, 101: 4346-4351.

Yotsu-Yamashita, M., A. Goto and T. Yasumoto. 2005. Identification of 4-S-cysteinyltetrodotoxin from the liver of puffer fish, *Fugu pardalis*, and formation of thiol adducts of tetrodotoxin from 4,9-anhydrotetrodotoxin. Chem. Res. Toxicol., 18: 865-871.

Yotsu-Yamashita, M., Y. Abe, Y. Kudo, R. Ritson-Williams, V. J. Paul, K. Konoki, Y. Cho, M. Adachi, T. Imazu, T. Nishikawa and M. Isobe. 2013. First identification of 5,11-dideoxytetrodotoxin in marine animals, and characterization of major fragment ions of tetrodotoxin and its analogs by high resolution ESI-MS/MS. Mar. Drugs, 11: 2799-2813.

Zaman, L., O. Arakawa, A. Shimosu and Y. Onoue. 1997. Occurrence of paralytic shellfish poison in Bangladeshi freshwater puffers. Toxicon, 35: 423-431.

Zaman, L., O. Arakawa, A. Shimosu, Y. Shida and Y. Onoue. 1998. Occurrence of a methyl derivative of saxitoxin in Bangladeshi freshwater puffers. Toxicon, 36: 627-630.

Zimmer, R. K., D. W. Schar, R. P. Ferrer, P. J. Krug, L. B. Kats and W. C. Michel. 2006. The scent of danger: tetrodotoxin (TTX) as an olfactory cue of predation risk. Ecol. Mono., 76: 585-600.

[シガテラ毒をもつ魚類の分類と生態]

大城直雅. 2010. マリトキシンをめぐる動向 8. 魚類の毒(4)—シガテラ毒. 食品衛生研究, 60(1): 37-45.

Oshiro, N., K. Yogi, S. Asato, T. Sasaki, K. Tamanaha, M. Hirama, T. Yasumoto and Y. Inafuku. 2010. Ciguatera incidence and fish toxicity in Okinawa, Japan. Toxicon, 56: 656-661.

塩見一雄・長島裕二. 2013. 新・海洋動物の毒—フグからイソギンチャクまで. iv+254 pp. 成山堂書店.

[シガテラ毒]

Adachi, R and Y. Fukuyo. 1979. The thecal structure of the marine dinoflagellate *Gambierdiscus toxicus* gen. et sp. nov collected in a ciguatera-endemic area. Bull. Japan. Soc. Sci. Fish., 45: 67-71.

Bottein Dechraoui, M. Y., J. A. Tiedeken, R. Persad, Z. Wang, H. R. Granade, R. W. Dickey and J. S. Ramsdell, 2005. Use of two detection methods to discriminate ciguatoxins from brevetoxins: application to great barracuda from Florida Keys. Toxicon, 46: 261-270.

Friedman, M. A., L. E. Fleming, M. Fernandez, P. Bienfang, K. Schrank, R. Dickey, M.

Bottein, L. Backer, R. Ayyar, R. Weisman, S. Watkins, R. Granade and A. Reich. 2008. Ciguatera fish poisoning: treatment, prevention and management. Mar. Drugs, 6: 456-479.

Fusetani, N., H. Narita, M. Nara and K. Hashimoto. 1987. A note of toxin in the grouper *Epinephelus tauvina* which caused ciguatera poisoning in Hamamatsu, Shizuoka Prefecture. Nippon Suisan Gakkaishi, 53: 1103.

Hamilton, B., M. Hurbungs, A. Jones and R. J. Lewis. 2002. Multiple ciguatoxins present in Indian Ocean reef fish. Toxicon, 40: 1347-1353.

Hashimoto, Y. and N. Fusetani. 1968. A preliminary report on the toxicity of an amberjack, *Seriola aureovittata*. Bull. Japan. Soc. Sci. Fish., 34: 618-626.

Hashimoto, Y., H. Kamiya, K. Kinjo and C. Yoshida. 1975. A note on the toxicity of a chinaman fish. Bull. Japan. Soc. Sci. Fish., 41: 903-905.

比嘉秀正・新城治・島尻博人・城間陽子. 1999. シガトキシン(シガテラ毒魚). 別冊日本臨牀(領域別症候群シリーズ N0.27)神経症候群Ⅱ, pp. 660-663. 日本臨牀社.

Hirama, M., T. Oishi, H. Uehara, M. Inoue, M. Maruyama, H. Oguri and M. Satake. 2001. Total synthesis of ciguatoxin CTX3C. Science, 294: 1904-1907.

Inoue, M, K. Miyazaki, Y. Ishihara, A. Tatami, Y. Ohnuma, Y. Kawada, K. Komano, D. Yamashita, N. Lee and M. Hirama, 2006. Total synthesis of ciguatoxin and 51-hydroxyCTX3C. J. Am. Chem. Soc., 128: 9352-9354.

Koike, K., T. Ishimaru and M. Murano. 1991. Distribution of benthic dinoflagellates in Akajima Island, Okinawa, Japan. Nippon Suisan Gakkaishi, 57: 2261-2264.

Legrand, A. M., M. Litaudon, J. N. Genthon, R. Bagnis and T. Yasumoto. 1989. Isolation and some property of ciguatoxin. J. Appl. Phycol., 1: 183-188.

Lehane, L. and R. J. Lewis. 2000. Ciguatera: recent advances but the risk remains. Int. J. Food Microbiol., 61: 91-125.

Lewis, R. J., J.-P. Vernoux and I. M. Brereton. 1998. Structure of Caribbean ciguatoxin isolated from *Caranx latus*. J. Am. Chem. Soc., 120: 5914-5920.

Lewis, R. J., A. Jones and J. P. Vernoux, 1999. HPLC/tandem electrospray mass spectrometry for the determination of sub-ppb levels of Pacific and Caribbean ciguatoxins in crude extracts of fish. Anal. Chem., 71: 247-250.

Lombet, A., J.-N. Bidard, and M. Lazdunski. 1987. Ciguatoxin and brevetoxins share a common receptor site on the neuronal voltage-dependent Na^+ channel. FEBS Lett., 219: 355-359.

Manger, R. L., L. S. Leja, S. Y. Lee, J. M. Hungerford, Y. Hokama, R. W. Dickey, H. R. Granade, R. Lewis, T. Yasumoto and M. M. Wekell. 1995. Detection of sodium channel toxins: directed cytotoxicity assays of purified ciguatoxins, brevetoxins, saxitoxins, and seafood extracts. J. AOAC Int., 78: 521-527.

McCall, J. R., H. M. Jacocks, S. C. Niven, M. A. Poli, D. G. Baden and A. J. Bourdelais. 2014. Development and utilization of a fluorescence-based receptor-binding assay for the site 5 voltage-sensitive sodium channel ligands brevetoxin and ciguatoxin. J. AOAC Int., 97: 307-315.

Murata, M., A.-M. Legrand, Y. Ishibashi and T. Yasumoto. 1989. Structure of ciguatoxin and its congener. J. Am. Chem. Soc., 111: 8929-8931.

Murata, M., A. M. Legrand, Y. Ishibashi, M. Fukui and T. Yasumoto. 1990. Structures and configurations of ciguatoxin from the moray eel *Gymnothorax javanicus* and its

likely precursor from the dinoflagellate *Gambierdiscus toxicus*. J. Am. Chem. Soc., 112: 4380–4386.
仲里信彦・増田陽子・福里勇人・篠原直哉．2013．全身倦怠感と舌の異常感覚で来院した57歳女性．JIM，23：710–712.
Oshiro, N., K. Yogi, S. Asato, T. Sasaki, K. Tamanaha, M. Hirama, T. Yasumoto and Y. Inafuku. 2010. Ciguatera incidence and fish toxicity in Okinawa, Japan. Toxicon, 56: 656–661.
大城直雅・松尾敏明・佐久川さつき・與儀健太郎・松田聖子・安元健・稲福恭雄．2011．加計呂麻島における魚類食中毒シガテラの発生．Trop. Med. Health，39：53–57.
大城直雅・玉那覇康二．2007．沖縄県における化学物質と自然毒による食中毒および苦情事例—平成18年度．沖縄県衛生環境研究所報，41：167–170.
大城直雅・佐久川さつき．2009．沖縄県における化学物質と自然毒による食中毒および苦情事例—平成20年度．沖縄県衛生環境研究所報，43：181–184.
Poli, M. A., R. J. Lewis, R. W. Dickey, S. M. Musser, C. A. Buckner and L. G. Carpenter. 1997. Identification of Caribbean ciguatoxins as the cause of an outbreak of fish poisoning among U. S. soldiers in Haiti. Toxicon, 35: 733–741.
佐竹真幸．2005．シガテラ．食品衛生検査指針 理化学編(厚生労働省監修)，pp. 691–695. 日本食品衛生協会.
Satake, M., M. Murata and T. Yasumoto. 1993. The structure of CTX3C, a ciguatoxin congener isolated from cultured *Gambierdiscus toxicus*. Tetrahedron Lett., 34: 1975–1978.
Satake, M., Y. Ishibashi, A. M. Legrand and T. Yasumoto. 1997. Isolation and structure of ciguatoxin-4A, a new ciguatoxin precursor, from cultures of dinoflagellate *Gambierdiscus toxicus* and parrotfish *Scarus gibbus*. Biosci. Biotech. Biochem., 60: 2103–2105.
Satake, M., M. Fukui, A. M. Legrand, P. Cruchet and T. Yasumoto. 1998. Isolation and structures of new ciguatoxin analogs, 2,3-dihydroxyCTX3C and 51-hydroxyCTX3C, accumulated in tropical reef fish. Tetrahedron Lett., 39: 1197–1198.
Scheuer, P. J., W. Takahashi, J. Tsutsumi and T. Yoshida. 1967. Ciguatoxin: isolation and chemical nature. Science, 155: 1267–1268.
Skinner, M. P., T. D. Brewer, R. Johnstone, L. E. Fleming and R. J. Lewis. 2011. Ciguatera fish poisoning in the Pacific islands (1998 to 2008), PLoS Negl. Trop. Dis., 5: e416.
登田美桜・畝山智香子・豊福肇・森川馨．2012．わが国における自然毒による食中毒事例の傾向(平成元年～22年)．食品衛生学雑誌，53：105–120.
徳田安春・雨田立憲．1999．シガテラ中毒により失神をきたした1例．日本総合診療医学会会誌，4：24–26.
Tsumuraya, T., I. Fujii and M. Hirama, 2014. Preparation of anti-ciguatoxin monoclonal antibodies using synthetic haptens: sandwich ELISA detection of ciguatoxins. J. AOAC Int., 97: 373–379.
Vernoux, J. P. and R. J. Lewis. 1997. Isolation and characterization of Caribbean ciguatoxins from the horse-eye jack (*Caranx latus*). Toxicon, 35: 889–900.
Wu, J. J., Y. L. Mak, M. B. Murphy, J. C. W. Lam, W. H. Chan, M. Wang, L. L. Chan and P. K. S. Lam, 2011. Validation of an accelerated solvent extraction liquid chromatography-tandem mass spectrometry method for Pacific ciguatoxin-1 in fish flesh and comparison with the mouse neuroblastoma assay. Anal. Bioanal. Chem., 400: 3165–3175.
安元健．1972．シガテラ—南方産魚類による食中毒—．化学と生物，10：369–375.

Yasumoto, T. 2005. Chemistry, etiology, and food chain dynamics of marine toxins. Proc. Jpn. Acad. Ser. B, 81: 43-51.

Yasumoto, T., I. Nakajima, R. Gagnis and R. Adachi. 1977. Finding of a dinoflagellate as a likely culprit of ciguatera. Bull. Japan. Soc. Sci. Fish., 43: 1021-1026.

Yasumoto, T., T. Igarashi, A. M. Legrand, P. Cruchet, M. Chinain, T. Fujita and H. Naoki. 2000. Structural elucidation of ciguatoxin congeners by fast-atom bombardment tandem mass spectroscopy. J. Am. Chem. Soc., 122: 4988-4989.

Yogi, K., N. Oshiro, Y. Inafuku, M. Hirama and T. Yasumoto. 2011. Detailed LC-MS/MS analysis of ciguatoxins revealing distinct regional and species characteristics in fish and causative alga from the Pacific. Anal. Chem., 83: 8886-8891.

Yogi, K., S. Sakugawa, N. Oshiro, T. Ikehara, K. Sugiyama and T. Yasumoto. 2014. Determination of toxins involved in ciguatera fish poisoning in the Pacific by LC/MS. J. AOAC Int., 97: 398-402.

與儀健太郎・大城直雅・松田聖子・佐久川さつき・松尾敏明・安元健. 2013. 奄美大島・加計呂麻島におけるシガテラ原因魚の毒組成解析. 食品衛生学雑誌, 54：385-391.

[パリトキシンまたはパリトキシン様毒をもつ魚類の分類と生態]

谷山茂人・高谷智裕. 2009. マリトキシンをめぐる動向3. 魚類の毒(2)―パリトキシン様毒. 食品衛生研究, 59(8)：45-51.

塩見一雄・長島裕二. 2013. 新・海洋動物の毒―フグからイソギンチャクまで. iv+254 pp. 成山堂書店.

[パリトキシン]

Alcala, A. C. 1983. Recent cases of crab, cone shell, and fish intoxication on southern Negros Island, Philippines. Toxicon, Suppl. 3: 1-3.

Alcala, A. C., L. C. Alcala, J. S. Garth, D. Yasumura and T. Yasumoto. 1988. Human fatality due to ingestion of the crab *Demania reynaudii* that contained a palytoxin-like toxin. Toxicon, 26: 105-107.

Aligizaki, K., P. Katikou, A. Milandri and J. Diogène. 2011. Occurrence of palytoxin-group toxins in seafood and future strategies to complement the present state of the art. Toxicon, 57: 390-399.

Ciminiello, P., C. Dell'Aversano, E. Fattorusso, M. Forino, G. S. Magno, L. Tartaglione, C. Grillo and N. Melchiorre. 2006. The Genoa 2005 outbreak. Determination of putative palytoxin in Mediterranean *Ostreopsis ovata* by a new liquid chromatography tandem mass spectrometry method. Anal. Chem., 78: 6153-6159.

Ciminiello, P., C. Dell'Aversano, E. Fattorusso, M. Forino, L. Tartaglione, C. Grillo and N. Melchiorre. 2008. Putative palytoxin and its new analogue, ovatoxin-a, in *Ostreopsis ovata* collected along the Ligurian coasts during the 2006 toxic outbreak. J. Am. Soc. Mass Spectrom., 19: 111-120.

Ciminiello, P., C. Dell'Aversano, E. D. Iacovo, E. Fattorusso, M. Forino, L. Grauso, L. Tartaglione, C. Florio, P. Lorenzon, M. D. Bortoli, A. Tubaro, M. Poli and G. Bignami. 2009. Stereostructure and biological activity of 42-hydroxy-palytoxin: a new palytoxin analogue from Hawaiian *Palythoa* subspecies. Chem. Res. Toxicol., 22: 1851-1859.

Ciminiello, P., C. Dell'Aversano, E. D. Iacovo, E. Fattorusso, M. Forino, L. Tartaglione, G. Benedettini, M. Onorari, F. Serena, C. Battocchi, S. Casabianca and A. Penna. 2014.

First finding of *Ostreopsis* cf. *ovata* toxins in marine aerosols. Environ. Sci. Tschnol., 48: 3532–3540.

Francini-Filho, R. B. and R. L. de. Moura. 2010. Predation on the toxic zoanthid *Palythoa caribaeorum* by reef fishes in the Abrolhos Bank, eastern Brazil. Brazil. J. Oceanogr., 58: 77–79.

Fukui, M., M. Murata, A. Inoue, M. Gawel and T. Yasumoto. 1987. Occurrence of Palytoxin in the trigger fish *Melichtys vidua*. Toxicon, 25: 1121–1124.

Habermann E, 1989. Palytoxin acts through Na^{+}, K^{+}-ATPase. Toxicon, 27: 1171–1187.

Hashimoto, Y., N. Fusetani and S. Kimura. 1969. Aluterin: a toxicity of filefish, *Alutera scripta*, probably originating from a Zoantharian, *Palythoa tuberculosa*. Bull. Japan. Soc. Sci. Fish., 35: 1086–1093.

Hilgemann, D. W. 2003. From a pump to a pore: how palytoxin opens the gates. PNAS, 100: 386–388.

Hoffmann, K., M. Hermanns-Clausen, C. Buhl, M. W. Büchler, P. Schemmer, D. Mebs and S. Kauferstein. 2008. A case of palytoxin poisoning due to contact with zoanthid corals through a skin injury. Toxicon, 51: 1535–1537.

Kishi, Y. 1988. Natural product synthesis: palytoxin. Chemtracts, 1: 253.

Kodama, A. M. Y. Hokama, T. Yasumoto, M. Fukui, S. J. Manea and N. Sutherland. 1989. Clinical and laboratory findings implicating palytoxin as cause of ciguatera poisoning due to *Decapterus macrosoma* (mackerel). Toxicon, 27: 1051–1053.

Lenoir, S., L. Ten-Hage, J. Turquet, J. P. Quod, C. Bernard and M-C. Hennion. 2004. First evidence of palytoxin analogues from an *Ostreopsis mascarenensis* (Dinophyceae) benthic bloom in southwestern Indian Ocean. J. Phycol., 40: 1042–1051.

Longo, G. O., J. P. Karajewski, B. Segal and S. R. Floeter. 2012. First record of predation on reproductive *Palythoa caribaeorum* (Anthozoa: Sphenopidae): insights on the trade-off between chemical defences and nutritional value. Mar. Biodiv. Rec., 5: 1–3.

Maeda, M., R. Kodama, T. Tanaka, H. Yohizumi, K. Nomoto, T. Takemoto and M. Fujita. 1985. Structures of insecticidal substances isolated from a red alga, *Chondria armata*. Proceedings of the 27th Symposium on the Chemistry of Natural Products: 616–623.

Mahnir, V. M., E. P. Kozlovskaya and A. I. Kalinovsky. 1992. Sea anemone *Radianthus macrodactylus*-A new source of palytoxin. Toxicon, 30: 1449–1456.

Moore, R. E. and P. J. Scheuer. 1971. Palytoxin: a new marine toxin from a coelenterate. Science, 172: 495–498.

Moore, R. E. and G. Bartolini. 1981. Structure of palytoxin. J. Am. Chem. Soc., 103: 2491–2494.

Nordt, S. P., J. Wu, S. Zahller, R. F. Clark and F. L. Cantrell. 2011. Palytoxin poisoning after dermal contact with zoanthid coral. J. Emerg. Med., 40: 397–399.

Oku, N., N. U. Sata, S. Matsunaga, H. Uchida and N. Fusetani. 2004. Identification of palytoxin as a principle which causes morphological changes in rat 3Y1 cells in the zoanthid *Palythoa* aff. *margaritae*. Toxicon, 43: 21–25.

Quinn, R., M. Kashiwagi, R. E. Moore and T. R. Norton. 1974. Anticancer activity of zoanthids and the associated toxin, palytoxin, against Ehrlich ascites tumor and P-388 lymphocytic leukemia in mice. J. Pharm. Sci., 63: 257–260.

Rossi, R., V. Castellano, E. Scalco, L. Serpe, A. Zingone and V. Soprano. 2010. New palytoxin-like molecules in Mediterranean *Ostreopsis* cf. *ovata* (dinoflagellates) and in *Palyt-*

hoa tuberculosa detected by liquid chromatography-electrospray ionization time-of-flight mass spectrometry. Toxicon, 56: 1381-1387.

Rumore, M. M. and B. M. Houst. 2014. Palytoxin poisoning via inhalation in pediatric siblings. Int. J. Case. Rep. Images, 5: 501-504.

Snoeks, L. and J. Veenstra. 2012. Family with fever after cleaning a sea aquarium. Ned. Tijdschr. Geneeskd, 156: A4200.

Stampar, S. N., P. F. Silva and O. J. Luiz Jr. 2007. Predation on the zoanthid *Palythoa caribaeorum* (Anthozoa, Cnidaria) by a Hawksbill turtle (*Eretmochelys imbricata*) in Southeastern Brazil. Marine Turtle Newsletter, 117: 3-5.

Teh, Y. F. and J. E. Gardiner. 1974. Partial purification of *Lophozozymus pictor* toxin. Toxicon, 12: 603-610.

Tu, A. T・比嘉辰雄．2012．海から生まれた毒と薬，pp. 118-119．丸善出版．

Uemura, D. 2006. Bioorganic studies on marine natural products-diverse chemical structures and bioactivities. The Chemical Record, 6: 235-248.

Uemura, D., K. Ueda, Y. Hirata, H. Naoki and T. Iwashita. 1981. Further studies on palytoxin. II. Structure of palytoxin. Tetrahedron Lett., 22: 2781-2784.

Uemura, D., Y. Hirata, T. Iwashita and H. Naoki. 1985. Studies on palytoxins. Tetrahedron, 41: 1007-1017.

Ukena, T., M. Satake, M. Usami, Y. Oshima, H. Naoki, T. Fujita, Y. Kan and T. Yasumoto. 2001. Structure elucidation of ostreocin D, a palytoxin analog isolated from the dinoflagellate *Ostreopsis siamensis*. Biosci. Biotechnol. Biochem., 65: 2585-2588.

Walsh, G. E. and R. L. Bowers. 1971. A review of Hawaiian zoanthids with descriptions of three new species. Zool. J. Linn. Soc., 50: 161-180.

安元健・佐竹真幸．1997．高死亡率の食中毒クルペオトキシズムの原因毒が解明された．化学と生物，35：683-684.

Yasumoto, T., D. Yasumura, Y. Ohizumi, M. Takahashi, A. C. Alcala and L. C. Alcala. 1986. Palytoxin in two species of xanthid crab from the Philippines. Agric. Biol. Chem., 50: 163-167.

[パリトキシン様毒]

天野昌彦・今村諒道・川西令子・横野浩一・菊池悟・水野信彦・佐伯進・花房英機・日下孝明・老籾宗忠・大江勝・馬場茂明・鹿住敏・藤田博・松木幸夫．1975．アオブダイ肝臓によると思われる集団食中毒．内科，36：662-666.

Bignami, G. S. 1993. A rapid and sensitive haemolysis neutralization assay for palytoxin. Toxicon, 31: 817-820.

Buchholz, U., E. Mouzin, R. Dickey, R. Moolenaar, N. Sass and L. Mascola. 2000. Haff disease: from the Baltic Sea to the US shore. Emerg. Infect. Dis., 6: 192-195.

Fukuyo, Y. 1981. Taxonomical study on benthic dinoflagellates collected in coral reefs. Bull. Japan. Soc. Sci. Fish., 47: 967-978.

Fusetani, N., S. Sato and K. Hashimoto. 1985. Occurrence of a water soluble toxin in a parrotfish (*Ypisscarus ovifrons*) which is probably responsible for parrotfish liver poisoning. Toxicon, 23: 105-112.

Gleibs, S., D. Mebs and B. Werding. 1995. Studies on the origin and distribution of palytoxin in a Caribbean coral reef. Toxicon, 33: 1531-1537.

Habermann, E., G. Ahnert-Hilger, G. S. Chhatwal and L. Beress. 1981. Delayed haemolyt-

ic action of palytoxin: General characteristics. Biochem. Biophy. Acta, 649: 481-486.
Habermann, E. and G. S. Chhatwal. 1982. Ouabain inhibits the increase due to palytoxin of cation permeability of erythrocytes. Naunyn-Schmiedeberg's Arch. Pharmacol., 319: 101-107.
橋本芳郎．1977．魚介類の毒．369 pp．学会出版センター．
児玉正昭・佐藤繁．2005．フグ毒．食品衛生検査指針 理化学編(厚生労働省監修)，pp. 661-666．日本食品衛生協会．
Kungsuwan, A., O. Arakawa, M. Promdet and Y. Onoue. 1997. Occurrence of paralytic shellfish poisons in Thai freshwater puffers. Toxicon, 35: 1341-1346.
楠原健一・西浦亮介・谷山茂人・矢澤省吾・工藤隆志・山本展誉・野口玉雄．2005．"ハコフグ"喫食により発症した横紋筋融解症の 1 例．日内会誌，94：750-752.
Lahgley R. L. and W. H. Bobbitt. 2007. Haff disease after eating salmon. South. Med. J., 100: 1147-1150.
Liu, M., J. L. Li, S. X. Ding and Z. Q. Liu. 2013. *Epinephelus moara*: a valid species of the family Epinephelidae (Pisces: Perciformes). J. Fish Biol., 82: 1684-1699.
前川真人．2012．酵素．標準臨床検査学　臨床化学(前川真人編)，pp. 205-256，医学書院．
Mahmud, Y., O. Arakawa and T. Noguchi. 2000. An epidemic survey on the freshwater puffer poisoning in Bangladesh. J. Nat. Toxins, 9: 319-326.
Noguchi, T., D. F. Hwang, O. Arakawa, K. Daigo, S. Sato, H. Ozaki, N. Kawai, M. Ito and K. Hashimoto. 1987. Palytoxin as the causative agent in the parrotfish poisoning. In: "Progress in Venom and Toxin Research" (eds. Gopalakrishnakone, P. and C. K. Tan), pp. 325-335. National University of Singapore. Kent Ridge, Singapore.
Norris, D. R., J. W. Bomber and E. Balech. 1985. Benthic dinoflagellates associated with ciguatera form the Florida Keys. I *Ostreopsis heptagona* sp. Nov. In: "Toxic Dinoflagellates", pp. 39-44. Elsevier. New York.
Okano, H., H. Masuoka, S. Kamei, T. Seko, S. Koyabu, K. Tsunemoto, T. Tamiya, K. Ueda, S. Nakazawa, M. Sugawa, H. Suzuki, M. Watanabe, R. Yatani and T. Nakano. 1998. Rhabdomyolysis and myocardial damage induced by palytoxin, a toxin of blue humphead parrotfish. Intern. Med., 37: 330-333.
大島泰克．2005．麻痺性貝毒．食品衛生検査指針 理化学編(厚生労働省監修)，pp. 673-680．日本食品衛生協会．
相良剛史．2007．厚生労働科学研究費補助金食品の安心・安全確保推進研究事業　魚介類に含まれる食中毒原因物質の分析法に関する研究　平成 17 年度～18 年度総合研究報告書．125 pp.
相良剛史．2008．中毒発生海域より分離した *Ostreopsis* sp. のパリトキシン様物質産生能．日水誌，74：913-914.
Santos, M. C. dos, B. C. de Albuquerque, R. C. Pinto, G. P. Aguiar, A. G. Lescano, J. H. A. Santos and M. Das G. C. Maria. 2009. Outbreak of Haff disease in the Brazilian Amazon. Rev. Panam. Salud. Publica., 26: 469-470.
佐竹真幸．2005．シガテラ．食品衛生検査指針　理化学編(厚生労働省監修)，pp. 691-695．日本食品衛生協会．
志田保夫・笠間健嗣・黒野定・高山光男・高橋利枝．2001．これならわかるマススペクトロメトリー，p. 167．化学同人．
Taniyama, S., Y. Mahmud, M. B. Tanu, T. Takatani, O. Arakawa and T. Noguchi. 2001. Delayed haemolytic activity by the freshwater puffer *Tetraodon* sp. toxin. Toxicon,

39: 725-727.
Taniyama, S., Y. Mahmud, M. Terada, T. Takatani, O. Arakawa and T. Noguchi. 2002. Occurrence of a food poisoning incident by palytoxin from a serranid *Epinephelus* sp. in Japan. J. Nat. Toxins, 11: 277-282.
谷山茂人・荒川修・高谷智裕・野口玉雄．2003．アオブダイ中毒様食中毒．ニューフードインダストリー，45：55-61.
Taniyama, S., O. Arakawa, M. Terada, S. Nishio, T. Takatani, Y. Mahmud and T. Noguchi. 2004. *Ostreopsis* sp., a possible origin of palytoxin (PTX) in parrotfish *Scarus ovifrons*. Toxicon, 42: 29-33.
谷山茂人・高谷智裕．2009．魚類の毒(2)：パリトキシン様毒．食品衛生研究，59：45-51.
谷山茂人・相良剛史・西尾幸郎・黒木亮一・浅川学・野口玉雄・山﨑脩平・高谷智裕・荒川修．2009．ハコフグ類の喫食による食中毒の実態と同魚類の毒性調査．食品衛生学雑誌，50：270-277.
津村ゆかり．2009．図解入門　よくわかる最新分析化学の基本と仕組み．p. 271．秀和システム．
Usami, M., M. Satake, S. Ishida, A. Inoue, Y. Kan and T. Yasumoto. 1995. Palytoxin analogs from the dinoflagellate *Ostreopsis siamensis*. J. Am. Chem. Soc., 177: 5389-5390.
安元健．1991a．シガテラ．食品衛生検査指針 理化学編(厚生省生活衛生局監修)，pp. 309-312．日本食品衛生協会．
安元健．1991b．フグ毒．食品衛生検査指針 理化学編(厚生省生活衛生局監修)，pp. 296-300．日本食品衛生協会．
安元健．1991c．麻痺性貝毒．食品衛生検査指針 理化学編(厚生省生活衛生局監修)，pp. 300-305．日本食品衛生協会．
吉嶺厚生・折田悟・岡田俊一・園田健・窪田一之・米澤藤士．2001．アオブダイによる食中毒の2例．日内会誌，90：157-159.
Zaman, L., O. Arakawa, A. Shimosu and Y. Onoue. 1997. Occurrence of paralytic shellfish poison in Bangladeshi freshwater puffers. Toxicon, 35: 423-431.
Zaman, L., O. Arakawa, A. Shimosu, Y. Shida and Y. Onoue. 1998. Occurrence of a methyl derivative of saxitoxin in Bangladeshi freshwater puffers. Toxicon, 36: 627-630.
Zhang, B., G. Yang, X. Yu, H. Mao, C. Xing and J. Liu. 2012. Haff disease after eating crayfish in east China. Intern. Med., 51: 487-489.
Zu Jeddeloh B. 1939. Haffkrankheit [Haff disease]. Ergebnisse in der inneren Medizin, 57: 138-182 (in German).

[刺毒魚の分類と生態]

Allen, G. R. and W. N. Eschmeyer. 1973. Turkeyfishes at Eniwetok. Pacific Discovery, 26(3): 3-11.
Borsa, P., S. Lemer and D. Aurelle. 2007. Patterns of lineage diversification in rabbitfishes. Mol. Phylogent. Evol., 44: 427-435.
Cameron, A. M. and R. Endean. 1966. The venom apparatus of the scorpion fish *Notesthes robusta*. Toxicon, 4: 111-121.
Cameron, A. M. and R. Endean. 1970. Venom glands in scatophagid fish. Toxicon, 8: 171-178.
Cameron, A. M., J. Surridge, W. Stablum and R. J. Lewis. 1981. A crinotoxin from the skin tubercle glands of a stonefish (*Synanceia trachynis*). Toxicon, 19: 159-170.

Caprio, J., M. Shimohara, T. Marui, S. Harada and S. Kiyohara. 2014. Marine teleost locates live prey through pH sensing. Science, 344: 1154-1156.

Carrijo, L. C., F. Andrich, M. E. de Lima, M. N. Cordeiro, M. Richardson and S. G. Figueiredo. 2005. Biological properties of the venom from the scorpionfish (*Scorpaena plumieri*) and purification of a gelatinolytic protease. Toxicon, 45: 843-850.

Eschmeyer, W. N. (ed). 2014. Catalog of fishes. Available at http://research.calacademy.org/research/ichthyology/catalog/fishcatmain.asp (accessed 20 Aug. 2014).

Eschmeyer, W. N. and S. G. Poss. 1976. Review of the scorpionfish genus *Maxillicosta* (Pisces: Scorpaenidae), with a description of three new species from the Australian-New Zealand region. Bull. Mar. Sci., 26: 433-449.

Ferraris, C. 1999. Plotosidae. Eeltail catfishes (also eel catfishes, stinging catfishes, and coral catfishes). In: "FAO species identification guide for fishery purposes. The living marine resources of the western central Pacific, vol. 3. Batoid fishes, chimaeras and bony fishes part 1 (Elopidae to Linophrynidae)" (eds. Carpenter, K. E. and V. H. Niem), pp. 1880-1883. FAO. Rome.

Gopalakrishnakone, P. and M. C. E. Gwee. 1993. The structure of the venom gland of stonefish *Synanceja* [sic] *horrida*. Toxicon, 31: 979-988.

Haddad Jr., V., I. A. Martins and H. M. Makyama. 2003. Injuries caused by scorpionfishes (*Scorpaena plumieri* Bloch, 1789 and *Scorpaena brasiliensis* Cuvier, 1829) in the southwestern Atlantic Ocean (Brazilian coast): epidemiologic, clinic and therapeutic aspects of 23 stings in humans. Toxicon, 42: 79-83.

Hahn, S. T. and J. M. O'Connor. 2000. An investigation of the biological activity of bullrout (*Notesthes robusta*) venom. Toxicon, 38: 79-89.

Halstead, B. W. 1951. Injurious effects from the sting of the scorpionfish *Scorpaena guttata* with report of a case. California Med., 74: 395-396.

Halstead, B. W. 1988. Poisonous and venomous marine animals of the world (2nd revised edition). l + 1168 pp. + 288 pls. Darwin Press, Inc. Princeton.

Hamner, R. M., D. W. Freshwater and P. E. Whitfield. 2007. Mitochondrial cytochrome *b* analysis reveals two invasive lionfish species with strong founder effects in the western Atlantic. J. Fish Biol., 71 (Suppl. B): 214-222.

Hare, J. A. and P. E. Whitfield. 2003. An integrated assessment of the introduction of lionfish (*Pterois volitans/miles* complex) to the western Atlantic Ocean. NOAA Tech. Mem. NOS NCCOS, 2: 1-21.

Hsu, T.-H., Y. T. Adiputra, C. P. Burridge and J.-C. Gwo. 2011. Two spinefoot colour morphs: mottled spinefoot *Siganus fuscescens* and white-spotted spinefoot *Siganus canaliculatus* are synonyms. J. Fish Biol., 79: 1350-1355.

石川元助．1963．毒魚アカエイとその民族学的考察．人類学雑誌，70：19-32.

伊東正英・松沼瑞樹・岩坪洸樹・本村浩之．2011．鹿児島県笠沙沿岸から得られたアイゴ科魚類ゴマアイゴ *Siganus guttatus* の北限記録．Nature of Kagoshima，37：161-164.

Kailola, P. J. 1999. Ariidae (= Tachysuridae). Sea catfishes (fork-tailed catfishes). In: "FAO species identification guide for fishery purposes. The living marine resources of the western central Pacific, vol. 3. Batoid fishes, chimaeras and bony fishes part 1 (Elopidae to Linophrynidae)" (eds. Carpenter, K. E. and V. H. Niem), pp. 1827-1879. FAO. Rome.

金澤孝弘．2003．水温下降期の有明海におけるアカエイの漁獲分布と食性．福岡水技研報，

13：149-152.
片山英里・阪本匡祥・渡邊博満・中村和喜・町田吉彦．2009．高知市浦戸湾で得られたクロホシマンジュウダイの成魚と香南市香宗川で得られた幼魚(スズキ目クロホシマンジュウダイ科)．四国自然史科学研究，5：11-14.
岸本浩和・吉野哲夫．2009．日本産ゴンズイとミナミゴンズイ(新称)に関する追記．魚類学雑誌，56：78-80.
清原貞夫．2012．ゴンズイ．研究者が教える動物飼育 第3巻．ウニ，ナマコから脊椎動物へ(針山孝彦・小柳光正・嬉正勝・妹尾圭司・小泉修・日本比較生理生化学会編)，pp. 71-76．共立出版.
清原貞夫・桐野正人．2009．魚の味覚と摂餌行動．動物の多様な生き方5．さまざまな神経系をもつ動物たち―神経系の比較生物学(日本比較生理生化学会編)，pp. 192-215．共立出版.
Kuriiwa, K., N. Hanzawa, T. Yoshino, S. Kimura and M. Nishida. 2007. Phylogenetic relationships and natural hybridization in rabbitfishes (Teleostei: Siganidae) inferred from mitochondrial and nuclear DNA analyses. Mol. Phylogenet. Evol., 45: 69-80.
Lasso-Alcalá, O. M. and J. M. Posada. 2010. Presence of the invasive red lionfish, *Pterois volitans* (Linnaeus, 1758), on the coast of Venezuela, southeastern Caribbean Sea. Aquatic Invasions, 5 (Suppl. 1): S53-S59.
Lautredou, A.-C., H. Motomura, C. Gallut, C. Ozouf-Costaz, C. Cruaud, G. Lecointre and A. Dettai. 2013. New nuclear markers and exploration of the relationships among Serraniformes (Acanthomorpha, Teleostei): the importance of working at multiple scales. Mol. Phylogenet. Evol., 67: 140-155.
Love, M. S., M. Yoklavich and L. K. Thorsteinson. 2002. The rockfishes of the northeast Pacific. x + 404 pp. Univ. Calif. Press. Berkeley.
Liu, X.-P., Y.-J. Yu and K.-L. Zhang. 1999. The toxicity research of spine poisoning fish in China coastal waters: the structure of venom gland in dorsal spine of *Inimicus japonicus*. Oceanol. Limnol. Sinica, 30: 597-603.
Lönnstedt, O. M., M. C. O. Ferrari and D. P. Chivers. 2014. Lionfish predators use flared fin displays to initiate cooperative hunting. Biol. Lett., 10: 20140281.
Matsumura, K., S. Matsunaga and N. Fusetani. 2007. Phosphatidylcholine profile-mediated group recognition in catfish. J. Exp. Biol., 210: 1992-1999.
Motomura, H. 2004. Revision of the scorpionfish genus *Neosebastes* (Scorpaeniformes: Neosebastidae), with descriptions of five new species. Indo-Pacific Fish., 37: 1-76.
本村浩之．2014．鹿児島の魚類．かごしま探訪第19回．鹿大ジャーナル，195：19.
Motomura, H. and R. Causse. 2010. Revised diagnosis of *Neosebastes capricornis* (Neosebastidae), with new records of the species from Vanuatu. New Zealand J. Mar. Freshwater Res., 44: 323-327.
Motomura, H., P. R. Last and M. F. Gomon. 2006. A new species of the scorpionfish genus *Maxillicosta* from the southeast coast of Australia, with a redescription of *M. whitleyi* (Scorpaeniformes: Neosebastidae). Copeia, 2006: 445-459.
Motomura, H., P. R. Last and W. T. White. 2005. First records of a scorpionfish, *Maxillicosta raoulensis* (Scorpaeniformes: Neosebastidae), from the Tasman Sea, with fresh colour notes for the species. Biogeography, 7: 85-90.
本村浩之・松浦啓一(編)．2014．奄美群島最南端の島―与論島の魚類．648 pp．鹿児島大学総合研究博物館・国立科学博物館.

Motomura, H. and T. Peristiwady. 2012. First equatorial records of *Neosebastes entaxis* and *N. longirostris* (Scorpaeniformes: Neosebastidae) from northern Sulawesi, Indonesia. Biogeography, 14: 31-36.

本永文彦．1991．沖縄島におけるシモフリアイゴの産卵期の体長組成および成熟度と性比．南西外海の資源・海洋研究，7：29-37.

本永文彦・喜屋武俊彦．1988．沖縄島沿岸定置網によって漁獲されるシモフリアイゴの産卵生態．南西外海の資源・海洋研究，4：33-40.

Nakagawa, H. 2003. A protein toxin (Karatoxin-1) from the redfin velvetfish *Hypodytes rubripinnis*. Nippon Suisan Gakkaishi, 69: 833-834.

Nakagawa, H., C. Yamaguchi, H. Yamada, K. Nagasaka and T. Nagasaka. 1995. Preliminary study on the venom of scorpionfish, *Hypodytes rubripinnis*. Comp. Physiol. Biochem., 12: 339.

Nelson, J. S. 2006. Fishes of the world (4th edition). xix + 601 pp. John Wiley & Sons, Inc. Hoboken.

西田清徳．2009．アカエイ科・ヒラタエイ科．岡村収・尼岡邦夫(編)，pp. 58-61．山渓カラー名鑑 日本の海水魚(第3版)．山と渓谷社.

Ravago-Gotanco, R. G. and M. A. Juinio-Meñez. 2010. Phylogeography of the mottled spinefoot *Siganus fuscescens*: Pleistocene divergence and limited genetic connectivity across the Philippine archipelago. Mol. Ecol., 19: 4520-4534.

Roche, E. T. and Halstead, B. W. 1972. The venom apparatus of California rockfishes (family Scorpaenidae). Fish Bull., 156: 1-49.

佐藤圭一．2014．サメ・エイ類にみられる繁殖様式の多様性．比較内分泌学，40(152)：79-82.

Schaeffer Jr., R. C., R. W. Carlson and F. E. Russel. 1971. Some chemical properties of the venom of the scorpionfish *Scorpaena guttata*. Toxicon, 9: 69-78.

Shao, Y.-T., L.-Y. Hwang and T.-H. Lee. 2004. Histological observations of ovotestis in the spotted scat *Scatophagus argus*. Fish. Sci., 70: 716-718.

島田和彦．1993．アイゴ科 Siganidae. Rabbitfishes, spinefoots．日本産魚類検索 全種の同定(中坊徹次編)，pp. 1117-1119，1366-1367．東海大学出版会.

島田和彦．2014．アイゴ科 Siganidae. Rabbitfishes, spinefoots．日本産魚類検索 全種の同定(第三版)(中坊徹次編)，pp. 1613-1616，2212-2215．東海大学出版会.

Shinohara, M., K. Nagasaka, H. Nakagawa, K. Edo, H. Sakai, K. Kato, F. Iwaki, K. Ohura and H. Sakuraba. 2010. A novel chemoattractant lectin, Karatoxin, from the dorsal spines of the small scorpionfish *Hypodytes rubripinnis*. J. Pharmacol. Sci., 113: 414-417.

Shiomi, K., M. Hosaka, S. Fujita, H. Yamanaka and T. Kikuchi. 1989. Venoms from six species of marine fish: lethal and hemolytic activities and their neutralization by commercial stonefish antivenom. Mar. Biol., 103: 285-289.

Sivan, G., K. Venketasvaran and C. K. Radhakrishnan. 2007. Biological and biochemical properties of *Scatophagus argus* venom. Toxicon, 50: 563-571.

Sivan, G., K. Venketasvaran and C. K. Radhakrishnan. 2010. Characterization of biological activity of *Scatophagus argus* venom. Toxicon, 56: 914-925.

Smith, W. L. and W. C. Wheeler. 2006. Venom evolution widespread in fishes: a phylogenetic road map for the bioprospecting of piscine venoms. J. Heredity, 97: 206-217.

杉山昭博・友利昭之助．1990．石垣島におけるアイゴ類成魚の漁獲変動と稚魚の季節的来遊．水産増殖，38：67-74.

Taniuchi, T. and M. Shimizu. 1993. Dental sexual dimorphism and food habits in the stingray *Dasyatis akajei* from Tokyo Bay, Japan. Nippon Suisan Gakkaishi, 59: 53-60.

多和田真周．1988．アイゴ類．サンゴ礁域の増養殖（諸喜田茂充編），pp. 111-124．緑書房．

冨岡典子・太田暁子・志垣瞳・福本タミ子・藤田賞子・水谷令子．2010．エイの魚食文化と地域性．日本調理科学会誌，43：120-130.

Ueda, A., M. Suzuki, T. Honma, H. Nagai, Y. Nagashima and K. Shiomi. 2006. Purification, properties and cDNA cloning of neoverrucotoxin (neoVTX), a hemolytic lethal factor from the stonefish *Synanceia verrucosa* venom. Biochim. Biophys. Acta, 1760: 1713-1722.

Woodland, D. J. and R. C. Anderson. 2014. Description of a new species of rabbitfish (Perciformes: Siganidae) from southern India, Sri Lanka and the Maldives. Zootaxa, 3811: 129-136.

山下慎吾．2009．アイゴ科．山渓カラー名鑑 日本の海水魚（第3版）（岡村収・尼岡邦夫編），pp. 632-637．山と渓谷社．

Yoshino, T. and H. Kishimoto. 2008. *Plotosus japonicus*, a new eeltail catfish (Siluriformes: Plotosidae) from Japan. Bull. Natl. Mus. Nat. Sci. (Ser. A) Suppl., 2: 1-11.

[魚類刺毒の性状と化学構造]

Al-Hassan, J. M., M. Ali, M. Thomson, T. Fatima and C. J. Gubler. 1985. Toxic effects of the soluble skin secretion from the Arabian Gulf catfish (*Arius thallasinus*, Ruppell) on plasma and liver enzyme levels. Toxicon, 23: 532-534.

Al-Lahhama, A., J. M. Al-Hassan, M. Thomson and R. S. Criddle. 1987. A hemolytic protein secreted from epidermal cells of the Arabian gulf catfish, *Arius thalassinus* (Ruppell). Comp. Biochem. Physiol., 87B: 321-327.

Auddy, B., D. C. Muhuri, M. I. Alam and A. Gomes. 1995. A lethal protein toxin (toxin-PC) from the Indian catfish (*Plotosus canius*, Hamilton) venom. Nat. Toxins, 3: 363-368.

Austin, L., R. G. Gillis and G. Youatt. 1965. Stonefish venom: some biochemical and chemical observations. Aust. J. Exp. Biol. Med. Sci., 43: 79-90.

Barbaro, K. C., M. S. Lira, M. B. Malta, S. L. Soares, D. G. Neto, J. L. Cardoso, M. L. Santoro and V. Haddad Jr. 2007. Comparative study on extracts from the tissue covering the stingers of freshwater (*Potamotrygon falkneri*) and marine (*Dasyatis guttata*) stingrays. Toxicon, 50: 676-687.

Baumann, K., N. R. Casewell, S. A. Ali, T. N. Jackson, I. Vetter, J. S. Dobson, S. C. Cutmore, A. Nouwens, V. Lavergne and B. G. Fry. 2014. A ray of venom: Combined proteomic and transcriptomic investigation of fish venom composition using barb tissue from the blue-spotted stingray (*Neotrygon kuhlii*). J. Proteomics, 109: 188-198.

Birkhead, W. S. 1972. Toxicity of stings of ariid and ictalurid catfishes. Copeia, 1972: 790-807.

Carrijo, L. C., F. Andrich, M. E. de Lima, M. N. Cordeiro, M. Richardson and S. G. Figueiredo. 2005. Biological properties of the venom from the scorpionfish (*Scorpaena plumieri*) and purification of a gelatinolytic protease. Toxicon, 45: 843-850.

Chen, D., R. M. Kini, R. Yuen and H. E. Khoo. 1997. Haemolytic activity of stonustoxin from stonefish (*Synanceja horrida*) venom: pore formation and the role of cationic amino acid residues. Biochem. J., 325: 685-691.

Chhatwal, I. and F. Dreyer. 1992a. Biological properties of a crude venom extract from the greater weever fish *Trachinus draco*. Toxicon, 30: 77-85.

Chhatwal, I. and F. Dreyer. 1992b. Isolation and characterization of dracotoxin from the venom of the greater weever fish *Trachinus draco*. Toxicon, 30: 87-93.

Chuang, P.-S. and J.-C. Shiao. 2014. Toxin gene determination and evolution in scorpaenoid fish. Toxicon, 88: 21-33.

Church, J. E. and W. C. Hodgson. 2001. Stonefish (*Synanceia* spp.) antivenom neutralises the *in vitro* and *in vivo* cardiovascular activity of soldierfish (*Gymnapistes marmoratus*) venom. Toxicon, 39: 319-324.

Church, J. E. and W. C. Hodgson. 2002a. Adrenergic and cholinergic activity contributes to the cardiovascular effects of lionfish (*Pterois volitans*) venom. Toxicon, 40: 787-796.

Church, J. E. and W. C. Hodgson. 2002b. The pharmacological activity of fish venoms. Toxicon, 40: 1083-1093.

Conceição, K., K. Konno, R. L. Melo, E. E. Marques, C. A. Hiruma-Lima, C. Lima, M. Richardson, D. C. Pimenta and M. Lopes-Ferreira. 2006. Orpotrin: a novel vasoconstrictor peptide from the venom of the Brazilian stingray *Potamotrygon* gr. *orbignyi*. Peptides, 27: 3039-3046.

Conceição, K., J. M. Santos, F. M. Bruni, C. F. Klitzke, E. E. Marques, M. H. Borges, R. L. Melo, J. H. Fernandez and M. Lopes-Ferreira. 2009. Characterization of a new bioactive peptide from *Potamotrygon* gr. *orbignyi* freshwater stingray venom. Peptides, 30: 2191-2199.

Conceição, K., F. M. Bruni, J. M. Santos, R. M. Lopes, E. E. Marques, J. H. Fernandez and M. Lopes-Ferreira. 2011. The action of fish peptide Orpotrin analogs on microcirculation. J. Pept. Sci., 17: 192-199.

Dehghani, H., M. M. Sajjadi, H. Rajaian, J. Sajedianfard and P. Parto. 2009. Study of patient's injuries by stingrays, lethal activity determination and cardiac effects induced by *Himantura gerrardi* venom. Toxicon, 54: 881-886.

Diaz, J. H. 2008. The evaluation, management, and prevention of stingray injuries in travelers. J. Travel Med., 15: 102-109.

Eschmeyer, W. N. and K. V. Rama Rao. 1973. Two new stonefishes (Pisces, Scorpaenidae) from the Indo-West Pacific: with a synopsis of the subfamily Synanceiinae. Pro. Cal. Acad. Sci. (Series 4), 39: 337-382.

Garnier, P., F. Goudey-Perriere, P. Breton, C. Dewulf, F. Petek and C. Perriere. 1995. Enzymatic properties of the stonefish (*Synanceia verrucosa* Bloch and Schneider, 1801) venom and purification of a lethal, hypotensive and cytolytic factor. Toxicon, 33: 143-155.

Garnier, P., F. Ducancel, T. Ogawa, J. C. Boulain, F. Goudey-Perriere, C. Perriere and A. Menez. 1997. Complete amino-acid sequence of the β-subunit of VTX from venom of the stonefish (*Synanceia verrucosa*) as identified from cDNA cloning experiments. Biochim. Biophys. Acta, 1337: 1-5.

Ghadessy, F. J., K. Jeyaseelan, M. C. Chung, H. E. Khoo and R. Yuen. 1994. A genomic region encoding stonefish (*Synanceja horrida*) stonustoxin beta-subunit contains an intron. Toxicon, 32: 1684-1688.

Ghadessy, F. J., D. Chen, R. M. Kini, M. C. M. Chung, K. Jeyaseelan, H. E. Khoo and R. Yuen. 1996. Stonustoxin is a novel lethal factor from stonefish (*Synanceja horrida*) venom. cDNA cloning and characterization. J. Biol. Chem., 271: 25575-25581.

Ghafari, S. M., S. Jamili, K. P. Bagheri, E. M. Ardakani, M. R. Fatemi, F. Shahbazzadeh and D. Shahbazzadeh. 2013. The first report on some toxic effects of green scat, *Scatophagus argus* an Iranian Persian Gulf venomous fish. Toxicon, 66: 82-87.

Girish, K. S., R. Shashidharamurthy, S. Nagaraju, T. V. Gowda and K. Kemparaju. 2004. Isolation and characterization of hyaluronidase a "spreading factor" from Indian cobra (*Naja naja*) venom. Biochimie, 86: 193-202.

Gomes, H. L., T. N. Menezes, J. B. Carnielli, F. Andrich, K. S. Evangelista, C. Chávez-Olórtegui, D. V. Vassallo and S. G. Figueiredo. 2011. Stonefish antivenom neutralizes the inflammatory and cardiovascular effects induced by scorpionfish *Scorpaena plumieri* venom. Toxicon, 57: 992-999.

Gomes, H. L., F. Andrich, C. L. Fortes-Dias, J. Perales, A. Teixeira-Ferreira, D. V. Vassallo, J. S. Cruz and S. G. Figueiredo. 2013. Molecular and biochemical characterization of a cytolysin from the *Scorpaena plumieri* (scorpionfish) venom: evidence of pore formation on erythrocyte cell membrane. Toxicon, 74: 92-100.

Haddad Jr., V., D. G. Neto, J. B. de Paula Neto, F. P. de Luna Marques and K. C. Barbaro. 2004. Freshwater stingrays: study of epidemiologic, clinic and therapeutic aspects based on 84 envenomings in humans and some enzymatic activities of the venom. Toxicon, 43: 287-294.

Hopkins, B. J. and W. C. Hodgson. 1998. Enzyme and biochemical studies of stonefish (*Synanceja trachynis*) and soldierfish (*Gymnapistes marmoratus*) venoms. Toxicon, 36: 791-793.

Junqueira, M. E. P., L. Z. Grund, N. M. Orii, T. C. Saraiva, C. A. de Magalhães Lopes, C. Lima and M. Lopes-Ferreira. 2007. Analysis of the inflammatory reaction induced by the catfish (*Cathorops spixii*) venoms. Toxicon, 49: 909-919.

Kalidasan, K., V. Ravi, S. K. Sahu, M. L. Maheshwaran and K. Kandasamy. 2014. Antimicrobial and anticoagulant activities of the spine of stingray. J. Coast. Life Med., 2: 89-93.

Karmakar, S., D. C. Muhuri, S. C. Dasgupta, A. K. Nagchaudhuri and A. Gomes. 2004. Isolation of a haemorrhagic protein toxin (SA-HT) from the Indian venomous butterfish (*Scatophagus argus*, Linn) sting extract. Indian J. Exp. Biol., 42: 452-460.

Khoo, H. E., R. Yuen, C. H. Poh and C. H. Tan. 1992. Biological activities of *Synanceja horrida* (stonefish) venom. Nat. Toxins, 1: 54-60.

Khoo, H. E., W. M. Hon, S. H. Lee and R. Yuen. 1995. Effects of stonustoxin (lethal factor from *Synanceja horrida* venom) on platelet aggregation. Toxicon, 33: 1033-1041.

Khoo, H. E., D. Chen and R. Yuen. 1998a. Role of free thiol groups in the biological activities of stonustoxin, a lethal factor from stonefish (*Synanceja horrida*) venom. Toxicon, 36: 469-476.

Khoo, H. E., D. Chen and R. Yuen. 1998b. The role of cationic amino acid residues in the lethal activity of stonustoxin from stonefish (*Synanceja horrida*) venom. Biochem. Mol. Biol. Int., 44: 643-646.

Kiriake, A. and K. Shiomi. 2011. Some properties and cDNA cloning of proteinaceous toxins from two species of lionfish (*Pterois antennata* and *Pterois volitans*). Toxicon, 58: 494-501.

Kiriake, A., Y. Suzuki, Y. Nagashima and K. Shiomi. 2013. Proteinaceous toxins from three species of scorpaeniform fish (lionfish *Pterois lunulata*, devil stinger *Inimicus japonicus* and waspfish *Hypodytes rubripinnis*): close similarity in properties and primary structures to stonefish toxins. Toxicon, 70: 184-193.

Kiriake, A., M. Madokoro and K. Shiomi. 2014. Enzymatic properties and primary structures of hyaluronidases from two species of lionfish (*Pterois antennata* and *Pterois volitans*). Fish Physiol. Biochem., 40: 1043-1053.

岸本浩和・吉野哲夫. 2009. 日本産ゴンズイとミナミゴンズイ（新称）に関する追記. 魚類学雑誌, 56：78-80.

Kreger, A. S. 1991. Detection of a cytolytic toxin in the venom of the stonefish (*Synanceia trachynis*). Toxicon, 29: 733-743.

Kumar, K. R., R. Vennila, S. Kanchana, M. Arumugam and T. Balasubramaniam. 2011. Fibrinogenolytic and anticoagulant activities in the tissue covering the stingers of marine stingrays *Dasyatis sephen* and *Aetobatis narinari*. J. Thromb. Thrombolysis, 31: 464-471.

Lopes-Ferreira, M., G. S. Magalhães, J. H. Fernandez, I. L. Junqueira-de-Azevedo, P. Le Ho, C. Lima, R. H. Valente and A. M. Moura-da-Silva. 2011. Structural and biological characterization of Nattectin, a new C-type lectin from the venomous fish *Thalassophryne nattereri*. Biochimie, 93: 971-980.

Low, K. S., M. C. Gwee, R. Yuen, P. Gopalakrishnakone and H. E. Khoo. 1993. Stonustoxin: a highly potent endothelium-dependent vasorelaxant in the rat. Toxicon, 31: 1471-1478.

Madokoro, M., A. Ueda, A. Kiriake and K. Shiomi. 2011. Properties and cDNA cloning of a hyaluronidase from the stonefish *Synanceia verrucosa* venom. Toxicon, 58: 285-292.

Magalhães, G. S., M. Lopes-Ferreira, I. L. Junqueira-de-Azevedo, P. J. Spencer, M. S. Araújo, F. C. Portaro, L. Ma, R. H. Valente, L. Juliano, J. W. Fox, P. L. Ho and A. M. Moura-da-Silva. 2005. Natterins, a new class of proteins with kininogenase activity characterized from *Thalassophryne nattereri* fish venom. Biochimie, 87: 687-699.

Magalhães, K. W., C. Lima, A. A. Piran-Soares, E. E. Marques, C. A. Hiruma-Lima and M. Lopes-Ferreira. 2006. Biological and biochemical properties of the Brazilian *Potamotrygon* stingrays: *Potamotrygon* cf. *scobina* and *Potamotrygon* gr. *orbignyi*. Toxicon, 47: 575-583.

Magalhães, M. R., N. J. da Silva Jr and C. J. Ulhoa. 2008. A hyaluronidase from *Potamotrygon motoro* (freshwater stingrays) venom: isolation and characterization. Toxicon, 51: 1060-1067.

Matsumura, K., S. Matsunaga and N. Fusetani. 2007. Phosphatidylcholine profile-mediated group recognition in catfish. J. Exp. Biol., 210: 1992-1999.

Monteiro-dos-Santos, J., K. Conceição, C. S. Seibert, E. E. Marques, P. I. Silva Jr., A. B. Soares, C. Lima and M. Lopes-Ferreira. 2011. Studies on pharmacological properties of mucus and sting venom of *Potamotrygon* cf. *henlei*. Int. Immunopharmacol., 11: 1368-1377.

Nagasaka, K., H. Nakagawa, F. Satoh, T. Hosotani, K. Yokoigawa, H. Sakai, H. Sakuraba, T. Ohshima, M. Shinohara and K. Ohura. 2009. A novel cytotoxic protein, Karatoxin, from the dorsal spines of the redfin velvetfish, *Hypodytes rubripinnis*. Toxin Rev., 28: 260-265.

Ng, H. C., S. Ranganathan, K. L. Chua and H. E. Khoo. 2005. Cloning and molecular characterization of the first aquatic hyaluronidase, SFHYA1, from the venom of stonefish (*Synanceja horrida*). Gene, 346: 71-81.

Ouanounou, G., M. Malo, J. Stinnakre, A. S. Kreger and J. Molgo. 2002. Trachynilysin, a neurosecretory protein isolated from stonefish (*Synanceia trachynis*) venom, forms nonselective pores in the membrane of NG108-15 cells. J. Biol. Chem., 277: 39119-39127.

Perriere, C., F. Goudey-Perriere and F. Petek. 1988. Purification of a lethal fraction from the venom of the weever fish, *Trachinus vipera* C. V. Toxicon, 26: 1222-1227.

Pessini, A. C., T. T. Takao, E. C. Cavalheiro, W. Vichnewski, S. V. Sampaio, J. R. Giglio and E. C. Arantes. 2001. A hyaluronidase from *Tityus serrulatus* scorpion venom: isolation, characterization and inhibition by flavonoids. Toxicon, 39: 1495-1504.

Poh, C. H., R. Yuen, H. E. Khoo, M. Chung, M. Gwee and P. Gopalakrishnakone. 1991. Purification and partial characterization of stonustoxin (lethal factor) from *Synanceja horrida* venom. Comp. Biochem. Physiol., 99B: 793-798.

Poh, C. H., R. Yuen, M. C. Chung and H. E. Khoo. 1992. Purification and partial characterization of hyaluronidase from stonefish (*Synanceja horrida*) venom. Comp. Biochem. Physiol., 101B: 159-163.

Ramos, A. D., K. Conceição, P. I. Silva Jr., M. Richardson, C. Lima and M. Lopes-Ferreira. 2012. Specialization of the sting venom and skin mucus of *Cathorops spixii* reveals functional diversification of the toxins. Toxicon, 59: 651-665.

Russell, F. E. and A. van Harreveld. 1954. Cardiovasucular effects of the venom of the round stingray, *Urobatis halleri*. Arch. Internat. Physiol., 62: 322-333.

Russell, F. E., M. D. Fairchild and J. Michaelson. 1958. Some properties of the venom of the stingray. Med. Arts Sci., 12: 78-86.

Saunders, P. R. and L. Tökés. 1961. Purification and properties of the lethal fraction of the venom of the stonefish *Synanceja horrida* (Linnaeus). Biochim. Biophys. Acta, 52: 527-532.

Shinohara, M., K. Nagasaka, H. Nakagawa, K. Edo, H. Sakai, K. Kato, F. Iwaki, K. Ohura and H. Sakuraba. 2010. A novel chemoattractant lectin, karatoxin, from the dorsal spines of the small scorpionfish *Hypodytes rubripinnis*. J. Pharmacol. Sci., 113: 414-417.

Shiomi, K., M. Takamiya, H. Yamanaka, T. Kikuchi and K. Konno. 1986. Hemolytic, lethal and edema-forming activities of the skin secretion from the oriental catfish (*Plotosus lineatus*). Toxicon, 24: 1015-1018.

Shiomi, K., M. Takamiya, H. Yamanaka and T. Kikuchi. 1987. Purification of a lethal factor in the skin secretion from the oriental catfish *Plotosus lineatus*. Nippon Suisan Gakkaishi, 53: 1275-1280.

Shiomi, K., M. Takamiya, H. Yamanaka, T. Kikuchi and Y. Suzuki. 1988. Toxins in the skin secretion of the oriental catfish (*Plotosus lineatus*): immunological properties and identification of producing cells. Toxicon, 26: 353-361.

Shiomi, K., M. Hosaka, S. Fujita, H. Yamanaka and T. Kikuchi. 1989. Venoms from six species of marine fish: lethal and hemolytic activities and their neutralization by commercial stonefish antivenom. Mar. Biol., 103: 285-289.

Shiomi, K., M. Hosaka and T. Kikuchi. 1993. Properties of a lethal factor in the stonefish *Synanceia verrucosa* venom. Nippon Suisan Gakkaishi, 59: 1099.

Sivan, G., K. Venketesvaran and C. K. Radhakrishnan. 2007. Biological and biochemical properties of *Scatophagus argus* venom. Toxicon, 50: 563–571.

Sivan, G. 2009. Fish venom: pharmacological features and biological significance. Fish Fish., 10: 159–172.

Sivan, G., K. Venketasvaran and C. K. Radhakrishnan. 2010. Characterization of biological activity of *Scatophagus argus* venom. Toxicon, 56: 914–925.

Smith, W. L. and W. C. Wheeler. 2006. Venom evolution widespread in fishes: a phylogenetic road map for the bioprospecting of piscine venoms. J. Hered., 97: 206–217.

Sosa-Rosales, J. I., G. D'Suze, V. Salazar, J. Fox and C. Sevcik. 2005a. Purification of a myotoxin from the toadfish *Thalassophryne maculosa* (Günter) venom. Toxicon, 45: 147–153.

Sosa-Rosales, J. I., A. A. Piran-Soares, S. H. Farsky, H. A. Takehara, C. Lima and M. Lopes-Ferreira. 2005b. Important biological activities induced by *Thalassophryne maculosa* fish venom. Toxicon, 45: 155–161.

Tamura, S., M. Yamakawa and K. Shiomi. 2011. Purification, characterization and cDNA cloning of two natterin-like toxins from the skin secretion of oriental catfish *Plotosus lineatus*. Toxicon, 58: 430–438.

Thomson, M., J. M. Al-Hassan, S. Fayad, J. Al-Saleh and M. Ali. 1998. Purification of a toxic factor from Arabian Gulf catfish epidermal secretions. Toxicon, 36: 859–866.

Toyoshima, T. 1918. Serological study of the toxin of the fish *Plotosus anguillaris* Lacpde. J. Japan. Protoz. Soc., 6: 45–270.

Tu, A. T. and R. R. Hendon. 1983. Characterization of lizard venom hyaluronidase and evidence for its action as a spreading factor. Comp. Biochem. Physiol., 76B: 377–383.

Ueda, A., M. Suzuki, T. Honma, H. Nagai, Y. Nagashima and K. Shiomi. 2006. Purification, properties and cDNA cloning of neoverrucotoxin (neoVTX), a hemolytic lethal factor from the stonefish *Synanceia verrucosa* venom. Biochim. Biophys. Acta, 1760: 1713–1722.

Wright, J. J. 2009. Diversity, phylogenetic distribution, and origins of venomous catfishes. BMC Evol. Biol., 9: 282.

Yew, W. S. and H. E. Khoo. 2000. The role of tryptophan residues in the hemolytic activity of stonustoxin, a lethal factor from stonefish (*Synanceja horrida*) venom. Biochimie, 82: 251–257.

Yoshino, T. and H. Kishimoto. 2008. *Plotosus japonicus*, a new eeltail catfish (Siluriformes: Plotosidae) from Japan. Bull. Natl. Mus. Nat. Sci. (Ser. A) Suppl., 2: 1–11.

事項索引

【ア行】
アオブダイ中毒　159
アジア　6
アスパラギン酸アミノトランスフェラーゼ　161
アフリカ　6
アミノ酸配列
233,244,251,256,258,260
アラニンアミノトランスフェラーゼ
161
有明海　27
伊勢湾　28
イソギンチャク類　139
磯焼け　213
糸状藻類　111
茨城県　27
インド・西太平洋域　198
インドネシア　4
インド洋　4
渦鞭毛藻　97,122,139,190
ウニ類　139
鱗　4
エアロゾル　146〜148,154,156
液浸標本　9
液体クロマトグラフ質量分析(LC-MS/MS)法　155
鰓　195
横紋筋融解症　146,161,164,165,169,170,174,175,177
沖縄　107
オーストラリア　25
オストレオシン-D　150,157
オタマジャクシ　139
オバトキシン-a　150
尾鰭　19
オルポトリン　225
温帯　19
温度感覚異常　126

【カ行】
海藻　139
海洋動物　137
外来ミノカサゴ類　208
解離定数 *Ko*　45
貝類　139
香川県　29
核 DNA　213
核磁気共鳴スペクトル　36
学名　199
囲い養殖法　93
化石　4
褐中藻　110
活動電位　43
カニ中毒　143
噛み合い　83
カラトキシン　254
カリクレイン　260
カリジン　260
顆粒細胞　80
ガレクチン　227
眼下骨　4
環境水　200
韓国　28
岩礁　3,110
肝臓　18
ガンビエールトキシン　119,122
関門海峡　28
擬刺胞　80
鰭条　8
忌避物質　79

嗅覚受容細胞　201
九州　28,137
共進化型競争　81
共有派生形質　7
棘条　9
筋肉　18
筋肉痛　161,166,169,172,174
熊本県　28
グルタミン酸オキサロ酢酸トランスアミナーゼ　161,163
グルタミン酸ピルビン酸トランスアミナーゼ　161,163
クレアチンホスホキナーゼ　161,162
グレートバリアリーフ　30
警告色　78
血圧低下　125
黄海　29
甲殻類　111
攻撃物質　79
抗血清　248
抗原交差性　249
甲状腺　7
後部唾液腺　53,80
小型甲殻類　139
ゴニオトキシン　98
固有種　209
ゴンズイ玉　201,228
棍棒状細胞　229

【サ行】
鰓孔　4,195
済州島　28
最小致死量(MLD)　81
再生産　217
鰓耙　199
細胞毒性　145
細胞毒性試験法　123
サキシトキシン　97,185
雑食性　111
サバ　22
ザリガニ　174
ザリガニ中毒　174
サンゴ礁　3,110
サンゴ礁性魚類　108
サンドイッチ ELISA 法　124
産卵生態　214
産卵巣　29
シガテラ　144,168
シガテラ中毒　107
シガテラ毒　107,157
シガテラ毒魚　107
シガトキシン　117
シガトキシン-1B　153
色彩変異　213
四国　137
刺傷事件　258
刺傷事故　223,238
シスタチン　227
刺毒魚　219
姉妹群　202
姉妹群関係　7
シモフリアイゴ型　213
ジャワ　4
雌雄同体魚　217
出血活性　259
種内変異　213
種苗放流　85
小棘　9
上肋骨　7
初期生活史　214
食中毒　18,137
食物連鎖　112
徐脈　125
臀鰭　6,8
深海　3
侵害受容活性　231
神経性貝毒　125
神経線維　200
人工交雑個体　78
人工交雑フグ　70
腎臓　7
浸透圧調整機能　200

水素イオン　201
スエズ運河　211
スカリトキシン　119
スクガラス　213
ストナストキシン　240
スマトラ　4
青酸カリ　154
性的二型　197
性転換　217
西部太平洋　6
脊髄　7
脊椎骨　199
瀬戸内海　28
背鰭　8
背鰭棘　211
セロトニン　224
浅海　19
前鰓蓋骨棘　209
腺組織　76
総垂直鰭鰭条　199
藻類　112
藻類食性　217
側線　13
組織培養法　72
祖先種　204
ソンクラ　24

【タ行】

タイ　24
体表粘液毒　200,228
橘湾　28
単系統群　6,202
炭酸ガス　201
淡水フグ　172,185
淡水フグ中毒　172
タンデム質量分析計　192
タンパク毒　222
遅延性溶血　145
稚魚　82
致死因子　235
致死活性　231,239,247,259
中国大陸　28
中腸腺　89,90
長江　28
沈性卵　201,214
追尾行動　85
対馬　28
デカルバモイル STX　185
テトロドトキシン　31,33,153
テトロドン酸　37
電気的神経応答　200
頭足類　111
頭頂骨　4
東南アジア　4,23
動物プランクトン　112
透明染色標本　11
投与経路　153
トキシンⅠ　230
トキシンⅡ　230
毒拡散因子　256
毒棘
195,219,223,237,239,257,258,260
毒細胞　200
毒性分析　16
毒腺　219
毒腺細胞　229
毒素兵器　154
毒嚢　219
毒針　195
棘　8
土佐湾　28
ドライアイスセンセーション
126,168
トラキニリシン　241
トラキニン　263
ドラコトキシン　263
トランスクリプトーム解析　226

【ナ行】

長崎県　28
ナッテクチン　262
ナッテリン　233,260

ナッテリン様タンパク質　233
ナトリウムチャネル　43,75
軟条　8
肉食魚　110
日本海　28
日本列島　26
乳酸脱水素酵素　161,163
ニュージーランド　25
5′-ヌクレオチダーゼ　224
ネオベルコトキシン　242,249,256
熱帯　19

【ハ行】
バイオアベイラビリティー　68
排他的経済水域　25
配列相同性　233,244,252,258
発電器官　195
ハフ病　174
腹鰭　4,7
パリトキシン　55,137
パリトキシン(PTX)様毒中毒　159
パリトキシン中毒　143,145〜147
パリトキシン様毒　137
バングラデシュ　138
半数致死量　36
反赤道性分布　206
ヒアルロニダーゼ　254
ヒアルロノグルコサミニダーゼ　254
東シナ海　25
鼻器　9
鼻孔　201
飛行時間型質量分析計　192
鼻骨　4
皮褶　15
5-ヒドロキシトリプタミン　224
ヒドロ虫類　139
涸沼　27
標準和名　199
フィリピン　26
フェロモン　83
フォスファジルコリン系成分　201
福岡県　28
フグ中毒　3
フグ毒結合タンパク質　71
浮腫形成活性　231
付着藻類　110,139
仏領ポリネシア　4
ブレベトキシン　125
プロテアーゼ　254
プロテオーム解析　226
分子系統解析　202
分子系統学　4
分子系統樹　252
分泌細胞　77
ペルオキシレドキシン-6　227
ベルコトキシン　241
防御行動　78
防御物質　78
膨張嚢　30,77
ホスホジエステラーゼ　224
母体依存型　197
渤海　28,29
北海道　28
ポリプ　139
ボルネオ島　23
ポルフラン　225
ホロタイプ　213
本州　137

【マ行】
マイトトキシン　153
マウス単位　122
マウス毒性　175
マウス毒性試験法　122
マウスユニット　39,40
麻痺性貝中毒　96
麻痺性貝毒　55,96
マレーシア　22
マングローブ　3
ミオグロビン尿　161
ミオグロビン尿症　164〜166,170,172,
174

身欠き　83,88
味覚　78,79,200
未記載種　207
ミクロネシア　27
ミトゲノム　6
ミトコンドリアDNA　117,213
南シナ海　25
南日本　107
南半球起源　206
味蕾　201
無脊椎動物　111,139
胸鰭　19
免疫機能　84
免疫組織化学的手法　77,80,86
毛細血管透過性亢進作用　256
モノクローナル抗TTX抗体　75,86

【ヤ行】

薬理作用　178
山口県　28
誘引物質　83
溶血因子　235
溶血活性
180,225,247,248,257,259,263
葉状藻類　111

【ラ行】

卵黄　201
卵巣　18
卵胎生　197,204
両親媒性　247
臨床検査　146,147
類縁関係　10
レクチン　254,262
レセプターバインディング法　123
肋骨　7

【記号】

α-ヘリックス構造　247
16S rRNA　117
16SリボソームRNA　117
5′-ヌクレオチダーゼ　224
5-ヒドロキシトリプタミン　224

【A】

aluterin　156
atelopidtoxin　53

【C】

C-CTX　120
C9-塩基　37
chiriquitoxin　42,53
cigua　113
ciguatoxin　117
CPK　177
CTX1B　119
CTX3C　119
Cys　233,246

【D】

dcSTX　185
DNA　6
dracotoxin　263

【G】

gonyautoxin　98

【H】

H-NMR　36
Haff disease　174
HPLC　178

【I】

I-CTX　120

【K】

karatoxin　254

【L】

LC-MS　124
LD_{50}　36,231,241,242

【M】
maculotoxin　53
mouse unit　122
MS/MS　192
mtDNA　117
MU　122

【N】
Na^{+}，K^{+}-ATPase　154
nattectin　262
natterin　260
neoverrucotoxin　242
Neuro2A 細胞　123

【O】
orpotrin　225
Ovatoxin-a　151
ovatoxin　148

【P】
porflan　225

【Q】
Q-base　37

【S】
S-S 結合　233,246
SA-HT　259
sea slug　64
Sp-CTx　253
Sp-GP　254
stonefish antivenom　248
stonustoxin　240
STX　185

【T】
tarichatoxin　51
tetrodonic acid　37
tetrodotoxin　33
TLC　178
TOF/MS　192
toxin-PC　236
trachinine　263
trachynilysin　241
TTX　31
TTX 結合性タンパク質　81
TTX 耐性型のナトリウムチャネル　81

【U】
UV 吸収　178

【V】
verrucotoxin　241

【W】
WAP65　236
warm temperature acclimation-related 65 kDa protein　236

【Z】
zetekitoxin　53

和名・英名索引

【ア行】

アイゴ　108,211～215,217,219,221,222,257～259,263

アイゴ科　108,211,212,214,215,217,257

アイゴ属　214

アイナメ　71,72,74

アオノメハタ　127

アオブダイ　50,138,159,161,165,166,168,169,175,177,178,181,182,184～187,189,190,192

アオマダラエイ　196

アカエイ　196,197,214,222,223,225

アカエイ科　197,223～225

アカエイ属　197

アカゴチ科　211

アカサンショウウオ　78

アカハナヒモムシ　80

アカハライモリ　51

アカヒトデ　62

アカマダラハタ　108,127,128

アカメフグ　28,48

アジ科　107,108,137,138

アズキハタ　127

アマミホシゾラフグ　10,29

アミアイゴ　257

アメリカナマズ科　233,236

アヤメカサゴ　205

アラスカキチジ　205

アラスカバタークラム　98

アラメヌケ　204

アラレガイ　61,63,90

アンコウ類　6

イガイ　98

イシガキダイ　81,108,115,127,132,133

イシダイ　72,81

イシダイ科　107,108

イソカサゴ　205

イソカサゴ属　202,208

イソガニ　81

イソギンチャク　156

イッテンフエダイ　108,117,127～130,133

イットウダイ亜科　207,208

イトヒキフエダイ　108,127

イトマキエイ　196

イトマキフグ　5

イトマキフグ科　5,46

イバラエイ　196

イモリ　40,81

イワスナギンチャク　139,150,152,153,156

インドアラレガイ　61

ウシエイ　196

ウスバハギ　87

ウチワフグ　5

ウチワフグ科　5

ウツボ科　107,108

ウナギ目　107,108

ウマヅラハギ　72

ウミスズメ　138,170,172,186～190,192

ウミフクロウ　64,89,93

ウモレオウギガニ　55～57,101,143,144,153

エイ　219,221,255

エイ目　195

エラコ　63

エンガンハマギギ　202,235～237

オウギガニ科　40,55,101
オオアオノメアラ　108,127
オオウルマカサゴ　253
オオサカハマギギ　202,203,228,235
オオツノヒラムシ　63
オオナルトボラ　90
オオマルモンダコ　53
オキナワフグ　14,77,102
オジロバラハタ　108,127～129
オトメエイ　225
オニイトマキエイ　224
オニオコゼ　210,214,222,237,239,248,251,252,258
オニオコゼ亜科　209～211
オニオコゼ科　209,210,237,238
オニオコゼ属　211
オニカサゴ　204,237
オニカサゴ属　204,238
オニカマス　108
オニダルマオコゼ　210,219,222,225,237,238,240～253,255～259,263
オニダルマオコゼ亜科　209,210
オニダルマオコゼ属　209,238

【カ行】
カイユウセンニンフグ　16
カエル　40,99
カサゴ　253
カサゴ目　202,221,222,226,237～239,248,249,251,253,255,257,258,263
カスミフグ　27
ガータースネーク　52,81
カナフグ　16
カブトガニ　40,58,64,92
カブトノシコロ　156
ガマアンコウ科　260
ガマアンコウ目　219,259
カマス科　107,108
カラス　28,49
カラスエイ　196
カリフォルニアイモリ　50,153
カリフォルニアカサゴ　249
カワハギ　3,72,87
カワハギ科　3,138
ガンギエイ　196,223
ガンギエイ科　197,223,224
カンパチ　108,127,132
カンムリブダイ　127
ギギ　227
キタマクラ属　11
キチジ亜科　204,205
キチジ科　204
ギバチ　227
ギマ　5
ギマ科　5
棘鰭類　7
キリンミノ　205,208,237,239,248,253
ギンガメアジ　108
キンシバイ　61,87,90
キンチャクダイ科　50
クエ　138,166～168
クギヒモムシ　63
クギヒモムシ科　63
クサフグ　5,27,48,49,65,67,70,71,74,75,78,79,81,83,87,89,91
クマサカフグ　3,16,48
クロイソカイメン　153
クロカサゴ属　206
クロサバフグ　16,81
クロホシフエダイ　108,128,129
クロホシマンジュウダイ　216,217,258,259,263
クロホシマンジュウダイ科　217,258
クロモンガラ　138,145,156
ケショウフグ　23
ケヤリ科　63
ゲンゲ科　202
コイ　71
ゴイシウマヅラ　3
紅藻　64
コクハンアラ　127
コペポーダ　83

ゴマアイゴ　215
ゴマウツボ　127
ゴマチョウチョウウオ　138
ゴマフエダイ　108,127〜129
ゴマフグ　49
コモンカスベ　223
コモンフグ　13,39,43,48〜50,78,87
ゴンズイ　198〜201,219,221,227〜230,233,234,237
ゴンズイ科　198,201
ゴンズイ属　198,200

【サ行】

サザナミハギ　108,121,133,153
サザナミフグ　13,14
サザナミヤッコ　50
サツマカサゴ　237
サバフグ属　48
サバ類　9
サメムシロガイ　61
サラサバテイ　101
ザラザラエイ　225
サンサイフグ　49
シッポウフグ　13
シッポウフグ属　10
シビレエイ　196
シビレエイ科　195
シビレエイ目　195
シマキンチャクフグ　11
シマハチオコゼ　210
シマフグ　27,28,48
シモフリアイゴ　212,213
ジュドウマクラガイ　61
ショウサイフグ　9,48,87
シロカサゴ　205
シロカサゴ科　205
シロカサゴ属　206
シロサバフグ　16,81,88
ズグエイ　196
スジアイゴ　215
スジモヨウフグ　27
スズキ属　79
スズキ目　9,107,108,137,138,202,219,257〜259,262,263
スズメダイ科　207,208
スナヒトデ　62
スベスベマンジュウガニ　55〜57,64,81,101,144
セグロチョウチョウウオ　138
石灰藻　101
ゼブラフィッシュ　233
センニンフグ　16,49,89
ソウシハギ　138,155,156

【タ行】

タイセイヨウサケ　233
タイリクスズキ　85
タイ類　9
タキフグ　27
ダルマオコゼ　209,210
ダンゴオコゼ　202,205
ダンゴオコゼ亜科　202,205,207
ダンゴオコゼ科　202
淡水フグ　102
チョウセンサザエ　101
チョウチョウウオ科　137,138
ツカエイ　225
ツノダルマオコゼ　210,238,240,241,243,248,251,255
ツノヒラムシ　63
ツノヒラムシ科　63
ツバクロエイ　196
ツバクロエイ科　222〜224
ツブヒラアシオウギガニ　55,101
ツマジロオコゼ　210
ツムギハゼ　40,50,78,81,92,153
テングカスベ　196
ドクウツボ　108,118,126,131,132,153
ドクサバフグ　16,88,89
トゲチョウチョウウオ　138
トゲモミジガイ　40,62,64,65
トビエイ科　223〜225

トビエイ目　195
トラキナス科　219,262
トラクサ　70
トラフグ　28,33,48,65,68～72,74,75,78,79,81～83,85,87,93
トラフグ属　13,47

【ナ行】
ナガハチオコゼ　210
ナシフグ　28,49,77,83,84
ナマズ目　198,219,227,236,237
ナメラダマシ　49
ナンヨウブダイ　50,108
ニザダイ(類)　6,133
ニザダイ亜目　259
ニザダイ科　107,108
ニジハギ　108
ニシン　27
ニシン科　138
ニシン目　137,138
ニセクロホシフエダイ　108,127
ニセゴイシウツボ　108
ニホンイモリ　51,78,81
ネズミフグ　23
ネッタイミノカサゴ　205,208,237,239,248,250,251,255,258
ノコギリエイ科　195
ノコギリエイ目　195

【ハ行】
バイ　61,89,90
ハオコゼ　209,210,237,238,249,251,252,254,255,258
ハオコゼ科　209,210,237,249
ハコフグ　3,138,169～172,186～190,192
ハコフグ科　46,47,138
ハゼ科　50
ハタ科　107,108,137,138,202,207
ハタ目　202
ハチ　204～207
ハチ科　205,206
ハチノジフグ　77
ハナミノカサゴ　205,207,208,237,239,248～251,255,258
ハナムシロガイ　61,63
ハナムシロガイ類縁種　90
ハナヤナギ　153,156
ハマギギ　227
ハマギギ科　201～203,228,235,236
ハマフグ　138
バラハイゴチ属　211
バラハタ　108,115,117,127～131,133
バラフエダイ　108,116,127～129,131～133,153
ハリセンボン　5,46
ハリセンボン科　5,47
ヒガンフグ　39,48～50,71,81,87,102
ヒゲハゼ　50
ヒゲヒバリガイ　156
ヒシダイ類　6
ヒトヅラハリセンボン　8
ヒトデ　65
ヒトミハタ　108,127
ヒフキアイゴ　257,258
ビブリオ　64
ヒメオコゼ　210,211
ヒメオコゼ亜科　209～211
ヒメオニオコゼ　210
ヒメキチジ科　211
ヒメジ　201
ヒメジ科　207
ヒメフエダイ　127
ヒモムシ　63,78～80
ヒョウモンダコ　40,53,64,80,92
ヒラアシウロコオウギガニ　144,152
ヒラタエイ　196,197
ヒラタエイ科　197,223,224
ヒラマサ　108,115,127
ヒラムシ　41,43,63,79,81
ヒラメ　79
ヒラモミジガイ　62

ヒレナガカサゴ　205
ヒレナガカサゴ科　205,206
ヒレナガカサゴ属　206
ヒレナガハギ　108
ヒロハオウギガニ　144,152,156
フエダイ　127
フエダイ科　107,108
フエダイ類　9
フグ　64
フグ亜目　46
フグ科　3,47,138
フグ目　3,137,138
フサカサゴ亜科　202,204,205,207
フサカサゴ科
202,204,205,207,208,237,249,253
フサカサゴ属　204,207,238
ブダイ　133,138,166,169,184,186,192
ブダイ科　50,107,108,137,138
ブチイモリ　78
フチガマアンコウ
219,228,233,234,254
ベニカワムキ　5
ベニカワムキ科　3
ヘラヒモムシ科　63
ボウシュウボラ　59～63,65,89
ホウズキ　205
ホウセキカサゴ　205
ホシフエダイ　127
ホシフグ　27,49
ホソヒモムシ　63
ホソヒモムシ科　63

【マ行】

マウイイワスナギンチャク
148,152,155
マコガレイ　71
マダコ科　55
マダラエイ　196
マダラトビエイ　196,225
マダラハタ　108,127
マダラフサカサゴ　253
マダラフサカサゴ属　238
マツバラカサゴ属　202
マハタ属　167,168,186,192
マハタ属の１種　138
マフグ　9,28,48,87
マルオカブトガニ　59,79,92,101
マンタ　224
マンボウ　3
ミカドチョウチョウウオ　138
ミズカキヤドクガエル　53
ミズン　138,143,145
ミドリヒモムシ　63
ミドリフグ　77
ミドリフグ属の１種　138
ミナミカブトガニ　59
ミナミゴンズイ　198～201,227
ミノカサゴ　205,208,219,220,222,225,
237,239,248,251,252,258,263
ミノカサゴ亜科　202,204,205,207,208
ムシクイアイゴ　215,217,257,258
ムシフグ　49
ムラサキイガイ　156
メガネカスベ　223
メジナ　79,81
メダカ　79
メバル亜科　204,205
メバル科　204,205,253
メバル属　204
メフグ　27,48
モミジガイ　62
モミジガイ科　89
モヨウカスベ　196
モヨウフグ　14
モヨウフグ属　13,49,102
モロ　138,145,156
モンガラカワハギ　3
モンガラカワハギ亜目　46
モンガラカワハギ科　138

【ヤ行】

ヤコウガイ　101

ヤセアカカサゴ　205
ヤセアカカサゴ属　206
ヤセオコゼ　210,211
ヤッコエイ　196,225
ヤドクガエル　53
ヤムシ　81
ヤリマンボウ　5
ユカタハタ　108
ユメカサゴ　205
ヨリトフグ　3,81
ヨリトフグ属　88,102
ヨーロッパボラ　90
ヨーロッパムラサキウニ　156

【ラ行】
ロウニンアジ　108,127

【ワ行】
ワモンフグ　22

【D】
devil stinger　238

【G】
greater weeverfish　263

【L】
Lesser weever　263

【S】
scorpionfish　238
sea slug　64
stonefish　238

【T】
toadfish　219,259

【W】
waspfish　238
weeverfish　219,225,259,262,263

学名索引

【A】

Ablabys taenianotus 210
Acanthurus lineatus 108
Aetobatus narinari 196,225
Alectrion glans 61
Alexandrium 97
　catenella 97,98
Aluterus scriptus 138,155
Anyperodon leucogrammicus 127
Apistidae 206
Apistus carinatus 205,206
Ariidae 201,228
Arius bilineatus 202
　maculatus 227
Arothron firmamentum 49
　sp. 102
Astropecten latespinosus 62
　polyacanthus 62
　scoparius 62
Atelopus chriquiensis 53
　minutum 100
　zeteki 53,99
Atergatis floridus 55,144

【B】

Babylonia japonica 61
Batrachoididae 260
Batrachoidiformes 259
Bembradium 211
Bembridae 211
Bolbometopon muricatum 127
Brachycephalus 53

【C】

Calotomus japonicus 138,169
Caracanthidae 202
Caracanthinae 202
Caracanthus maculatus 202,205
Caranx ignobilis 108,127
　sexfasciatus 108
Carcinoscorpius rotundicauda 59
Cathorops spixii 202,235
Centonardoa semiregularis 62
Cephalopholis argus 127
　miniata 108
Cephalothrix 78
　sp. 63
Chaetodon auriga 138
　baronessa 138
　citrinellus 138
　ephippium 138
Charonia sauliae 59
Chelonodon patoca 102
Chlorurus gibbus 119,132
　microrhinos 50,108
Chondria armata 156
Choridactylinae 209
Choridactylus multibarbus 210
Colomesus 4
Colostethus 53
Ctenochaetus striatus 108,121
Cynops 51
　pyrrhogaster 51
Cyrrinus carpio 71

【D】

Danio rerio 233
Dasyatidae 197,223
Dasyatis akajei 196,197,223
　guttata 225

ushiei 196
zugei 196
Decapterus macrosoma 138,145
Demania alcalai 144,156
cultripes 144,156
reynaudii 144,156
toxica 144,156
Dendrochirus zebra 205,208,237,253
Dipturus kwangtungensis 196,223
tengu 196

【E】

Echiichthys vipera 263
Ectreposebastes 206
Epinephelus bruneus 167,168
fuscoguttatus 108,127,128
moara 138,167,168
polyphekadion 108,127
sp. 138,167,186
tauvina 108,127
Erosa erosa 209,210

【G】

Gambierdiscus toxicus 119,122,132,133,153,157
Girella punctata 79
Gymnapistes marmoratus 249,255
Gymnodinium catenatum 97
Gymnothorax flavimarginatus 127
isingteena 108
javanicus 108,118
Gymnura japonica 196
Gymnuridae 223

【H】

Hapalochlaena fasciata 54
lunulata 53
maculosa 53
Helicolenus hilgendorfi 205
Herklotsichthys quadrimaculatus 138,143
Hexagrammos otakii 72
Hexanematichthys sagor 203
Himantura gerrardi 225
imbricata 225
Holocentrinae 207
Hozukius emblemarius 205
Hypodytes rubripinnis 209,237

【I】

Ictaluridae 233
Ictalurus furcatus 233
Inimicus didactylus 210
japonicus 210,237

【J】

Jania sp. 64,101,121

【K】

Karenia brevis 153

【L】

Lactoria diaphana 138,170
Lagocephalus lagocephalus 48
sceleratus 49
Lateolabrax maculatus 85
sp. 79
Lineus fuscoviridis 63
Lioscorpius 206
longiceps 205
Lophozozymus pictor 144,156
Luidia quinaria 62
Lutjanus argentimaculatus 108,127～129
bohar 108,116,127,128
fulviflamma 108,127
gibbus 127
monostigma 108,117,127,128
russellii 108,128,129
stellatus 127
Lyngbya wollei 99

【M】

Manta birostris 224
Maxillicosta 206
Melichthys vidua 138,145
Minoinae 209
Minous monodactylus 210,211
  pusillus 210,211
Mobula japanica 196
Modiolus barbatus 156
Mullidae 207
Myliobatidae 223
Myliobatiformes 195
Mytilus edulis 98
  galloprovincialis 156

【N】

Narke japonica 196
Nassarius condoidalis 61
Neocentropogon aeglefinus japonicus 210
Neomerinthe 202
Neosebastes 206
  entaxis 205
Neosebastidae 206
Neotrygon kuhlii 196,226
Netuma bilineata 202,203,228
Niotha clathrata 61
  papilosus 61
Notesthes robusta 209,249
Notophthalmus 51

【O】

Ocosia fasciata 210
Octopus bocki 54
  sp. 55
Okamejei acutispina 196
  kenojei 223
Oliva miniacea 61
Oplegnathus fasciatus 72
  punctatus 81,108,115,127
Oryzias sp. 79
Ostracion immaculatus 138,170
Ostreopsis 190～192
  heptagona 191
  lenticularis 191
  mascarenensis 150,151
  ovata 148,150,151,154,156,191
  siamensis 150,151,157,191,192
  sp. 191,192

【P】

Palythoa aff. margaritae 155
  caribaeorum 155
  mammilosa 155
  toxica 148～150,155
  tuberculosa 150,155
  vestitus 155
Paracentropogon rubripinnis 209,210,237
Paracentrotus lividus 156
Parachaeturichthys polynema 50
Paralichthys olivaceus 79
Paramesotrion 51
Parazoanthus sp. 146
Pastinachus sephen 225
Planocera multitentaculata 63
  reticulata 63
Planoceridae 43
Platypodia granulosa 55
Plectrogeniidae 211
Plectropomus areolatus 108,127
  laevis 127
Pleurobranchaea maculata 64
Pleuronectes yokohamae 71
Plotosidae 198
Plotosus canius 199,201,236,237
  japonicus 198,199,227
  lineatus 198,199,227
Polypedates 53
Pomacanthus semicirculatus 50
Pomacentridae 207
Potamotrygon cf. *henlei* 225

cf. *scobina* 225
falkneri 225,255
gr. *orbignyi* 225
motoro 225,255
Potamotrygonidae 197,224,225
Pristidae 195
Pristiformes 195
Pristis zijsron 196
Pseudonitzschia spp. 153
Pterois antennata 205,208,237
lunulata 205,208,237
miles 208
volitans 205,207,237
Pteroplatytrygon violacea 196
Pyrodinium bahamense var. *compressum* 97,102

【R】

Radianthus macrodactylus 156
Raja pulchra 223
Rajidae 197,223
Rajiformes 195
Rhinopias eschmeyeri 205

【S】

Salmo salar 233
Saxidomus giganteus 98
Scarus gibbus 119
ovifrons 50,138,159
Scatophagidae 217,258
Scatophagus argus 216,217,258
Scorpaena 204,207
guttata 249
plumieri 249,253
Scorpaenidae 202,207,237
Scorpaenodes 202
evides 205
Scorpaenopsis 204
cirrosa 237
neglecta 237
oxycephala 253
Sebastapistes strongia 253
Sebastes 204
aleutianus 204
Sebastidae 204
Sebastinae 204
Sebastiscus albofasciatus 205
marmoratus 253
Sebastolobidae 204
Sebastolobinae 204
Sebastolobus alascanus 205
Seriola dumerili 108,127,132
lalandi 108,115,127
Serranidae 207
Serraniformes 202
Setarches 206
guentheri 205
Siganidae 211,257
Siganus canaliculatus 213
fuscescens 108,211～213,257
guttatus 215
insomnis 215
lineatus 215
luridus 211
spinus 257
unimaculatus 257
vermiculatus 215,257
Siluriformes 198
Sphoeroides pachygaster 81
Sphyraena barracuda 108
Stephanolepsis cirrhifer 72
Symphorus nematophorus 108,127
Synaceia horrida 248
Synanceia 209
alula 238
horrida 210,238,239
nana 238
platyrhyncha 238
trachynis 239,248
verrucosa 210,237,238
Synanceiidae 209,237
Synanceiinae 209

【T】

Tachypleus gigas　59
Tachysurus nudiceps　227
　tokiensis　227
Taeniura lymma　196
　meyeni　196
Takifugu chinensis　49
　chrysops　48
　exascurus　49
　flavidus　49
　niphobles　48
　obscurus　48
　pardalis　39
　poecilonotus　39
　porphyreus　48
　pseudommus　49
　rubripes　33
　snyderi　48
　stictonotus　49
　vermicularis　49
　xanthopterus　48
Tarbo argyostoma　101
　marmorata　101
Taricha torosa　50
Tectus nilotica maxima　101
Tetraodon　4,102,185,186
　fangi　102
　leilurus　102
　nigroviridis　77
　sp.　102,138,172,185,186
　steindachneri　77
Tetrarogidae　209,237
Tetrosomus reipublicae　138
Thalassophryne maculosa　262
　nattereri　234,260,262
Thamnaconus modestus　72
Thamnophis sirtalis　52
Torpedinidae　195
Torpediniformes　195
Torquigener albomaculosus　29
Trachinidae　262
Trachinus draco　263
　vipera　263
Triturus　51
Tubulanus punctatus　63

【U】

Upeneus japonicus　201
Urogymnus asperrimus　196
Urolophidae　197,223
Urolophus aurantiacus　196,197
　halleri　224

【V】

Variola albimarginata　108,127～129
　louti　108,115,127,128
Venus verrucosa　156
Vibrio alginolyticus　64

【Y】

Yongeichthys criniger　40

【Z】

Zebrasoma veliferum　108
Zeuxis siquijorensis　61
Zosimus aeneus　55,143

執筆者紹介

荒川　　修（あらかわ　おさむ）

1960年生まれ
東京大学大学院農学系研究科博士課程修了
長崎大学大学院水産・環境科学総合研究科教授　農学博士
第2章執筆

大城　直雅（おおしろ　なおまさ）

1969年生まれ
東京海洋大学大学院海洋科学技術研究科博士課程修了
国立医薬品食品衛生研究所食品衛生管理部第二室室長　博士（海洋科学）
第4章執筆

佐藤　　繁（さとう　しげる）

1958年生まれ
東京大学大学院農学系研究科博士課程中途退学
北里大学海洋生命科学部教授　農学博士
第2章執筆

塩見　一雄（しおみ　かずお）

1947年生まれ
東京大学大学院農学系研究科博士課程修了
東京海洋大学名誉教授　農学博士
第9章執筆

高谷　智裕（たかたに　ともひろ）

1970年生まれ
長崎大学大学院海洋生産科学研究科博士課程中途退学
長崎大学大学院水産・環境科学総合研究科教授　博士（水産学）
第6章執筆

谷山　茂人（たにやま　しげと）

1974年生まれ
長崎大学大学院生産科学研究科博士課程修了
長崎大学大学院水産・環境科学総合研究科准教授　博士（水産学）
第7章執筆

長島　裕二（ながしま　ゆうじ）

別　　記

松浦　啓一（まつうら　けいいち）

別　　記

本村　浩之(もとむら　ひろゆき)
1973 年生まれ
鹿児島大学大学院連合農学研究科(宮崎大学配属)博士課程修了
鹿児島大学総合研究博物館教授　博士(農学)
第 8 章執筆

松浦　啓一（まつうら　けいいち）
1948年生まれ
北海道大学大学院水産学研究科博士課程修了
国立科学博物館名誉研究員　水産学博士
『魚の自然史―水中の進化学』（宮正樹と共編著，北海道大学図書刊行会，1999），『動物分類学』（東京大学出版会，2009），『標本の世界―自然史標本の収集と管理（（国立科学博物館叢書）』（編著，東海大学出版会，2010）など
第1章・3章・5章執筆

長島　裕二（ながしま　ゆうじ）
1957年生まれ
東京大学大学院農学系研究科博士課程中途退学
東京海洋大学大学院海洋科学系食品生産科学部門教授　農学博士
フグ研究とトラフグ生産技術の最前線（村田修・渡部終五と共編著，恒星社厚生閣，2012），新・海洋動物の毒―フグからイソギンチャクまで（塩見一雄と共著，成山堂書店，2013）など
第2章執筆

毒魚の自然史――毒の謎を追う

2015年3月25日　第1刷発行

編著者　松浦　啓一・長島　裕二
発行者　櫻井　義秀

発行所　北海道大学出版会
札幌市北区北9条西8丁目 北海道大学構内（〒060-0809）
Tel. 011(747)2308・Fax. 011(736)8605・http://www.hup.gr.jp

㈱アイワード

ISBN978-4-8329-8221-5